土木工程专业研究生系列教材

现代岩土施工技术

高 谦 罗 旭 吴顺川 韩 阳 编

中国建材工业出版社

图书在版编目(CIP)数据

现代岩土施工技术/高谦等编. —北京:中国建材
工业出版社,2006.6(2015.1 重印)
(土木工程专业研究生系列教材)
ISBN 978-7-80227-073-2

Ⅰ.现… Ⅱ.高… Ⅲ.岩土工程—工程施工
Ⅳ.TU4

中国版本图书馆 CIP 数据核字(2006)第 038946 号

内 容 简 介

本书详细介绍了现代岩土工程施工所涉及的各种特殊施工方法以及最新施工工
艺,包括明挖法、浅埋暗挖法、掘进机与盾构法、地下连续墙施工法、顶管法、注浆加固
法、冻结法、钻孔灌注桩法、爆炸处理淤泥施工法以及地下水防治技术,并给出了各种
施工方法的工程实例。同时,简要地介绍了用于工程施工安全评价和稳定性预测的
岩土工程变形测试技术和数据分析方法。

本书可作为土木工程专业本科生和研究生岩土工程研究方向的教材,也可供有
关工程技术人员参考。

现代岩土施工技术

高谦　罗旭　吴顺川　韩阳　编

出版发行:中国建材工业出版社
地　　址:北京市海淀区三里河路 1 号
邮　　编:100044
经　　销:全国各地新华书店
印　　刷:北京鑫正大印刷有限公司
开　　本:787mm×1092mm　1/16
印　　张:15.5
字　　数:381 千字
版　　次:2006 年 6 月第一版
印　　次:2015 年 1 月第二次
定　　价:**40.00 元**

本社网址:**www.jccbs.com.cn**
本书如出现印装质量问题,由我社发行部负责调换。联系电话:**(010)88386906**

《现代岩土施工技术》编委会名单

主　　编：**王思敬**　中国工程院　院士

副主编：**高　谦**　北京科技大学　教授

编　　委：（按姓氏笔画排序）

前　言

随着国民经济的高速发展，我国土木工程建设已经进入一个持续高速发展时期。高层建筑、跨海大桥、越江隧道、深埋隧洞、城市地铁等工程的开发与建设，都大大地促进了现代施工技术的改革与发展。毫无疑问，对于从事岩土工程专业学习和研究的本科生和研究生，理应全面了解岩土工程的各种施工方法与施工工艺。正因为如此，目前，我国大部分高校土木工程专业的本科生和研究生都开设了岩土工程施工技术或特殊施工方法的课程。

为了满足本科生和研究生的施工技术课程的学习，本书编者在教学过程中，搜集了大量文献，查阅了各类施工方法，深刻地认识到岩土施工技术在土木工程建设中所发挥的重要作用，并惊喜地发现，岩土工程施工技术与工艺已在国内外工程建设中获得快速发展。作为高校教师，尽管不能参与具体工程的施工建设，对岩土工程施工技术研究也甚少，但仍期望能够通过现有知识的学习和了解，将现代岩土工程施工技术传授给学生，使学生能够在最短时间内，全面了解各种施工技术与发展现状。然而，根据编者所搜集的文献资料，目前出版的施工技术教材和专著均不能很好地满足该课程的教学需要。本书就是为适应土木工程专业岩土工程施工课程教学需要而编写的，也可供施工技术人员学习和参考。

本书编写遵循如下主要原则：

(1) 全面介绍现代岩土工程各种特殊施工方法与施工工艺，使读者对现代岩土工程施工技术及其发展趋势有全面的了解和深刻的认识。

(2) 重点突出现代施工方法的工艺、技术和适用条件，简要概述各种施工方法的设计、分析以及稳定性评价。

(3) 在详细介绍每一类施工方法的基础上，还列举了部分施工工程实例，其目的在于加深读者对施工方法和工艺的认识和理解。

(4) 为配合本课程的教学，本书还给出了一些特殊施工技术的影像资料。

本书是在参阅和引用大量文献资料和专著的基础上编写的，包括已发表的研究论文和还未发表的施工技术文献资料与工程实例。书中所引用文献资料大部分在参考文献中列出，但在书中没有一一标注，敬请所引用文献的专家和教授予以理解。由于编者的疏忽，引用文献的标注，肯定存在着遗漏的情况，恳求有关作者谅解。对所引用的文献和专著的专家、教授，对本书的编写所给予的支持和理解，在此表示衷心地感谢。由于编者的学识浅薄和施工经验不足，书中肯定存在错误和不妥之处，甚至错误地理解所引用资料的内容和技术，敬请专家和教授提出批评指正。

在本书编写过程中，编者的研究生付出了艰辛的劳动，为本书的编辑出版做了大量的录入和绘图工作，在此也表示感谢。同时，对中国建材工业出版社对本书的出版所给予的支持和资助，在此一并表示衷心的谢意。

编　者

2006 年

目　　录

1　绪　　论

1.1　岩土工程开发与利用前景 ……………………………………………………… 1
1.2　岩土工程施工技术研究与进展 ………………………………………………… 2
  1.2.1　特长山岭隧道施工水平有很大提高 ……………………………………… 2
  1.2.2　增强了对复杂地质灾害的综合治理能力 ………………………………… 3
  1.2.3　地下工程防水技术水平有了明显进步 …………………………………… 3
  1.2.4　盾构法修建隧道技术得到了较快发展 …………………………………… 4
  1.2.5　盖挖逆作法施工技术获得发展并得到应用 ……………………………… 5
  1.2.6　沉管法施工技术的发展和应用 …………………………………………… 5
  1.2.7　顶管法施工技术的发展 …………………………………………………… 6
  1.2.8　其他辅助施工技术的发展 ………………………………………………… 6
1.3　地下工程特性与施工方法分类 ………………………………………………… 7
  1.3.1　地下工程特性 ……………………………………………………………… 7
  1.3.2　施工方法分类 ……………………………………………………………… 7
  1.3.3　岩土工程特殊施工方法简介 ……………………………………………… 8
  1.3.4　选择施工方法要考虑的因素 …………………………………………… 10
1.4　岩土工程施工存在的问题 …………………………………………………… 10
1.5　本书编写目的与特点 ………………………………………………………… 12

2　明挖法与辅助施工技术

2.1　概　　述 ……………………………………………………………………… 13
2.2　地下连续墙法 ………………………………………………………………… 14
  2.2.1　地下连续墙定义与特点 ………………………………………………… 14
  2.2.2　地下连续墙及其构造 …………………………………………………… 16
  2.2.3　槽孔施工方法 …………………………………………………………… 20
  2.2.4　泥浆下灌注混凝土 ……………………………………………………… 28
  2.2.5　地下连续墙施工实例 …………………………………………………… 32
2.3　井点降水法 …………………………………………………………………… 36
  2.3.1　降水和排水方法 ………………………………………………………… 36
  2.3.2　渗透变形的基本形式 …………………………………………………… 38
  2.3.3　防止流砂现象的措施 …………………………………………………… 38
  2.3.4　工程实例 ………………………………………………………………… 38

3 浅埋暗挖法与辅助施工技术

3.1 新奥法 ·· 40
3.1.1 新奥法的主要原则 ··· 40
3.1.2 新奥法适用条件及要求 ·· 41
3.1.3 新奥法的优越性 ··· 42
3.1.4 工程实例 ·· 43
3.2 管棚法 ·· 48
3.2.1 管棚的布置形式 ··· 48
3.2.2 管棚的基本设计要点 ··· 49
3.2.3 管棚法的施工方法 ··· 49
3.2.4 管棚变位及控沉防塌技术措施 ·· 50
3.2.5 工程实例 ·· 51
3.3 顶管法 ·· 52
3.3.1 顶管法施工及其应用领域 ·· 52
3.3.2 顶管施工方法分类 ··· 53
3.3.3 顶管施工中的破土方法 ··· 53
3.3.4 顶管施工 ·· 54
3.3.5 顶管法施工的主要技术措施 ·· 56
3.3.6 双向对顶法施工在安阳市东中环污水干管工程中的应用 ··············· 57

4 掘进机与盾构施工技术

4.1 掘进机施工技术 ·· 59
4.1.1 TBM 的分类 ··· 59
4.1.2 TBM 施工方法的优点和缺点 ·· 59
4.1.3 TBM 的应用 ··· 60
4.1.4 TBM 的种类、性能和特征 ··· 61
4.1.5 隧道掘进机在国内外的应用情况 ·· 63
4.2 盾构法施工技术 ·· 64
4.2.1 盾构法作用原理 ··· 64
4.2.2 盾构的构造 ·· 64
4.2.3 盾构的分类与施工 ··· 67
4.2.4 盾构施工技术 ··· 71
4.2.5 工程实例 ·· 72

5 沉井法施工技术

5.1 概述 ·· 74
5.2 沉井的构造及施工工艺 ·· 76

5.2.1 沉井的构造 ……………………………………………………… 76

5.2.2 沉井的施工工艺 ………………………………………………… 77

5.2.3 沉井施工工程实例 ……………………………………………… 82

6 沉管法施工技术

6.1 概　述 ……………………………………………………………… 85

6.2 管件制作 …………………………………………………………… 87

6.3 管段沉放 …………………………………………………………… 88

6.4 管段连接 …………………………………………………………… 91

6.5 沉管防水技术 ……………………………………………………… 94

6.6 沉管基础处理 ……………………………………………………… 95

6.7 沉管隧道工程实例 ………………………………………………… 97

7 长距离顶管施工技术

7.1 概　述 ……………………………………………………………… 99

7.1.1 长距离顶管的主要技术关键 …………………………………… 99

7.1.2 长距离顶管的主要技术措施 …………………………………… 100

7.2 顶管基本设备与工作状况 ………………………………………… 100

7.2.1 工具管及其工作状况 …………………………………………… 100

7.2.2 顶进设备 ………………………………………………………… 101

7.2.3 出泥设备 ………………………………………………………… 102

7.2.4 气压设备 ………………………………………………………… 102

7.3 中继环接力顶进 …………………………………………………… 103

7.3.1 中继环接力顶进原理 …………………………………………… 103

7.3.2 中继环的构造 …………………………………………………… 104

7.4 触变泥浆减阻 ……………………………………………………… 105

7.4.1 泥浆的组成 ……………………………………………………… 106

7.4.2 泥浆的性能和配比 ……………………………………………… 106

7.4.3 泥浆的输送和灌注 ……………………………………………… 107

7.4.4 工程实例 ………………………………………………………… 107

8 注浆加固施工技术

8.1 压力注浆 …………………………………………………………… 111

8.1.1 压力注浆法加固地基机理 ……………………………………… 111

8.1.2 压力注浆法的分类 ……………………………………………… 112

8.1.3 压力注浆方案选择 ……………………………………………… 113

8.1.4 压力注浆边界范围 ……………………………………………… 113

8.1.5 压力注浆材料选择 ……………………………………………… 113

8.1.6 压力注浆参数的确定 ·················· 114

8.1.7 注浆加固的地基与路基、构造物的关系 ·················· 118

8.1.8 压力注浆施工工艺 ·················· 118

8.1.9 压力注浆效果及质量评价 ·················· 119

8.2 高压旋喷注浆法 ·················· 121

8.2.1 高压旋喷桩加固地基机理 ·················· 122

8.2.2 旋喷注浆复合地基的力学特征 ·················· 123

8.2.3 高压旋喷注浆方案与施工工艺 ·················· 126

8.2.4 高压旋喷注浆施工 ·················· 128

8.2.5 高压旋喷注浆材料 ·················· 129

8.2.6 高压旋喷参数 ·················· 130

8.2.7 高压旋喷注浆质量检测方法 ·················· 131

8.3 工程实例 ·················· 134

8.3.1 注浆加固在软土中的应用 ·················· 134

8.3.2 地表深孔注浆在处理断层及塌方中的应用 ·················· 135

8.3.3 管棚注浆固结法的工程应用 ·················· 139

8.3.4 高压旋喷注浆在小浪底基础工程中的应用 ·················· 141

9 冻结法施工技术

9.1 概　述 ·················· 145

9.2 地层冻结施工技术应用现状 ·················· 145

9.2.1 应用分类 ·················· 145

9.2.2 国内外应用现状 ·················· 146

9.2.3 冻结施工方案 ·················· 147

9.2.4 主要施工技术 ·················· 148

9.3 地层冻结原理 ·················· 148

9.3.1 冻土的形成和组成土体 ·················· 148

9.3.2 地下水对冻结的影响 ·················· 149

9.3.3 温度场和冻结速度 ·················· 150

9.3.4 冻胀和融沉 ·················· 151

9.4 人工冻土的力学特性 ·················· 152

9.4.1 概　述 ·················· 152

9.4.2 冻土强度 ·················· 153

9.5 常规盐水冻结 ·················· 156

9.6 液氮冻结 ·················· 157

9.6.1 原理与工艺 ·················· 157

9.6.2 工艺设计和技术经济 ·················· 159

9.7 冻结法工程应用 ·················· 160

9.7.1 南京地铁旁通道冻结应用 ……………………………… 160
9.7.2 南京地铁张府园车站中人工冻结法的应用 ……………… 161
9.8 冻结法工程发展前景 …………………………………… 162

10 钻孔灌注桩施工技术

10.1 概 述 ……………………………………………… 164
10.2 施工原理及流程工序 ………………………………… 164
10.2.1 钻孔灌注桩施工原理 …………………………………… 164
10.2.2 钻孔灌注桩施工的施工流程工序 ……………………… 165
10.3 几种灌注桩施工技术简介 …………………………… 165
10.3.1 沉管灌注混凝土筒桩技术 ……………………………… 165
10.3.2 中心压灌超流态混凝土灌注桩施工技术 ……………… 167
10.3.3 DX 多节挤扩灌注桩 …………………………………… 168
10.3.4 钻孔挤扩支盘灌注桩 …………………………………… 171
10.3.5 贝诺特灌注桩施工技术 ………………………………… 171
10.3.6 夯实扩底灌注桩 ………………………………………… 174
10.4 钻孔压浆桩技术特点及其应用 ……………………… 178

11 爆炸法处理海淤施工技术

11.1 概 述 ……………………………………………… 179
11.2 爆炸法处理海淤施工进展 …………………………… 179
11.3 爆炸法处理海淤方法 ………………………………… 180
11.3.1 爆炸与淤泥 ……………………………………………… 180
11.3.2 爆炸填石排淤法 ………………………………………… 181
11.3.3 爆夯法 …………………………………………………… 182
11.3.4 堤下爆炸挤淤施工法 …………………………………… 184
11.4 爆炸法处理海淤的工程应用 ………………………… 185
11.4.1 爆炸法处理海淤软基在护岸工程的应用 ……………… 185
11.4.2 爆炸法处理海淤软基在防波堤中的应用 ……………… 186
11.4.3 爆炸法处理抛石潜堤作基床的工程应用 ……………… 191

12 地下水防治技术

12.1 概 述 ……………………………………………… 194
12.2 地下工程的防水原则 ………………………………… 194
12.3 防水材料 ……………………………………………… 195
12.4 防水施工 ……………………………………………… 198
12.4.1 卷材施工要点 …………………………………………… 198
12.4.2 防水涂料施工要点 ……………………………………… 201

12.4.3 防水混凝土施工中的问题 ·· 202

12.5 地下防水工程渗漏的修补施工 ································· 204

12.6 岩土工程中的降水技术 ·· 210

12.6.1 人工降低地下水位的方法及适用条件 ·················· 210

12.6.2 常用降水法的技术特点 ·· 210

12.6.3 降水工程实例 ·· 211

13 地下工程中的测试与监控技术

13.1 概　述 ··· 215

13.1.1 测试与监控技术工作的主要任务 ·························· 215

13.1.2 测试、监控技术的内容 ·· 216

13.2 现场量测 ··· 216

13.3 工程实例 ··· 223

13.3.1 覆盖表面位移量测 ·· 223

13.3.2 断面相对位移量测 ·· 224

13.3.3 围岩位移量测 ·· 225

13.3.4 钢锚杆受力量测 ·· 227

14 地基工程中的压力与位移观测

14.1 土压力测试 ··· 228

14.2 地基与基础的沉降变形和水平位移观测 ·················· 231

1 绪 论

1.1 岩土工程开发与利用前景

由于世界范围内能源及其他原材料的短缺,尤其是出于环境保护的需要,近年来,世界多国日益重视地下空间的开发和利用。国际上提出一种被普遍认同的观点:认为 19 世纪是"桥"的世纪,20 世纪是"高层建筑"的世纪,那么,21 世纪将是人类开发和利用"地下空间"的世纪[1]。

21 世纪人类面临人口、粮食、资源和环境的四大挑战。"可持续发展"作为国策的提出,摆在每个学科和每个产业面前。土木工程也应顺应潮流而检讨自己,大量的土建工程拔地而起,人们要进入城市,大量的道路、房屋要建,我们每天都会看到大片的良田被钢筋混凝土所取代,并且无法再生。居住、交通、环境矛盾的日益突出,能否把地面沃土多留些给农业和环境,地下岩土工程多开发些给道路交通、工厂和仓库,从而使地下空间成为人类在地球上安全舒适生活的第二空间,这是地下空间开发和利用的关键。

国际上已把 21 世纪作为人类开发利用地下空间的世纪,世界上很多国家也把此项工作作为国策;日本提出要利用地下空间,把国土扩大数倍。我国已开始重视地下空间利用的立法工作,并且面临大规模的隧道与地下工程的开发与建设阶段。目前正在开发和即将开发的主要地下工程有:

1. 铁路、公路长大隧道的建设

我国正在建设中的穿越秦岭山脉,打通包头—西安—安康—重庆—北海的西部大通道。由于该通道将穿山越岭,必然面临众多长大隧道工程,其中秦岭终南山特长公路隧道最长达 18.4km。

2. 已经建成通车的西安—安康线、正在建设的西安至南京复线铁路、神朔(神木—朔州)线、宝兰(宝鸡—兰州)复线、渝怀(重庆—怀化)铁路的相继开工,都已出现或必将出现大量的隧道群和长隧道。

3. 西部大开发,计划在近 5~10 年内完成连接西部地区的丹东到拉萨、青岛到银川等 8 条国道主干线的建设,打通滇藏、川藏的成都到樟木等 8 条省际间主要公路通道。这些都会涌现出一些长隧道和隧道群。

4. 地下海底隧道[2]

分别于 1987 年和 1996 年通车的日本青函(青森—函馆)隧道(53.85km)和英吉利海峡隧道(50.5km)、丹麦大海峡隧道(8.0km)和香港的西区隧道(2.0km),已经引起世界各国的关注。目前,许多国家在进行海峡隧道的研究和筹建,如白令海峡(俄罗斯—美国)隧道、直布罗陀海峡隧道(西班牙—摩洛哥)、连接意大利本土和西西里岛的墨西拿海峡隧道。

21 世纪,我国学者也在为修建横穿台湾海峡连接大陆与台湾的海底隧道和横穿琼州海峡连接大陆与海南岛的海底隧道积极筹划和进行可行性研究。1998 年 11 月 25~27 日海峡两岸有关单位联合在厦门召开了"台湾海峡隧道学术论证研讨会",探索和研究台湾海峡隧道工程的有关技术问题。

此外,国内有关单位组织研究横穿渤海海峡,连接"辽东半岛"与"山东半岛"的海峡通道—南桥和北隧通道;连接上海—崇明岛—南通的长江口越江通道—桥隧结合通道,以及横跨胶州湾连接青岛市区与黄岛开发区的青黄通道等工程。

5. 开发利用城市地下空间是实施可持续城市化的重要途径

纵观当今世界,发达国家的城市已把对城市地下空间的开发和利用作为解决城市人口、环境和资源三大危机的重要措施和医治"城市综合症",实施城市可持续发展的重要途径。向地下要土地、要空间已成为城市发展的历史必然,较之宇宙城市、海洋城市更为现实。发达国家解决城市"交通难"的主要措施是发展高效率的地下有轨公共交通,形成四通八达的地铁交通网。我国各主要大中城市都在积极筹划和发展地铁交通。因此,地铁的建设将是我国 21 世纪城市地下空间开发的重点,除开通北京、上海、天津的地铁外,正在兴建的有北京三号线、五号线,上海二号线、广州一号线。此外,国家已经批准和正在筹建地铁的城市有深圳、南京、重庆、青岛等 20 多个城市,预计 21 世纪初至中叶将是我国大规模建设地铁的年代。

6. 南水北调工程的开工,将会出现很多输水隧道

调水工程在我国已有若干工程实例,如引滦入津、引大入秦、引黄入晋等工程。调水工程翻山越岭,必须打通隧道。如引滦入津修建若干座穿山输水隧道;引大入秦修建的盘道岭隧道长 10 多公里;引黄入晋工程也修建了 21km 长的隧道。

7. 深部高应力下资源的开采与地下工程

我国已探明的煤炭资源量占世界总量的 11.1%,在今后相当长的历史时期内,仍需保证煤炭的高产稳产。我国煤炭资源埋深在 1000m 以下的为 2.95 万亿吨,占煤炭资源总量的53%。目前,煤矿开采深度以每年 8~12m 的速度增加,东部矿井正以每年 10~25m 的速度发展,预计在未来的 20 年内,很多煤矿将进入 1000~1500m 的深度。此外,目前,我国已有一批有色金属矿山也已进入采深超过 1000m 的深部开采阶段。

深部矿床资源的开采,必然给地下工程的建设带来一系列问题,如地下工程的稳定性、冲击地压、岩爆以及高温、高压和高孔隙压力所带来的一系列问题。

1.2 岩土工程施工技术研究与进展

随着大规模地下工程的开发和利用,也大大促进我国隧道与地下工程的施工技术水平发展与提高。这主要表现在以下几个方面:

1.2.1 特长山岭隧道施工水平有很大提高

铁道部隧道工程局在特长山岭隧道的施工中,采用了现代化成套施工机械设备,修建了如下典型的山岭隧道工程:

1. 20 世纪 80 年代采用液压钻孔台车钻孔的钻爆法和复合衬砌技术,修建我国最长的大瑶山双线铁路隧道、大秦线军都山双线铁路隧道等;侯月线云台山隧道、南昆线米花岭隧道、京九线五指山隧道和朔黄线水泉湾隧道等。

2. 1986 年在北京开发成功的浅埋暗挖法修建地铁复兴门折返线,从而推动了北京和全国许多大城市地铁建设的发展。

3. 20 世纪 90 年代,在西安线(西安—安康)18.4km 秦岭双线铁路隧道 1 号线使用了 TBM (Tunnel Boring Machine,隧道掘进机直径 8.8m),标志我国山岭隧道施工机械化水平又上了一个台阶。

1.2.2 增强了对复杂地质灾害的综合治理能力

1. 在八达岭高速公路潭浴沟隧道(长 3445m,三线)的施工中,遇到了断层破碎带、泥石流等问题,采用注浆综合措施得到解决。

2. 内昆线朱嘎隧道全长 5194m,围岩软弱破碎、节理发育、断层纵横交叉及穿越煤层、遇到瓦斯等不良地层,地质条件差且复杂多变,但由于建设、施工、设计单位齐心协力,细心研究采取了综合治理措施,取得了良好效果。

1.2.3 地下工程防水技术水平有了明显进步

1. 结构自防水技术

通过大量工程实践,从事防水工程的技术人员已认识到结构自防水是根本。国内工程实践表明,要避免贯穿性裂缝的出现,除有正确的设计和精心施工外,选择应用具有抗裂防渗两种功能的混凝土外加剂十分重要。北京地铁选用 FS 防水剂或 U 型膨胀剂取得了较好的效果。

2. 隧道与地下工程复合式衬砌防水技术

自 1980 年在大瑶山隧道采用复合式衬砌防水技术以来,防水技术取得了显著进步。在吸收国内外复合衬砌防水经验的基础上,北京地铁开展了复合式衬砌防水层试验研究,并取得了较好的效果,选用了厚 0.8mmLDPE、EVA 膜或厚 1.0~1.2mmECB 板作防水层,PE 泡沫塑料片材作缓冲层,防水可靠,经济合理。

3. 结构外防水技术

地下工程通常在迎水面作一附加防水层,其目的是补偿增强结构自防水,作为一道重要防水线。附加防水层材料选择十分重要,目前国内常用附加防水层有 SBD 改性沥青油毡、三元乙丙(EPDM)橡胶防水片材、氯化聚乙烯(CPE)防水片材、丁基橡胶防水片材和焦油聚氨脂防水涂料等。

4. 盾构法修建隧道衬砌接缝防水技术

我国采用盾构法修建隧道以上海居多。上海地铁一号线从法国 FCB 公司引进 7 台土压平衡盾构机,施工区间隧道为圆形,隧道衬砌由 6 块钢筋混凝土管片采用高精度钢模成型(宽度允许误差为 ±0.5mm),混凝土强度等级 C50,抗渗级别 S8;管片环接缝设置 2 道防线,即防水密封垫和内沿嵌缝槽—密封垫。主体材料用遇水膨胀橡胶,嵌缝用遇水膨胀性腻子加氯丁胶泥;此外,衬砌背后注浆也视为重要防水措施。从总体上说,盾构法修建隧道衬砌接缝防水是成功的,达到了设计规定的防水标准,但是渗漏现象仍然存在,造成渗漏的主要原因是管片接缝弹性密封垫适应变形量还不够高,拱顶未做嵌缝,预留嵌缝槽形式不利,以及混凝土管片有缺陷等。这些问题都需要进一步研究改进。

5. 水下沉管隧道防水技术

广州珠江隧道是我国首次采用沉管法修建的大型水下隧道。隧道全长 1238m,其中水下段长 457m,由 5 节预制钢筋混凝土箱管连接而成,隧道外宽 33m、高 8m,内部为汽车与地铁合用的三孔通道,并设有专门的管线廊道。沉管隧道是在河底下的构筑物,永久在水的包围之中,直接承受全水头的水压,故防水是首先考虑的问题,如考虑不周或施工粗心,隧道渗漏水就会造成极大的危害。为确保珠江沉管隧道防水质量,设计和施工贯彻了"以防为主"的防水原则,并采取"多道设防"措施及抓好接头处理等关键工序,因而取得了较好的防水质量。

6. 注浆堵水与加固围岩技术

在隧道与地下工程施工中,当遇到不良地层或含水地层时,如不采取注浆堵水与加固围岩技术措施,易造成涌水并伴随塌方发生,被迫中断施工。近年来,我国注浆堵水与加固围岩有了长足进步,解决了不少工程难题。例如,北京地铁复八线工程中遇到粉细砂层,采用改性水玻璃浆注浆加固取得了明显效果,保证了工程顺利进行。

高压旋喷注浆技术得到了广泛应用,解决了许多工程难题。高压旋喷注浆利用小口径钻孔,在原位通过射流水力切割、破碎土层,同步或分步注入固结浆液,使浆液与土体形成具有较高强度和一定几何尺寸的固结体,从而改变了松散土层的力学参数和渗透系数,达到了加固软弱地层的目的。

7. 隧道与地下工程变形缝、施工缝的处理

变形缝与施工缝是隧道与地下工程防水的薄弱部位。为此,对变形缝及施工缝采取有效措施进行处理十分必要。根据工程实践经验,为保证施工缝接缝严密、不渗不漏和易于操作,北京地铁研究确定采用平直缝,并在接缝中间铺设一条复合型橡胶止水条,即用遇水膨胀橡胶与氯丁橡胶复合在一起。氯丁橡胶强度高,弹性好起支承作用,遇水膨胀橡胶起止水作用。变形缝应满足密封止水、适应变形、施工方便等要求。通常变形缝形式有嵌缝式、粘贴式、埋入式橡胶止水带、附贴式橡胶止水带等。根据工程实践,上述几种形式均不十分理想。本着"以防为主,多道设防"的原则,北京地铁研究确定采用复合式橡胶止水变形缝,系3道设防:首先,在变形缝部位、现浇混凝土中间埋入桥式橡胶止水带;然后,再在端部施作双组分聚硫橡胶嵌缝;最后,在预留槽内涂抹焦油聚氨脂防水胶。将埋入、嵌缝、粘贴3种形式变形缝止水带组合在一起,形成3道防线,因而防水可靠性有了很大的提高。

1.2.4 盾构法修建隧道技术得到了较快发展

盾构法是一种在地下进行机械化暗挖作业的隧道施工方法,它靠盾构头部掘土,或用大刀盘切削土体,再通过出土机械将土方运出洞外。施工中由千斤顶在盾构后部加压推进,然后拼装预制的混凝土管片建成隧道环。边掘进边建环,环环相接,最终形成长距离的隧道,施工既快速又安全。我国1963年开始在上海试验性地采用盾构法掘进隧道,最初为直径4.2m的开胸盾构干挖法,后发展为干出土的网格式盾构和水力出土的盾构施工法。20世纪60年代末,北京也试验用盾构法建造地铁,研制了直径7m的半机械化盾构成洞78m,后因经济等原因而停止试验。

1991年,上海地铁一号线引进7台土压平衡盾构机,采用大刀盘开挖,螺旋输送机排土;同时,备有同步压浆、计算机控制系统等,性能比较完善。上海利用这7台盾构机,建成上海地铁一号线区间隧道,全长18.5km。该盾构机直径为5.5~6.2m,衬砌混凝土管片厚度0.35m,每环6块,环宽1m。隧道经过淤泥土和淤泥质亚黏土,覆土深度5~18m,盾构进度为4~6m/d,地面沉降控制在10~30mm。北京地铁在采取浅埋暗挖法取得成功之后,为提高浅埋暗挖法施工速度,省去小导管注浆作业项目,减少超挖,缩短土层暴露时间,改善土层受力状态,1992年由北京地铁建设公司和铁道部隧道局科研所组成研制"半断面插刀结构"。经过数年努力,于1998年研制成功,并在地铁复八线区间隧道试验取得了成功。

1.2.5 盖挖逆作法施工技术获得发展并得到应用

盖挖逆作法为当今世界各国在交通繁忙的城市中心修建地铁车站普遍采用的一种方法。它的特点是:先构筑外墙和中间承重柱(或设临时柱),再构筑结构顶板,然后在顶板和外墙的保护下,由上而下开挖和构筑中间楼板、结构底板。这种方法安全、快速、施工占地少和对地面干扰少。

北京地铁复八线有3座车站是采用盖挖逆作法修建的,他们是隧道局承建的天安门东站、市政总公司承建的永安里站、城建总公司承建的大北窑站。这三座车站虽皆是盖挖逆作法修建,但他们又各有特点:

1. 天安门东站是先采用浅埋暗挖法,在结构底部开挖四条导洞,然后构筑条形基础,再人工挖孔桩、网喷混凝土做边墙支承和中间钢管混凝土承重柱,然后构筑顶板,依次由上往下施工,共用了139天完成这些工序,恢复了路面交通,使工程走上轨道;

2. 永安里车站是采用机械钻孔施作周边柱灌注桩和中间钢管混凝土柱;

3. 大北窑车站采用连续墙作车站结构外壁,中间承重柱因承受荷载较大,采用连续墙方法施作新型十字桩,从而使每根中间桩承受荷载达到8060kN。

北京还采用盖挖逆作法成功地修建了一占地面积9935m²、建筑面积102000m²、主体6层、局部11层的王府井大厦工程,集购物餐饮、娱乐和办公于一体的大型公共建筑。这幢大厦采用盖挖逆作法的主要原因是施工场地狭小,不足400m²,利用首层楼板停设挖土机械、堆放材料和存放土方;预留垂直运输洞口及行车道路。采用地下连续墙作为结构地下室外承重墙,中间设钢柱先做临时支柱。随地下楼层施工,外包钢筋混凝土形成框架柱。这个工程的一些作法很有特色。

上海地铁也有不少车站采用盖挖逆作法修建。

1.2.6 沉管法施工技术的发展和应用

沉管法是在船坞内或大型驳船上预制钢筋混凝土管段或全钢管段,将其两头密封,然后浮运到指定水域,再进水沉埋到设计位置固定,建成需要的过江管道或大型水下空间。

沉管法施工技术,国内外有很多工程实例,美国、荷兰、日本及我国香港等过江及海湾交通隧道均采用此法修建;广州过珠江隧道也采用这种方法。珠江隧道工程断面为4孔箱形钢筋混凝土结构,其中两孔各为双车道单向运行的机动车道:一孔为广州地铁双线区间隧道,另一孔为设备管廊。隧道的断面尺寸为33m×7.9m、长1238.5m。沉管段总长457m,分为105m、120m、120m、90m、22m五段。混凝土强度等级为C30,抗渗级别为S8,壁厚1m,底板厚1.2m,最大段重量3300吨。施工前沉管在48m×150m的船坞内预制。此项工程为我国大型沉管工程,开创了成功的先例。京沪高速铁路南京越江工程已把沉管法修建隧道作为一个重要比选方案。上海最近准备修建位于吴淞口附近的外环线越江公路隧道,全长约2800m,其中过江用沉管法修建的隧道长700多米,宽43m,设8条机动车道。

1.2.7 顶管法施工技术的发展

顶管法是用千斤顶将预制的钢筋混凝土管道分节顶进,并利用最前面的工具头进行挖土的一项地下掘进技术。以往对地下较小的管道可采用顶管法施工,目前随着技术的进步,较大的管道也可以用顶管法施工。目前国外顶管技术最先进的国家是德国,最高记录为1987年完成的西柏林供热管道,内径4.1m、外径5m的钢筋混凝土管道一次顶进1088m,工程管道总长度3607m。

我国从1978年开始,由上海基础工程公司研制成功三段双铰型工具头,解决了百米长度的顶管问题;1981年采用中继环法,将直径2.6m的钢管穿越甬江,顶进581m;1987年采用激光陀螺仪定位、计算机监控等,在黄浦江过江引水管道工程中,将直径3m的钢管一次顶进1120m;1996年年底在上海黄浦江上游引水工程中,将直径3.5m的钢管一次顶进1743m,创世界之最。

1.2.8 其他辅助施工技术的发展

1. 注浆改良地层技术

注浆是改良地层的一种有效方法。近几年,注浆工艺、机具和材料都有了很大的发展,而且不论是山岭隧道还是软弱地层隧道,注浆是不可缺少的,它在工程施工中起到很大的作用。

2. 冻结法的应用

冻结法是在含水土层内先钻孔打入钢管,导入循环的低温盐水($-25℃$左右)或液氮,使周边的地层冻结,形成坚硬的冻土壳。它不仅能保证地层稳定,还能起隔水作用。我国一些煤矿井巷工程中用此法施工较多。北京地铁复八线大—热区间隧道(靠近大北窑站、南线)开挖中遇含水粉细砂层,使施工中断。采用注浆法未奏效,后改用冻结法沿隧道拱部施设水平冻结管,冻结含水粉细砂层取得成功。保证了工程安全建成,也保证大北窑立交桥的稳定,这是我国首次采用水平冻结管冻结地层。

3. 岩土锚固技术的发展

在城市深基坑支护施工中常用锚杆作为支护结构,但锚杆施作后,芯体不能拆除,在地下留下"钉子",影响今后地下空间的开发。如在1998年,位于北京西单十字街路口西北角要修建中银大厦,深基坑支护需向四周安设15~20m拉力型锚索。由于锚索深入到地铁5号线预留西单站位置,因此,地铁公司提出意见,此锚索不能安设。后经首都规划委员会协调,根据专家建议改用芯体可拆卸锚索,解决了双方的矛盾,使中银大厦工程得以顺利进行。

4. 降排水与回灌技术

该法是通过降低地下水位,创造无水施工条件,保护地下水资源和有效控制地面沉降的施工技术。

5. 管棚支护技术

近几年,随着城市在松散地层中修建隧道与地下工程的发展,管棚支护技术也有了很大进步:超前注浆小导管(内径$\Phi32$,长2~3.5m)及大管棚(内径$\Phi100$,长20m左右)得到广泛应用,已成为隧道与地下工程不可缺少的技术手段。管棚施工机具、材料、工艺等均已配套,技术较先进。

1.3 地下工程特性与施工方法分类

1.3.1 地下工程特性

1. 地下建筑的优点

地下建筑与地面建筑相比,具有以下主要优点:

(1)为人类的生产、生活及其他活动提供了广阔的空间

随着生产的发展,城市人口和范围的扩大,城市的地面建筑群林立,交通拥挤,公用和服务性建筑剧增,地皮价值不断提高。在这种情况下,地下便成为人类活动的良好的空间。

(2)为某些生产工艺提供适宜的环境

对于建造地下建筑最为有用的岩土特性是热稳定性和密封性。这些特性对于要求恒温、恒湿、超净和防震环境的精密生产非常适宜。地下工程比地面上创造这样的环境更容易、更经济。不但造价低,而且节省运行费用。岩土的热稳定性使得地下建筑周围有一个比较稳定的温度场。这对于低温或高温状态下储存物质非常有利。

(3)对某些类型的地下建筑,具有明显的经济效益

一般地下建筑的造价,较同类地面建筑为高,因为它增加了大量的岩土工程量。但当物质条件适宜或施工机械化程度较高时,某些地下建筑比地面建筑经济。例如,一些地下水电站、地下冷库的造价仅为地面的 1/2~1/10。一些石油、液化气等液体燃料,如果直接储存在大容积不衬砌的地下洞罐中,则不但造价比地面低,且可节约大量钢材。另有一些地下建筑,其一次投资可能节约无几,但长期运行后则很经济。

(4)具有良好的防护性能

一定厚度的岩层和土层,具有良好的防护能力,使处于其中的地下建筑可免遭或减轻空袭、炮轰、火灾、爆炸等造成的破坏。

2. 地下工程的局限性

地下建筑虽然具有上述的显著优点,但也存在一定的局限性或不良因素,主要有:

(1)施工困难。岩体、冲积层、地下水等不良介质与条件妨碍施工,因此,一般施工工期较长,造价较高。

(2)地下没有阳光、潮湿,比较闭塞。

地下工程施工与地面工程存在很大区别,不仅其地下工程介质(岩体或土体)复杂多变,其性质难以确定,而且,对于不同的工程类型、不同地层介质以及施工条件,其施工方法存在很大变化。更为重要的是,不合适的施工方法与施工工艺,不仅直接影响工程投资与工期,而且还可能导致安全性差,造成人身伤亡和财产损失。由此可见,地下工程的施工方法的选择,比地面工程更为重要。其方法的选择不仅需要了解工程类型、特性、工期和施工环境,更重要的是需要针对特定的工程条件,选择与之相适应的施工方法与工艺。

1.3.2 施工方法分类

地下工程施工方法一般分为普通方法和特殊方法。

1. 普通施工方法

普通施工方法是指在围岩或土层中构筑建筑物时,采用常规的钻眼、爆破、出碴等施工顺

序就能够进行施工的方法。它包括传统的钻爆法或称矿山法(这种方法最早在矿山中使用,故又习惯上称之为"矿山法")和后来发展的新奥法。

2. 特殊施工方法

特殊施工方法是相对于普通施工方法而言的。也就是说,地下工程的开挖采用常规的施工工艺难以进行,需要采取辅助的施工手段;或者在特殊施工环境、施工条件和施工要求下,为提高施工进度和施工质量,采用专门的施工机械和施工工艺的施工方法。

随着大规模地下工程的建设与开发,人们需要在更加复杂的地质条件和特殊环境的地下工程施工,如长大山岭隧道、海峡隧道、越江隧道、城市地铁以及断层、节理裂隙发育的松软破碎围岩地下工程等。

为了解决复杂的地质条件和特殊环境中的地下工程施工问题,针对特殊条件选择特殊施工方法是十分必要的。正是这种需求,特殊施工方法发展极为迅速,是目前地下工程施工中必不可少的施工手段。

1.3.3 岩土工程特殊施工方法简介

目前特殊施工方法已得到快速发展,主要是为在土层中构筑地下建筑物所采用的特殊施工方法,包括以下几种方法:

1. 盾构法

盾构法是在土层中修筑隧道的一种方法。1818 年发明,并于 1925 年首先在泰晤士河下修建第一条水底隧道。

随着 19 世纪下半叶工业革命的进展,各种型式的盾构相继出现,盾构法在世界各国得到了广泛的应用。我国在 20 世纪 50 年代初开始采用盾构法施工隧道。1971 年上海建成1300m 的打浦路隧道。随着交通工程、基础设施和能源建设的发展,上海地区大量采用盾构法施工。我国在"七五"期间用盾构法掘进隧道20 多条,总进尺达 20km。1984 年,上海延安东路隧道用直径11.3m 的网格挤压型盾构施工,顺利穿越 500m 黄浦江底浅覆土层,于 1987 年准确进入 1 号风井洞口,盾构掘进累计 1476m。上海隧道工程局研制的直径 4.35m 夹泥式土压平衡盾构掘进机,用于电缆隧道施工,1988 年 1 月开始掘进,当年 9 月贯通,穿越黄浦江全长534m。

2. 沉管法

沉管法也称预制管段沉放法。先在隧址以外的预制场制作隧道管道,制成后托运到隧址位置,并沉没于预掘的沟槽中。自 20 世纪 50 年代后期以来,沉管的水下连续的水力压接法与处理基础用的压浆法的发明,使城市道路水底隧道的建设进入了迅速发展阶段。目前,世界各国的水底道路隧道的建设,大多数采用比较经济、合理的沉管法。

3. 顶管法

水下长距离顶管是直接在地下水位以下长距离顶进管道的一种施工方法。采用这种方法敷设管道,无需挖槽或在水下开挖土方,并可避免为疏干和固结土体而采用降低水位等辅助措施,从而加快施工进度、降低造价,并能克服在穿越江河,通向湖海等无法降水的特殊环境下施工的困难。

顶管法问世一个世纪以来,其独特的优点使该施工方法在世界各国得到广泛应用。美国于 1980 年创造 9.5 小时顶进49m 的记录。到目前为止,用顶管法施工顶进距离超过 500m 的管道还只有德国、美国和中国。我国 1981 年完成的浙江镇海穿越甬江工程,直径 2.6m 管道,从甬江一岸单向顶进581m。

近年来,我国用钢质管道长距离顶进施工技术有了新进展,创造了一次顶进距离新记录。1986年上海南市水厂输水管道用钢质管道穿越黄浦江,单向一次顶进1120m。在此超千米顶管施工中,将计算机、激光、陀螺仪等先进技术有机地结合应用。

4. 沉井法

沉井法虽是一种古老的施工方法,但在现代地下工程和深基础施工中,均得到广泛应用。其独特的优点是:技术简单、无需特殊设备,挖土量及占地面积较小,造价低,沉井结构又可作为地下构筑物的维护结构,其内部空间可得到充分利用。

1944～1956年间,日本采用壁外喷射压气,即用气囊法降低井壁与土层之间的侧面阻力,使沉井下沉深度超过百米。到20世纪60年代末70年代初,沉井下沉深度超过了200m。我国煤矿于1953年首次应用了普通沉井法,1979年单家村煤矿用泥浆淹水沉井,创下下沉深度192.75m记录。

上海隧道工程局首创钻吸法沉井新工艺,并在延安东路隧道2号风井成功应用。1990年又首创了"中心岛式槽挖法",采用此法在江湾东区泵房沉井施工中,周围地面沉降控制在1cm以内。

5. 掘进机法

隧道掘进机是一种机械化的隧道掘进设备,用于岩石隧道掘进,可解决长期以来采用钻爆法所存在的诸多问题,能连续开挖,掘进速度可以大大提高。

近十多年来,掘进机的制造和应用技术有了迅速发展。国外应用掘进机曾达到月掘进2000m以上,日掘进突破70m的记录。所制造的掘进机最大直径达11.176m。

我国在制造和应用掘进机方面也取得了一定成绩,至今已制成并相继投入试验性运转的隧道掘进机已达50多台,刀盘直径最大达6.8m。在引滦工程南线引滦入唐工程中,使用SJ-58A型隧道掘进机达到了月进尺201.53m最高记录。

6. 其他特殊辅助施工方法

其他辅助施工方法是在采用常规的施工方法存在一定困难,难以正常实施的情况下,采用一定的辅助措施和手段的施工方法。这些方法包括:

(1)人工帷幕注浆墙技术

用板桩法、混凝土连续墙、注浆法或冻结法等技术,均可在围岩或土层中形成一定强度的加固体或隔水帷幕,以提高围岩或土层的自稳性,满足基坑开挖或隧道掘进过程中的稳定性。

(2)降低水位法

在地下工程开挖前或开挖过程中,在基坑周围设置井点,并不断抽水。这种方法使所开挖的土体保持干燥,防止流砂现象产生。可根据水文地质条件和其他因素,分别采用轻型井点、喷射井点、电渗井点、管井井点和深水泵井点等。1952年,我国在上海将井点系统首先用于实际工程,国内最大的深井泵降水的深度已达到150m。

(3)超前支护法

在地下工程施工中,都可能遇到开挖工作面不能自稳或地面沉降过大的情况。为了使开挖工作面得以稳定而不发生塌方,或避免地面变形过大而导致相邻建筑物变形破坏,有必要采用超前支护辅助施工措施,进行开挖工作面的预加固。超前支护辅助措施主要包括:超前锚杆、插板、小钢管、管棚、超前小导管注浆等。

1.3.4 选择施工方法要考虑的因素

选择施工方案时,要考虑的因素有如下几个方面:

1. 工程的重要性。一般由工程规模、使用上的特殊要求以及工期的缓急体现出来;

2. 隧道所处的工程地质和水文地质条件;

3. 施工技术条件和机械装备状况;

4. 施工中动力和原材料供应情况;

5. 工程投资与运营后的社会效益和经济效益;

6. 施工安全状况;

7. 有关污染、地面沉降等环境方面的要求和限制。

应该看到隧道施工方法的选择,是一项"模糊"的决策过程,它依赖于有关人员的学识、经验、毅力和创新精神。对于重要工程则需汇集专家们的意见,广泛论证,必要时应当开挖试验洞对理论方案进行实践验证。

从目前我国地下工程发展趋势来看,在今后很长一段时间内,传统的矿山法和新奥法是地下工程首先考虑的施工方法。这不仅是常规施工方法的施工工艺简单、易行,而且不需特殊的施工机械和机具,施工较为经济。尤其随着锚喷支护技术的发展和应用,提高了常规地下工程施工方法的适应能力,扩大了以"新奥法"为主的常规施工方法的应用范围。所以,虽然本书主要是介绍特殊施工方法,但在讲述特殊施工法之前,仍要简要地概述传统矿山法和新奥法,以供读者参考。

1.4 岩土工程施工存在的问题

尽管目前国内外地下工程施工技术与施工工艺得到发展,但仍存在一些问题:

1. 对工程地质勘探的认识不足

众所周知,工程地质勘探是进行工程设计和施工的前期重要工作。进行此项工作,不仅需要耗费时间,而且还要投入大量资金。因此,我国个别工程因前期工程深度不够,尤其是地质勘探工作深度不够,对隧道通过地区的地形地貌、变形特征、水动力条件等方面了解不深,造成被动,使工程蒙受巨大损失。例如,四川二郎山公路隧道,对隧道两端引道地质条件认识不足,加上山坡植被茂密,仅做了一般地质勘探工作,施工中由于原有生态环境改变,进出口均发生了泥石流,冲毁了施工房屋、设备和部分已建成的构筑物,仅处理泥石流工程费用就达成三、四千万元;出口线路处在已复活的古滑坡体上,处理工程费用也将需三千万元。此外,隧道施工中,地质超前预报工作做得不够,也会给工程施工带来困难,造成损失。

2. 施工质量存在的问题

在用钻爆法开挖的隧道中,未达到光面爆破要求,轮廓欠规整,超、欠挖严重,从而增加锚喷支护、铺设防水板的难度,工程安全、质量也得不到保障,造价也有增加。喷射混凝土多为干喷法,效果差。

3. 隧道衬砌质量欠佳,基底起鼓,衬砌开裂,留下隐患,降低了隧道使用寿命

4. 防水问题突出,隧道渗漏水较严重

(1)防水体系问题

应把隧道与地下工程防水作为一个系统工程,根据工程具体要求和情况,建立起完整的防水体系,将防水原则、防水设计、材料选择、防水施工工艺、防水施工管理、防水施工队伍选择等都纳入防水体系中。目前在这方面工作做得不足,因而导致工程防水效果不理想。

(2)隧道复合式防水层问题

当前国内地铁、铁路、公路等凡采用浅埋暗挖法或矿山法修建的隧道多采用复合式衬砌,防水层多为厚0.8mmLDPE板或EVA板,以及厚1.0~1.2mmECB板,也有采用厚1.0mmPE板或无纺布复合在一起的PVC板,只有少数工程采用橡胶板。工程实践证明,采用LDPE板、EVA板或ECB板做防水层,防水效果好。存在的主要问题是:

1)防水板铺设不牢,板间接缝欠严密;

2)防水板易损,尤其是被钢筋戳破,修补又未跟上;

3)角隅处焊缝多采用手工焊接,焊接工艺较差;

4)对于防水型隧道来说,防水板厚0.8~1.2mm,偏薄。

(3)结构自防水问题

隧道与地下工程多为混凝土结构,国内外通常把结构自防水作为防水的一种重要手段,但是有不少工程结构自防水未能达到应有的效果,主要问题如下:

1)以高强度混凝土代替防水混凝土。不少工程设计误认为混凝土强度等级越高,其防水性能越好。实际上由于高强度混凝土的配制原则,水泥用量偏高,致使混凝土收缩增大,出现裂缝,造成渗漏。因此,需要防水的工程,结构混凝土必须用防水混凝土。防水混凝土抗压、抗渗等级应根据工程具体情况及要求,合理确定。外加剂选择要慎重,混凝土配制要科学。

2)混凝土施工质量问题。防水混凝土施工管理不严,造成混凝土漏捣、漏振,产生蜂窝、麻面;计划不周,造成混凝土灌注中出现"冷缝",隧道初期支护侵入限界,导致二次衬砌混凝土厚度减薄,达不到设计要求;模板拉紧螺栓无防水措施,导致跑模、跑浆;对混凝土施工缝,尤其是水平施工缝清理不净,未按规范进行处理即灌注混凝土等,造成结构自防水失败。

3)变形缝(伸缩缝、沉降缝)及施工缝问题。一方面,内置式止水带固定不牢,灌注混凝土时被移位、变形,起不到止水效果;接头处理不严格,未形成"交圈",起不到防水作用;在接缝处,外露部分止水带被损害等。另一方面,施工缝留得不平整,构造施工缝尺寸不对,接缝处清理不干净,遇水膨胀橡胶止水条受浸泡而失效等。

4)附加防水问题。附加防水层选择未能结合工程具体情况,导致防水层未能达到应有的防水效果。

5. 施工事故问题

山岭隧道施工时有塌方发生,甚至城市用浅埋暗挖法修建的隧道,由于管理不善,措施不力也会出现塌方。塌方是隧道施工中的头号大敌,常会造成人员伤亡,设备损坏,工期推延等,后果严重。根据经验,导致塌方的根本原因是思想麻痹,领导不力,管理不善,制度不健全,措施不得力。除此之外,还有如下几个方面的原因:

(1)对工程地质、水文地质了解肤浅,当遇到不良地质构造、岩性破碎松软、地下水丰富时,束手无策,处理不及时,造成塌方;

(2)对设计资料、地质变化的研究、考察不及时、不深入、不持久,而酿成隐患产生塌方。

6. 隧道工程混凝土衬砌耐久性问题

伴随着我国各种基础设施,包括高速公路、大跨度桥梁、机场和港口、核电站、钻井平台、高层建筑、隧道与地下工程等建设的迅速发展,对混凝土材料和工艺提出了很多新的要求和问题,其中特别是耐久性问题。

混凝土在比较恶劣的环境中,由于耐久性不足,非力学强度不够遭破坏的实例越来越多。例如,刚投入运行一冬的混凝土公路路面就发生严重的剥落;一些混凝土轨枕使用不久,甚至还未使用就出现网状开裂;建成时间不长的给水建筑物因受冻而破坏;盐碱地区海港混凝土结构和电杆因钢筋锈蚀而破坏等。因此,国内许多学者对混凝土耐久性问题进行了探讨。这一动向应该引起我们的高度重视。所修建的隧道是不可逆的永久性构筑物,它不同于地面建筑物可以拆除重建,因而其耐久性就显得更为重要了。当前,隧道工程混凝土质量以强度作为主要考核指标,而忽略了影响混凝土耐久性的关键是保持其低渗透性;同时,如果混凝土所用砂石料、外加剂、水泥等如质量差,也会导致混凝土的劣化,降低其耐久性。

1.5　本书编写目的与特点

综上所述,由于我国大规模的岩土工程建设和地下空间的开发和利用,不仅促进地下工程设计理论与方法的发展,而且也使得岩土工程施工技术、施工工艺与工程材料获得前所未有的发展。但是,地下工程施工仍存在很多问题,尤其随着我国大规模地下工程的开发和建设,我们必将面临更加复杂的地质条件、更加严格的施工要求、更加恶劣的施工环境的地下工程建设。因此,研究和解决施工中的问题,学习和探索新的施工方法与施工工艺,对于从事土木工程专业学习的技术人员不仅是必要的,而且也是我国工程建设和发展的需要。为了更好学习和了解地下工程施工技术与施工工艺,本书在总结国内外施工技术和施工经验的基础上,编写成册,供从事土木工程专业的读者学习和参考。

本书编写注重以下几个特点:

(1)全面介绍现代岩土工程各种特殊施工方法与施工工艺,使读者对现代岩土工程施工技术及其发展具有全面的了解和深刻的认识。

(2)重点突出现代施工方法的工艺、技术和适用条件,简要概述各种施工方法的设计、分析以及稳定性评价。

(3)在详细介绍每一类施工方法的基础上,还列举了部分施工工程实例,其目的在于加深读者对施工方法和工艺的认识和理解。

(4)为配合本课程的教学,本书还给出了一些特殊施工技术的影像资料。

参　考　文　献

1　王梦恕.21 世纪是隧道及地下空间大发展的年代.西部探矿工程.2000 年第 1 期,7~8

2　戚筱俊.世界四大海底隧道工程简介.西部探矿工程.1999 年第 3 期,1~3

3　崔玖江.提高我国隧道与地下工程施工技术水平.西部探矿工程.2001 年第 1 期,3~7

4　翁家杰 主编.地下工程.北京:煤炭工业出版社,1995

5　钟桂彤 主编.铁路隧道.北京:中国铁道出版社,2000

6　刘　斌 主编.地下工程特殊施工.北京:冶金工业出版社,1994

2 明挖法与辅助施工技术

2.1 概　述

明挖法是从地表面向下开挖,在预定的位置修筑结构物方法的总称。在城市地下工程中,特别是在浅埋的地下铁道工程中获得广泛应用。一般说来,明挖法多用在地形平坦且埋深小于 30m 的场合,而且可以适应不同的结构类型,结构空间得到充分而有效的利用。

明挖法施工一般分为基坑开挖、支挡开挖和地下连续墙三大类,各类又包含多种方法。从施工工艺考虑,目前采用较多的为如下几种方法:

1. 顺筑法

地下结构物的施工顺序是在开挖到预定的深度后,按照底板→侧壁(中柱或中壁)→顶板的顺序修筑,这种方法为明挖法的标准施工方法,其施工步骤如图 2.1 所示。顺筑法施工的具体施工方法在此不再赘述。

2. 逆筑法

本方法多用在深层开挖、软弱地层开挖、靠近建筑物施工等情况。在开挖过程中,结构物的顶板(或中层板)如图 2.2 所示,利用刚性的支挡结构先行建筑,而后进行开挖。这种方法在下部开挖前,可对顶板上面的埋设物和地面进行恢复。因此,此法可以用于急于恢复地面的情况。本章重点介绍逆筑法施工中的地下连续墙法。

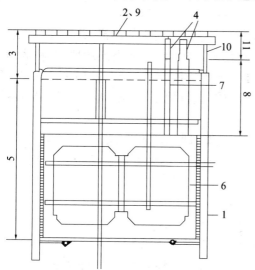

图 2.1　顺筑法的施工步骤

1—支挡桩(墙);2—路面盖板;3—上段开挖;4—埋设物防护;
5—主体开挖;6—修筑结构物;7—恢复埋设物;8—回填;
9—拆除路面盖板;10—拆除支挡桩或拆除支挡墙头部恢复路面

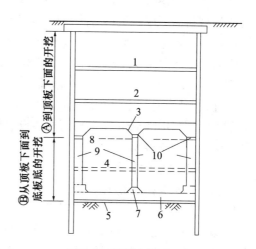

图 2.2　逆筑法施工工序

1、2—架设支撑;3—灌注顶板钢筋混凝土;4—架设
支撑;5—灌注基础混凝土;6、7—灌注底板、支座混凝土;8—拆除
支撑;9—灌注侧墙、中墙混凝土;10—接头部填充收缩砂浆

13

3. 辅助工法

为确保地下工程施工过程中工作面的稳定,从而安全、经济地进行施工的方法统称为辅助工法。辅助工法一般采用地下连续墙法、降低地下水位法等。本章重点介绍地下连续墙法和降低地下水位法。

2.2 地下连续墙法

2.2.1 地下连续墙定义与特点

1950 年,意大利依柯斯(Impesa Coms-tuzions Opere Specia Lizzte)公司首次在水库和贮水池挡水墙工程施工中,以连锁钻孔成墙的排桩式地下连续墙施工取得成功,引起各国的注意。以后随着成槽工艺的发展,在西欧逐步形成了以导板抓斗和冲击钻成槽的依柯斯(ICOS)法;以单斗挖槽的埃尔塞(ELSE)法(意大利);以冲击回转钻机成槽的索列汤舍(Soletanche)法(法国);以反循环法成槽的反循环法(德国)等施工方法。

日本于 1959 年引进这一新技术,还研制成功许多独创的地下连续墙施工新工艺,发展十分迅速。我国水电部门于 1958 年在山东青岛月子口水库和北京密云水库土坝工程中,采用桩排式素混凝土地下连续墙作防渗心墙取得成功。1970 年开始,我国在水利、港工和建筑工程中逐渐开始应用地下连续墙。壁板式地下连续墙在我国主体结构的首次应用还是 1976 年 7月 28 日唐山大地震之后,在天津修复一项受震害的岸壁工程中实施的。1977 年在上海试制成功了导板抓斗和多头钻成槽机之后,首次用这种机械施工了某船厂升船机港地岸壁,为我国加速开发这一技术起到了积极的推动作用。近十多年来,我国在地下连续墙的施工设备、工程应用和理论研究等方面获得了很大的成就。地下连续墙的施工深度国内已超过 80m,厚度达1.4m。

1. 地下连续墙定义

利用各种挖槽机械,借助于泥浆的护壁作用,在地下挖出窄而深的沟槽,并在其内浇注一定的适当材料而形成一道具有防渗(水)、挡土和承重功能的连续的地下连续墙体,称为地下连续墙。这种地下连续墙在欧美国家称为"混凝土地下连续墙"(Continuous Diaphragm Wall)或泥浆墙(Slurry Wall);在日本则称为"地下连续壁"或"连续地中壁"或"地中连续壁";在我国则称为"地下连续墙"或"地下防渗墙"。

此外,国外也把上面所说的连续墙分为以下两大类,即凡是放有钢筋、强度很高的称为地下连续墙(Diaphragm Wall),而那些没放钢筋、强度较低的称为泥浆墙(Slurry Wall),其实这种分法也不是很确切。

2. 地下连续墙的特点

(1)地下连续墙的优点

1)施工的噪声小、震动小,特别适宜于城市和密集的建筑群中施工。

2)墙体刚度大。目前国内地下连续墙的厚度可达 0.6 ~ 1.5m(国外已达 2.8m)。用于基坑开挖时,可承受很大的土压力,极少发生地基沉降或塌方事故,变形小,已经成为深基坑支护工程中必不可少的挡土结构。如地下连续墙与锚杆配合拉结,或用内支撑或地下结构支撑,则可抵抗更大的侧向压力,基坑亦能筑得更深。

3)防渗性能好。由于墙体接头形式和施工方法的改进,使地下连续墙几乎不透水。如果把墙体伸入到不透水层中,那么由它围成的基坑内的降水费用就可大大减少,对周边建筑物和街道的影响也变得很小。

4)可以贴近施工。由于具有上述几项优点,可以紧贴原有建(构)筑物建造地下连续墙。国内已经在距离楼房外 10cm 的地方建成了地下连续墙。开挖基坑无需放坡,土方量小,且不影响建筑物基础的安全。

5)可以用逆作法施工。地下连续墙刚度大,易于设置构件,易于进行逆作法施工,从而缩短工期。

6)适用于多种地基条件。地下连续墙对地层的适应性强。从软弱的冲积地层到中硬的地层、密实的砂砾层,各种软岩硬岩等所有的地基都可以建造地下连续墙。除遇夹有孤石、大粒径卵石、砾石地层而成槽效率较低外,对一般黏性土、无黏性土、卵砾石等地层均能获得较高的成槽效率。

7)可用作刚性基础。目前的地下连续墙不再单纯作为防渗防水、深基坑围护墙,而是越来越多的用来代替桩基础、沉井或沉箱基础,承受更大荷载。

8)用地下连续墙作为土坝、尾矿坝和水闸等水工建筑物的垂直防渗结构,是非常安全和经济的。目前仍然是处理有安全隐患的土坝的主要技术手段。

9)占地少。可以充分利用建筑红线以内有限的地面和空间,充分发挥投资效益。

10)施工速度快,机械化程度高。水下导管灌注混凝土能保证墙体的质量,并可在低温条件下施工,灌注混凝土不用支模、养护。因此,可节约施工费用和支模木材。即工效高、工期短、质量可靠、经济效益高。

(2)地下连续墙的不足

1)施工技术要求较高,每项工序、每个环节施工不当都会给工程带来困难,影响工程的进度和质量。如槽壁坍塌问题等。

2)在岩溶地区或含有较高承压水的夹层组、粉砂地层不适用。

3)对于小型独立单体深基础以及深度不大的地下构筑物,采用地下连续墙,造价高,不经济。

4)如果施工场地设施不当,易造成现场泥浆污染,妨碍施工安全、高效地进行。

5)墙面虽可保证垂直度,但比较粗糙,尚需进行处理或加衬壁。

3. 地下连续墙的用途

地下连续墙具有多种功能,应用范围较广泛:

(1)作为高层建筑的深基础、地下室;

(2)用于城市道路立交桥、地下铁道、地下商场、地下储油库、顶管工作井等工程;

(3)用于水利水电建设中的挡土墙、防渗坝、截水帷幕等;

(4)近年来大量用于船坞、船闸、升降机坞、码头岸壁等工程;

(5)用于抗滑挡土墙、防爆墙等工程。

4. 地下连续墙在基础工程中的适用性

地下连续墙在基础工程中的适用条件归纳起来,有以下几点:

(1)基坑深度大于 10m;

(2)软土或砂土地基;

(3)在密集的建筑群中施工基坑,对周围地面沉降、建筑物的沉降要求需严格限

制时;

(4)围护结构与主体结构相结合,用作主体的一部分,且对抗渗有严格要求时;

(5)采用逆作法施工,内衬与护壁形成复合结构的工程。

5. 地下连续墙的分类

地下连续墙的分类方法较多,大致有以下几种:

(1)按成墙方式可分为:桩排式、槽板式、组合式;

(2)按墙的用途可分为:防渗墙、临时挡土墙、永久挡土(承重)墙、作为基础用的地下连续墙;

(3)按墙体材料可分为:钢筋混凝土墙、素混凝土墙、固化灰浆墙、钢管地下连续墙、后张预应力地下连续墙等;

(4)按开挖形式可分为:地下连续墙(开挖)、地下防渗墙(不开挖)。

2.2.2 地下连续墙及其构造

地下连续墙主要由导墙、槽段墙体、槽段接头、结构接头等几部分构成。

1. 地下连续墙的基本形式

目前,基础工程中的地下连续墙形式主要有以下几种:

(1)壁板式

这是应用得最多的地下连续墙形式,用于直线形墙段,圆弧形(实际是折线形)墙段,如图 2.3 所示。

图 2.3 壁板式地下连续墙

(2)T 形及 Π 形

这类地下连续墙适用于基坑开挖深度较大,支撑垂直间距较大的情况,其应用深度已超过 25m;见图 2.4。

(3)格 形

这是一种将壁板式及 T 形地下连续墙组合成的结构,靠自重维持墙体的稳定,已用于大型的工业基坑,见图 2.5。

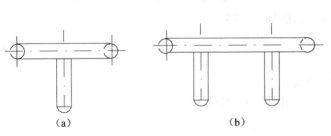

图 2.4 T 形及 Π 形地下连续墙   图 2.5 格形地下连续墙

(4)预应力 U 形折板

16

这是一种由上海市地下建筑设计院开发的新形式、新工艺地下连续墙,应用于上海市地下车库。折板是一种空间受力结构,具有刚度大、变形小、节省材料等优点。如取地下连续墙厚度为600mm,则T形连续墙的折算厚度为0.835~0.913m,而U形折板连续墙的折算厚度为0.76m,节省混凝土13%,节约钢筋约20%。

2. 槽段接头

在基坑工程中应用的地下连续墙槽段接头形式,有以下几种:

(1)使用接头管(也称锁口管)做成的接头

这是最常用的一种接头形式。单元槽段挖成后,于槽段的端头吊放入接头管,槽内吊放钢筋笼,浇灌混凝土,再拔出接头管,形成两相邻槽段间的接头。

(2)用隔板做成的接头

按隔板的形式可分作平隔板、V形隔板和榫形隔板;按与水平钢筋的关系,可分作不搭接接头及搭接接头。这种形式适用于深度大的地下连续墙,不必拔接头管。

(3)用预制件作接头

按所用材料,可分为钢制的和钢筋混凝土制作的(如图2.6a、图2.6b所示)。还有插入的型钢,既作为承受墙身剪力和弯矩的主要材料,又是两相邻墙段的连接件(如图2.7所示)。对于较深的地下连续墙,采用如图2.8所示带有波纹钢板的预制接头,对受力及防渗都有效。

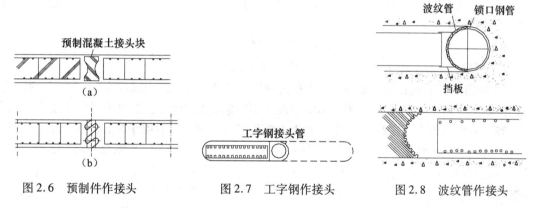

图2.6 预制件作接头　　　图2.7 工字钢作接头　　　图2.8 波纹管作接头

(4)采用接头箱做成接头

可用于传递剪力和拉力的刚性接头施工。施工方法与接头管相仿。单元槽段挖完后,吊下接头箱,由于接头箱在浇灌混凝土的一侧是敞开的,所以可以容纳钢筋笼端头的水平钢筋或接头钢板插入接头箱内。浇灌混凝土时,由于接头箱的敞开口被焊在钢筋笼上的钢板所遮挡,因而混凝土不会进入箱内。接头箱拔出后,再开挖后期单元槽段,吊放后期墙段钢筋笼,浇灌混凝土形成新的接头。

(5)钢板止水式接头

这种接头也是采用接头箱的一种接头形式,相邻单元墙段连接全部采用钢筋笼凹凸镶接。接头的"刚性"和"止水"是通过先浇墙段封头钢板上开孔穿出的预留钢筋和"T"形止水条与后浇墙段相配合来实现的。施工时采用专门设计的带勾头的接头箱,以使先浇墙段的钢筋笼准确就位,并用专门设计的压力箱作为接头箱的后靠,把混凝土对封板的压力,通过接头箱和反力箱传至槽端土壁上,防止封头钢板产生较大的外胀变形。接头结构见图2.9。该接头曾用于上海人民广场地下变电站的地下连续墙工程。

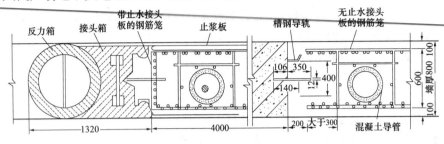

图 2.9　刚性止水接头

（6）钢筋焊接接头

为加强地下连续墙的整体性、简化施工，可在基坑开挖后，将地下连续墙的内面钢筋保护层凿开，将相邻槽段的水平钢筋用短筋焊接。

3. 导　墙

导墙一般为现浇钢筋混凝土结构，应具有必要的强度、刚度和精度，要满足挖槽机械的施工要求。在确定导墙形式时应考虑下列因素：

（1）地表层土的特性。表层土体的密实、松散，是否是回填土，其物理力学性能，有无地下埋设物等。

（2）荷载情况。挖槽机的质量与组装方法，钢筋笼质量，挖槽与浇灌混凝土时附近存在的静载与动载情况。

（3）地下连续墙施工时对邻近建（构）筑物可能产生的影响。

（4）地下水状况。地下水位高低及水位变化情况。

（5）当施工作业面在地面以下时（如在路面以下施工），对先施工的临时支护结构的影响。

导墙形式如图 2.10 所示。图 2.10a 及图 2.10b 断面最简单，它适用于表层土质良好和导墙上荷载较小的情况。图 2.10c、图 2.10d 为应用较多的两种，适用于表层土为杂填土、软黏土等承载能力较弱的土层，因而将导墙做成倒"L"形图 2.10c，或"]"形图 2.10d。图 2.10e 适用于作用在导墙上荷载很大的情况，可根据荷载计算其伸出部分的长度。图 2.10f 适用于相邻建筑物一侧的一肢加强，以保护建（构）筑物。图 2.10g 适用于地下水位高，须将导墙提高，以保持泥浆面距水位 1m，导墙提高后两边要填土找平。图 2.10h 适用于施工作业面在地下（如在路面以下时），导墙需要支撑已施工结构，作为临时结构时支承的水平导梁。

1）导墙的作用与基本要求

①阻止槽壁顶部的坍塌。

②支承施工荷载。导墙间常设临时木支撑或填黏土来防止导墙变形。而且在导墙上还常设钢筋混凝土顶板方便施工，并对所承地面荷载也有一定的分布作用。

③保持泥浆液面。为了保持槽壁面的土体稳定，一般必须维持泥浆面高出地下水位至少1.0m 以上的高度。

④作为控制地下连续墙平面尺寸的地面标志，导墙的中心线应与地下连续墙的中心线一致，导墙宽度按一般经验应比地下连续墙的宽度大 3~6cm。导墙位置和尺寸的准确性、竖向的垂直程度等直接影响地下连续墙的水平位置、墙体厚度和施工质量等，必须认真施工。

2）导墙施工顺序

平整场地→测量定位→挖槽→绑钢筋→支模板（一侧利用土模，一侧用模板）→支对撑→浇筑混凝土→拆模板加横撑→整理两侧土方（空隙填实夯实）。

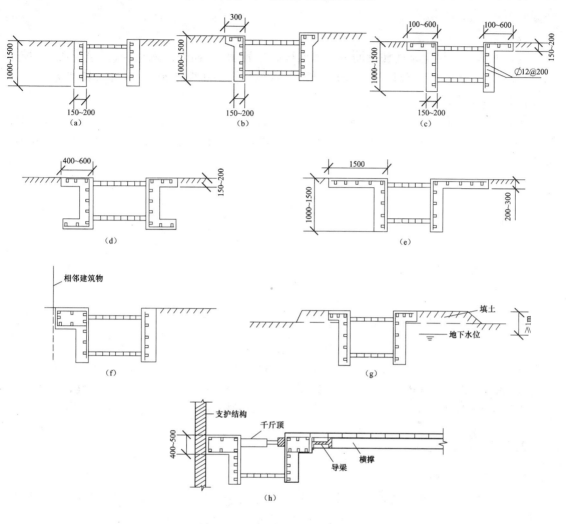

图 2.10　各种形式的导墙面

3）导墙施工要点

①导墙基底应和上面密贴，墙侧回填土用黏性土夯实。

②导墙中心位置即地下连续墙的中心，在平面上必须按测量位置施工，在竖向必须保证垂直，它直接关系到地下连续墙的精度。

③导墙的转角处做成如图 2.11 所示的平面形式，以保证转角处断面的完整。

④导墙内水平钢筋必须相互连接成整体。

4.　结构接头构造

地下连续墙与建筑物内部的梁、楼板及柱的结构接头通常有下列几种方法：

（1）预埋连接钢筋法

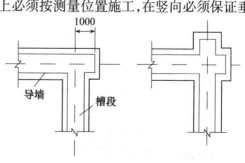

图 2.11　导墙转角处形式

这种方法是应用较多的一种方法,如图2.12所示,它在浇筑墙体混凝土之前,将设计的连接钢筋与钢筋笼绑在既定的地方,与钢筋笼一起吊入墙内,并将连接钢筋加以弯折,待内部凿开墙面至露出预埋筋。

(2)预埋连接钢板法

这种方法是将钢板预埋在钢筋笼需要连接的位置上,钢筋笼吊入槽内,浇筑混凝土,挖土到连接位置时,将混凝土面凿开后露出钢板,然后与结构钢筋焊接连接,如图2.13所示。

(3)预埋剪力连接件法

剪力连接件的形式有多种,但以不妨碍浇筑混凝土、承压力大且形状简单者较好。如图2.14所示。剪力连接件先预埋在地下连续墙内,然后弯折出来,与建筑物梁板结构的后浇部分连接。

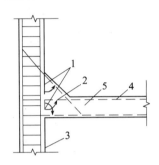 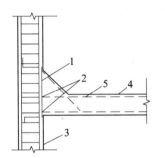 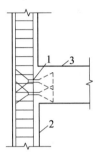

图2.12　预埋连接钢筋法 　　图2.13　预埋连接钢板法 　　图2.14　预埋剪力连接件法
1—预埋的连接钢筋;2—焊接处;　　1—预埋的连接钢板;2—焊接处;　　1—预埋剪力连接件;
3—地下连续墙;4—后浇结构中　　　3—地下连续墙;4—后浇结构;　　　2—地下连续墙焊接处;
的受力钢筋;5—后浇结构　　　　　5—后浇结构中的受力钢筋　　　　3—后浇结构

2.2.3　槽孔施工方法

1. 施工前的准备

地下连续墙正式施工之前应根据工程要求和地质条件决定墙体深度、厚度、施工方法、施工设备和施工精度。另应修筑导墙,铺设轨道,建立泥浆配置站及循环沟槽与沉淀池和必要的施工材料准备。

(1)导墙的施工

1)导墙的主要作用

①起挖槽、造孔导向作用;

②储存触变泥浆;

③维护槽口稳定,避免塌方;

④支承造孔机械及其他设备的荷载。

导墙无论在强度要求或其规格掌握方面,均应加以严格控制。因为它直接影响连续墙的施工质量。

2)导墙的主要形式(图2.15)

3)导墙的规格及施工

如果地下墙是作为深基坑围护结构,导墙应考虑一定余量放样(一般取2cm + 成槽精度 ×

最大开挖深度)。导墙内净宽一般比设计墙厚 2 ~ 5cm,导墙的深度一般取 1.5 ~ 2.0m。除考虑用途外,还要根据地质条件,使导墙坐落在稳定的老土层以下。导墙厚一般取 20 ~ 30cm 现浇钢筋混凝土,混凝土强度等级在 C20 以上。

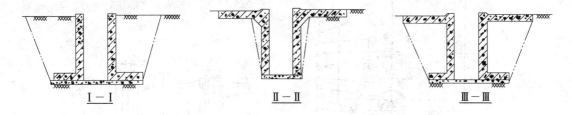

图 2.15 三种形式的导墙断面形状

立井混凝土帷幕施工一般都比较深(50m 以上),穿过地层变化也较大,往往要采用一种以上机械开挖,故导墙宽度至少要大于钻头直径 20cm。导墙顶部要略高于地平,以防地表水反流槽内。

(2)泥浆系统

1)泥浆的功能

①护壁。泥浆柱压略大于地下水土压力,泥浆向地层流渗形成一层薄韧致密透水性很小的泥皮,同泥浆柱一起平衡地压,稳定井壁。

②洗槽。利用泥浆为介质进行循环排碴。钻头钻下的岩屑及时由泥浆携带排出槽外、而始终切削新土,提高了机械效率。

③冷却润滑钻头。泥浆的循环降低了由于钻头与土层所作机械功而产生的温升。同时泥浆又是一种润滑剂,从而降低了钻机的磨损。

2)泥浆主要成分

泥浆的主要成分是膨润土、水、化学掺剂和一些惰性材料。

2. 槽孔施工工艺

(1)造孔机械

槽孔施工是地下连续墙的主体工程。合理施工方法的选择是保证工程以高速、优质完成,并获得良好经济指标的关键。近年来,国内外研制的施工机械及其相应施工方法达数十种之多,但可归纳为三种基本形式:①冲击式造孔直接出土机械及施工方法;②斗式成槽机械及施工方法;③旋转切削式泥浆循环出碴成槽机械及施工法。

1)冲击式造孔直接出土式机械

它是依靠钻头的自重,在充满泥浆的孔中反复冲击破碎岩土,然后用带有活底的取碴筒将破碎下来的岩屑取出。该设备构造简单,操作容易,适应性强,在坚硬土层和含砾石、卵石等复杂地层中均可应用。槽孔垂直精度可控制在 2‰ ~ 3‰,适用于深度较大的造孔施工。主要设备有国产 CZ-20、CZ-22、CZ-30,仿前苏联的 YKC-22、YKC-30 以及意大利、日本等国生产的 UOS 型等。冲击式钻进时,用掏碴筒排除孔内碎碴,钻进和排碴间断进行,因此效率低,钻孔噪声和振动较大,所以,不宜在人口密集和靠近建筑物地区造孔作业。

2)斗式成槽机械

抓斗式成槽机的特点是利用抓斗上嵌的犁齿直接对土层进行破碎、抓取,并将土体运出槽

21

外。其型式主要有各种索式导板抓斗、液压导板抓斗和刚性导杆抓斗等(如图2.16、图2.17所示)。使用专门机架沿导墙上铺的轨道移动工作或在履带吊车上工作[图2.17(a)]。

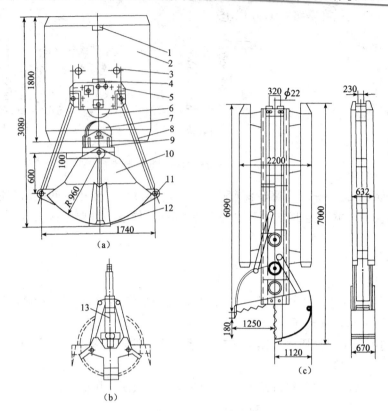

图 2.16　抓斗式挖槽机械

(a)中心体拉锁式导板抓斗;(b)液压导板抓斗;(c)刚性导板抓斗

1—导向块;2—导板;3—撑管;4—导向辊;5—斗脑;6—上滑轮;7—下滑轮

8—拉杆;9—滑轮座;10—斗体;11—斗耳;12—斗齿;13—千斤顶

我国采用钻抓配套专用成槽机械(图2.18),以潜水电钻钻导孔、索式导板抓斗抓土,在软土地基施工中使用。近来,上海在软土地基采用 MHL 绳索长导板液压抓斗机和 KH-180 大吊车配合施工地下连续墙达15万平方米以上。

使用抓斗式挖槽机一般都要预先在槽段两端用钻机钻两个垂直导孔,然后,用抓斗抓除两导孔间的土体,以形成槽段。由于采用抓斗时土层不经破碎而被直接送至地面,又不需要泥浆循环和净化,故可降低泥浆消耗量,简化施工管理,提高工效,槽段衔接也较好,一般适于50m以下槽孔。

3)回转式造孔机械

回转式造孔机械用钻头、刀具对土层进行钻削,并借助泥浆循环排碴,机械化程度和工效、成孔质量、垂直精度均较好,而且噪声小,对侧面土体扰动较小,最适于土质较差、开挖较深的槽段。但其结构复杂,遇有大粒径砾石、卵石层难于使用。回转式造孔机械形式较多,如"察尔森"型钻机,SFZ-150型反循环水文井钻机,红星-400B型回转钻机。较为先进的主要有日本的 SW 法多钻头成槽机和 TBW 多滚刀钻机。我国上海基础工程公司的 SF-60 多头钻成槽机

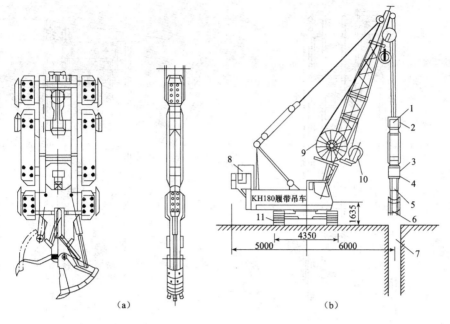

（a）　　　　　　　　　　　　　（b）

图 2.17　液压抓斗及其成槽情况

（a）液压抓斗；（b）成槽情况

1—左上推板；2—前上推板；3—前下推板；4—左下推板；5—液压千斤顶；6—抓斗斗壳；

7—成槽后槽孔；8—动力矩；9—液压油管盘；10—信号电缆；11—KH180 履带吊车

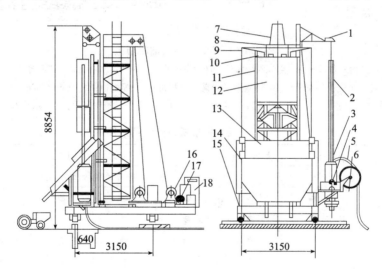

图 2.18　钻抓配套专用成槽机械

1—电钻吊臂；2—钻杆；3—潜水电钻；4—钳制台；5—泥浆管及电缆；6—转盘；

7—顶梁；8—圈梁；9—吊臂滑车；10—笼门；11—机架立柱；12—导板抓斗；

13—出土上滑槽；14—出土下滑槽架；15—底盘；16—3 吨慢速卷扬机；

17—1 吨卷扬机；18—电器控制箱

使用广泛（如图 2.19 所示）。另有 WMZ-100 型回转、冲击两用钻机,表 2.1 为国外选用成槽机械的评估资料。

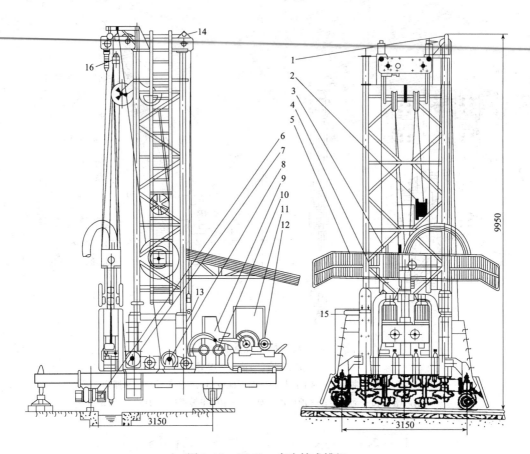

图 2.19　SF-60　多头钻成槽机

1—φ150 皮带提升台;2—信号电缆收线筒;3—动力电缆收线筒;4—潜水电机;5—遮阳棚;6—行走轮;

7、8—0.5 吨卷扬机;9—操纵台;10—5 吨机头升降主卷扬机;11—配电柜;12—0.6m²/min 空气压缩机;

13—电子秤拉力传感器;14—测深测速发送器;15—机头工作深度给进速度显示;16—成槽倾斜度传感器

表 2.1　各种挖槽机械的使用条件

深度特性		导板抓斗	导杆抓斗	铲斗	冲击钻	刨凿式	多头钻	滚刀钻
		适　应　性						
挖槽深度（m）	<20	●	●	●	●	●	●	●
	20~30	○	●	●	●	○	●	●
	30~40	△	●	○	●	△	●	○
	40~50	△	○	△	●	×	●	×
	50~60	×	△	×	○	×	△	×
挖槽厚度（m）	<0.5	●	●	●	●	●	●	●
	0.5~0.6	●	●	●	●	●	●	●
	0.6~0.8	●	●	●	●	○	●	●
	0.8~1.0	○	●	○	○	△	●	●
	1.0~1.2	△	○	×	△	×	●	○
	1.2~1.5	×	△	×	×	×	●	×

24

深度特性		导板抓斗	导杆抓斗	铲斗	冲击钻	刨凿式	多头钻	滚刀钻
		适应性						
黏性土 N 值	<4	●	●	●	△	●	●	●
	4~10	●	●	●	○	●	●	●
	10~20	●	●	●	●	●	●	●
	20~30	○	●	○	●	●	●	●
	>30	△	○	△	●	○	●	○
地层	砂性土 N 值 <10	●	●	●	●	●	●	●
	10~30	●	●	●	●	●	●	●
	30~50	○	●	○	●	●	●	●
	>50	△	○	△	●	●	●	●
	砾石、卵石粒径（cm） <10	●	●	●	●	●	●	●
	10~15	●	●	●	●	○	●	○
	15~20	○	○	○	●	△	○	○
	20~30	△	○	△	○	△	△	△
	>30	×	△	×	●	×	×	×
	岩石 软质岩石	×	×	×	●	△	△	×
	硬质岩石	×	×	×	○	×	×	×
公害噪声振动		2 2	2 1	1 2	2 2	1 2	1 1	1 1
出碴方式		3	3	3	4	4	4	4
清底方式		6	6	6	5	5	5	5

注：●—最适合；○—适合；△—稍适合；×—不适合。这几种符号表示一般的评价。符号×也并不是说不能使用，主要反映挖槽效率低。

1—几乎没有问题；2—需要适当注意，采取某些措施；3—用抓斗、铲斗挖土，土碴成块状，比较容易处理；4—土碴随同泥浆循环，必须设置土碴与泥浆分离装置；5—由于采用反循环出碴，所以清底较容易；6—采用吸泥泵和空气吸泥装置清底。

（2）槽孔（段）的划分与施工

1）槽段划分

槽段的划分应根据综合因素考虑，一般认为划分段数越少，对其整体性及防渗性能越有利。但由于土质稳定要求和机械的选用又要控制槽段长度不能过大，所以应根据水文地质条件、设备提吊能力、挖土机械特点、混凝土供应能力和施工条件，以及施工精度要求具体划分。上海 220kV 地下变电站，其内切圆直径为 60m 的正 91-边形，平均墙深 38.4m，墙厚 1.2m，周长达 192.374m，周围墙身内有 6 个预留通道口，地下连续墙施工划分了五组 38 幅槽段。槽段之间用刚性接头，垂直允许偏差小于 1/800。其槽段长度与抓挖顺序如图 2.20 所示。煤矿立井井筒混凝土帷幕施工一般划分为 2～3 槽段,地质条件较差的可增加段数。

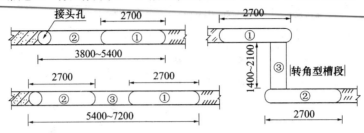

图 2.20　槽段长度与抓挖顺序示意图

2)槽段(孔)的施工方法

①冲击式和斗式施工方法

冲击式钻机先钻出主孔,然后用十字形钻头冲打副孔。主孔是指一个槽段内每隔一定距离首先钻出的圆孔(包括各槽段之间的接头孔)。副孔是指相邻两主孔间的土体。

主孔钻进的质量关系到副孔乃至一个槽段的施工质量,应力求垂直,使偏斜最小。钻进中要经常调节泥浆特性,及时补充新浆。一般每钻进 0.5～1.0m 即应用掏碴筒排碴。斗式成槽机槽段开挖和冲击式有些类似。但出土方法不同,有"两钻一抓"式(图 2.21)、分条(或块)抓和先抓单号条(或块),再抓双号条(或块)等几种方式。

抓斗式挖槽,特别是液压抓斗上设有倾斜仪和纠偏液压推板,可随时调控成槽垂直度,所以这种机械适应性较强,速度快,效率高。如上海在软土中有 6m 宽的槽段,深 25m,仅在 24 小时内便可完成。

②回转多头钻成槽机及泥浆反循环排碴施工法

这种机械主要是我国的 SF-60 和日本的 BW、TBW 成槽机等,成槽一般采用三段或四段式。这种方法是钻进和排碴同时进行,效率较高。排碴利用压气排浆泵排碴,如图 2.22 所示。

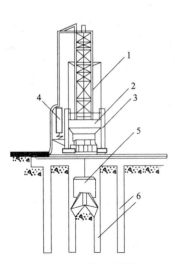

图 2.21　钻抓成槽方法
1—机架;2—卸土墙;3—翻斗车;
4—潜水电钻;5—导板抓斗;6—导孔

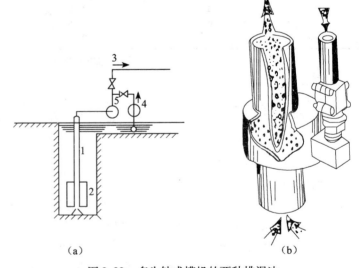

（a）　　　　　　　（b）

图 2.22　多头钻成槽机的两种排泥法
（a)砂石泵排泥;(b)压缩空气排泥
1—排浆管;2—多头钻;3—砂石泵组泥路线;4—加引水泵;5—排浆泵

从两个方面加强质量控制。一是进行减压钻进，即钻头对岩土压力保持其重量的一半，另一半由机架悬吊，由测力传感器控制，这样使钻机始终保持铅垂状态。二是用自动测斜装置（图2.23）和纠偏装置（图2.24），随时测斜和纠偏。

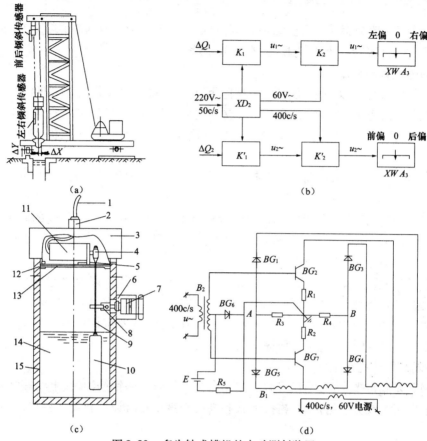

图 2.23　多头钻成槽机的自动测斜装置

（a）测斜仪布设部位；（b）测斜装置程序方框图；（c）传感器结构细部；（d）放大器线路

b 注：ΔQ_1—左右倾斜角；ΔQ_2—前后倾斜角；u_1—左右倾斜传感器即 K_1 旋转变压器的输出电压；u_2—左右倾斜传感器即 K_1' 旋转变压器的输出电压；u_3—左右倾斜放大器的输出直流电压；u_2^{kx}—前后倾斜放大器输出直流电压

c 注：1—9 芯电缆；2—填料物；3—密封螺盖；4—联系接头；5—支架；6—封闭填料物；7—定垂调节螺钉；8—定垂叉；9—连杆；10—重锤；11—旋转变压器；12—支块；13—底座；14—阻尼油；15—筒体

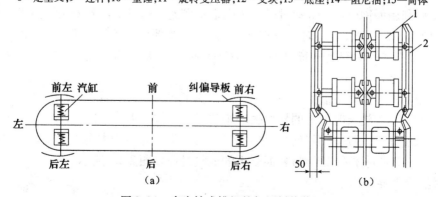

图 2.24　多头钻成槽机的气压纠偏装置

无论采用何种施工方法,挖槽结束后,必须扫孔清碴,待槽孔符合设计标准,进行清孔换浆,保证护壁效果,以利下放钢筋笼和浇筑混凝土。

2.2.4 泥浆下灌注混凝土

地下连续墙一般为钢筋混凝土结构,但它的施工又不同于一般钢筋混凝土,它是在新挖掘的地下槽段内,以其周边和槽底为模板,在泥浆下浇筑。

1. 钢筋笼设计与施工

因槽段内充满泥浆,无法在槽内捆扎钢筋,因而以焊接形式或其他特殊捆扎方式将钢筋组合成为桁架式的钢筋笼,然后用起重机提吊放入槽内。因此,钢筋笼的构造需相当牢固,经得起吊放而不致变形或杆件脱裂。钢筋笼尺寸也不同于地面钢筋混凝土结构,它必须考虑的主要因素有:

(1)由于地下连续墙采用溜灰管置换泥浆浇筑混凝土,因而设计时应考虑以下几方面的问题:

1)溜灰管在钢筋笼里浇筑混凝土,钢筋网对混凝土流动构成一定程度的阻力,钢筋愈密集,则混凝土流动愈困难。所以,除从强度角度考虑钢筋笼间距外,还要考虑泥浆下浇筑混凝土流动的顺畅,钢筋间距应不小于80mm。

2)在泥浆中浇筑混凝土,提升扩张的混凝土表面受浆液侵蚀以及槽壁泥皮的影响,形成的墙体有效壁厚要折减。所以,钢筋笼保护净距宜取100mm,底部可取200mm。

3)庞大的钢筋笼吊放过程是一个非常复杂的力学问题,要求钢筋有足够的刚度,经得起吊放而不变形,一般在钢筋笼中布设纵横向桁架以作加强。

(2)钢筋笼制作与吊运

要求钢筋笼非常平直,必须设置固定制作台。制作时清除钢筋油污、土泥等附着杂物。如钢筋笼为刚性接头或分段搭接时,搭接形状和搭接长度要符合设计和规范要求,以利于搭接的准确性。

钢筋笼尺寸巨大,虽然在制作过程中采取了一些加强措施。但起吊时还必须采取下列措施:一般采用两副钩起吊方式(图2.25)。选择足够吊重能力的起重机,比如在地下连续墙液压抓斗工作法主要工序图(图2.26)中所用的吊钢筋笼专用用具。

(3)吊放与定位

吊起的钢筋笼运行至槽段位置,对准槽位缓慢下降,防止碰伤槽壁,以导墙基准标尺进行定位。定位后利用型钢或钢轨等穿过吊环架固定钢筋笼以防下沉。若采用两段以上钢筋笼分段搭接,则应先吊放下段,并临时架放在导墙面上,搭接部分高出导墙面,调整好水平和垂直度,再吊上一段钢筋笼对准上下筋相互搭接后捆扎或焊接,然后直达到底。

2. 浇灌混凝土

在泥浆中通过导管浇筑混凝土是一种特殊的施工法,难以使用振捣设备,混凝土密实性只能依靠其自重压力和浇筑时产生的局部振动来实现。灌注过程中,混凝土的流动易将泥浆和槽内沉碴卷入墙体,造成局部混凝土质量变劣。因此,混凝土拌合料级配、流动性和和易性要求更严格,施工工艺同样要求更严格,混凝土的浇筑过程如图2.27所示。

(1)对混凝土要求

1)坍落度18~22cm。

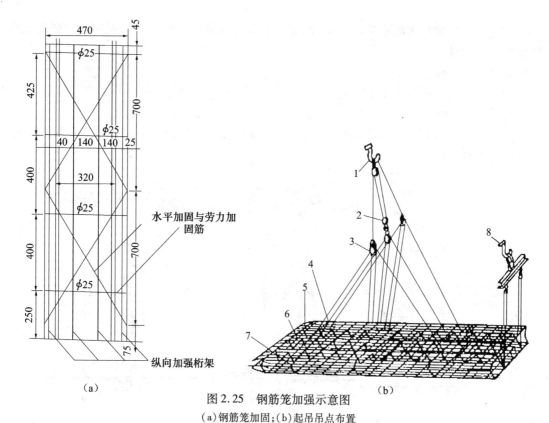

图 2.25　钢筋笼加强示意图

(a)钢筋笼加固;(b)起吊吊点布置

1—吊钩 A;2—单门葫芦;3—双门葫芦;4—卸甲;5—端部倒角;6—抗弯 W 型筋片;7—横向架立筋片;8—吊钩 B

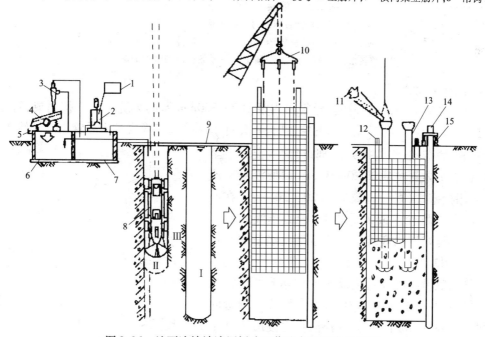

图 2.26　地下连续墙液压抓斗工作法主要工序示意图

1—投入膨润土、纯碱;2—搅拌桶;3—渗流器;4—振动筛;5—排砂流槽;6—回收泵储存池;
7—再生浆池;8—液压抓斗;9—护壁泥浆液位;10—吊钢筋笼专用吊具;11—浇灌混凝土;
12—钢筋笼搁置吊点;13—混凝土导管;14—接头管;15—专用顶拔设备

2）采用普通硅酸盐水泥或矿渣水泥,混凝土的强度等级为 C20～C30,混凝土的强度比原来提高 20%～25%。

3）水灰比＜0.60。

4）粗骨料最大粒径不大于 25cm。

5）1m³ 混凝土的水泥用量不少于 400kg。

6）适当加入不同用途的掺合料(如木质素、粉煤灰、高炉炉渣和黏土等),以减小水灰比,增大流动性及抗渗性等。

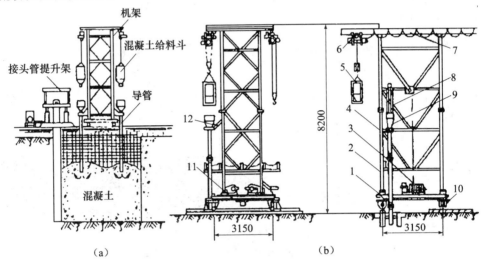

图 2.27　混凝土浇灌过程及有关设备

(a)浇灌过程;(b)浇灌混凝土专用机泵

1—底盘;2—机架;3—卷扬机;4—导管;5—运料斗;6—电动葫芦;

7—单轨泵;8—龙门导轨;9—漏斗;10—轨轮;11—制动杆;12—小车

(2)浇灌混凝土

混凝土经导管向槽内灌注。导管由内径 200～300mm 厚的无缝钢管连接而成,管底用栓塞或封底管封严。在灌混凝土前的空管时,不允许水从接头和管底进入导管内。开始浇灌时,若导管采用底盖式,将管插入底部,再灌入混凝土至满,然后,提吊导管离底部 20～30cm,以便混凝土流出;若采用栓塞式,则管口离底部 20～30cm,并在混凝土灌入之前将栓塞放入导管内,混凝土灌入后以其重量压推栓塞流出底部。随之混凝土经管底孔口进入槽孔(图2.28)。

导管的数量应以浇筑混凝土能够达到所灌槽孔的任何部位,并保持其密实性为考虑因素。导管间距一般控制在 3.5m 以内。随着槽孔内混凝土面不断地上升,在保证导管底口始终没入混凝土内一定深度条件下,定时提升并拆除导管。为缩短拆管时间,减少提管阻力,导管接头宜采用快速接头。导管

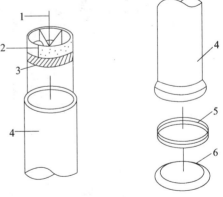

图 2.28　导管孔底结构

1—铁丝;2—栓塞架;3—橡皮碗;4—导管;

5—橡皮套环;6—底羹

没入混凝土深度取决于导管间距、混凝土初凝时间、灌注深度和速度等,一般应大于1~1.5m。如小于1m,导管附近易出现溢流现象,将已灌混凝土表面沉碴和变质泥浆灌入混凝土中,从而削弱了混凝土强度。施工中根据具体情况宜控制在2~6m内,混凝土应连续浇筑,搅拌站应根据施工条件,既不中断又不积压地供料。

3. 槽段的连接与接头施工

地下连续墙各槽段之间的接头应该满足强度和抗渗要求。根据其功能作用,对地下连续墙的接缝有以下不同要求:

(1)挡土墙和防渗墙,应具备防水功能。

(2)永久性结构墙体,因承受土压、水压和工作压力等,接缝应能将应力传递至承载层,并有抗震能力。接头的构造形式应具有可行性、实用性和经济性。较常用的种类有:

1)圆形接头管连接(图2.29)

此为常用型式,构造简单,吊放和起拔方便。但要很好控制混凝土初凝时间,拔管时既要使提拔力最小,又要保证混凝土自撑不塌。防水效果较差。

2)混凝土预制板或钢板接头

将预制混凝土板和钢筋笼同时放入槽沟内,在预制板外的槽沟可回填碎石,或安装压气囊以抑制预制板的侧向位移,如图2.30所示。此种接缝形式的优点是地下槽向开挖后露出的预制板,其内侧钢筋可和凿出的横筋相接,增加了接缝的结构性。但预制板笨重,当连续墙深度较大时吊放困难。

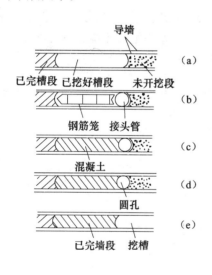

图2.29 圆形接头管连接
(a)挖出单元槽段;(b)先放接头管,再放钢筋笼;
(c)浇筑槽段混凝土;(d)拔除接头管;(e)形成弧形接头

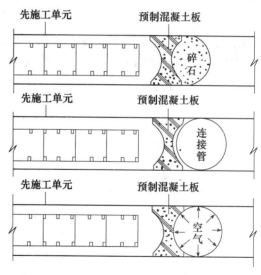

图2.30 预制混凝土板接缝

3)刚性接头(图2.31)

该式接缝将先后施工的两单元横筋按设计的长度叠合。通常先施工的槽段两端以钢板作为端板,混凝土浇筑仅限于两端板之间。为防止混凝土外漏,常用高韧性的人造合成纤维帆布连成一道围堵隔帘。端板材料一般采用钢板,断面有平面形、双十字形、凹槽或开口箱形、十字形和其他复合形式。

图 2.31 隔板和预制接头
(a)钢筋连接式;(b)钢板连接式

2.2.5 地下连续墙施工实例

1. 工程概况

天津地铁 2 号线沙柳路站位于河北区卫国道与沙柳路交口处,为地下二层(局部三层)12m 岛式车站。车站基坑深度约为 16.23 ~ 18.59m,换乘段基坑深度为 24.99m,基坑采用地下连续墙围护。

2. 地下连续墙的施工方法及工艺

车站端头井及标准段基坑采用 800mm 厚的地下连续墙围护,换乘段基坑采用 1000mm 厚地下连续墙作围护。车站基坑围护结构采用强度等级为 C30、抗渗等级为 S8 的防水混凝土地下连续墙。

地下连续墙采用液压抓斗成槽机与回转成槽机施工,泥浆护壁,分幅分批次进行。每一幅墙的施工过程,导墙施工、成槽施工、清浆、钢筋笼制作安装、水下混凝土浇筑各工序依次进行,完成多幅后进行冠梁施工。其施工工艺流程如图 2.32 所示。

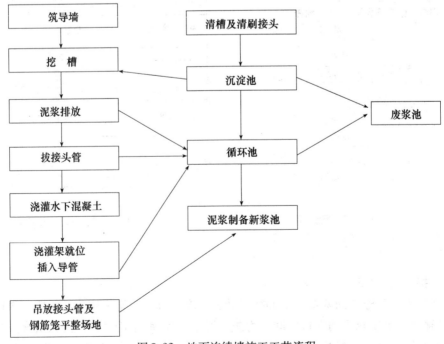

图 2.32 地下连续墙施工工艺流程

（1）导墙的施工

1）导墙设计

根据施工区域地质情况,导墙做成"┐ ┌"形现浇钢筋混凝土结构,内侧净宽比连续墙宽50mm,如图2.33所示。导墙各转角处需向外延伸,以满足最小开挖槽段及钻孔入岩的需要。在遇到软土、砂土等特殊地段时,根据施工现场情况可采用增大导墙尺寸和深度及增加配筋等手段,以保证地下连续墙的各项技术指标。

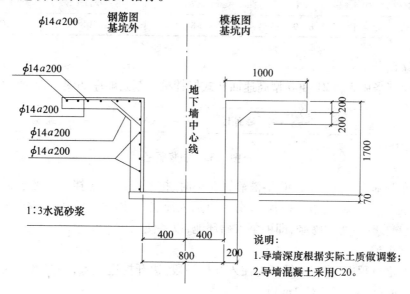

图2.33 导墙示意图

2）导墙施工

用全站仪放出地墙轴线,并放出导墙位置(连续墙轴线向基坑外侧外放70mm),导墙开挖采用小型挖掘机开挖,人工配合清底。基底夯实后,铺设7cm厚1：3水泥砂浆,混凝土浇筑采用钢模板及木支撑,插入式振捣器振捣。导墙顶高出地面不小于10cm,以防止地面水流入槽内,污染泥浆。导墙顶面做成水平,考虑地面坡度影响,在适当位置做成10~15cm台阶。模板拆除后,沿其纵向每隔1m加设上、下两道10cm×10cm方木做内支撑,将两片导墙支撑起来。其施工步骤如图2.34所示。

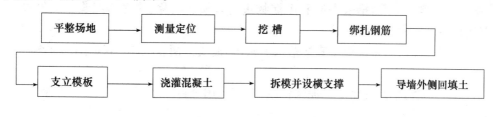

图2.34 导墙施工步骤

（2）泥浆制备与管理

1）泥浆配合比

根据地质条件,泥浆采用膨润土泥浆,针对松散层及砂砾层的透水性及稳定情况,泥浆配合比如下(每立方米泥浆材料用量如下,单位 kg)：①膨润土：70；②纯碱：1.8；③水：1000；

④CMC:0.8。制备泥浆的性能指标如表2.2所示。

表2.2　泥浆性能表

泥浆性能	新配制	循环泥浆	废弃泥浆	检验方法
密度(g/cm³)	1.06～1.08	<1.15	>1.35	密度法
黏度(s)	25～30	<35	>60	漏斗法
含砂率(%)	<4	<7	>11	洗砂瓶
pH值	8～9	>8	>14	pH试纸

2)泥浆制备

泥浆搅拌采用5台2L-400型高速回转式搅拌机。制浆顺序如图2.35所示。

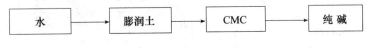

图2.35　制浆顺序

具体配制细节:先配制CMC溶液静置5小时,按配合比在搅拌筒内加水,加膨润土,搅拌3分钟后,再加入CMC溶液。搅拌10分钟再加入纯碱,搅拌均匀后,放入储浆池内,待24分钟后,膨润土颗粒充分水化膨胀,即可泵入循环池,以备使用。

3)泥浆循环

①在挖槽过程中,泥浆由循环池注入开挖槽段,边开挖边注入,保持泥浆液面距离导墙面0.2m左右,并高于地下水位1m以上。

②混凝土灌注过程中,上部泥浆返回沉淀池,而混凝土顶面以下4m内的泥浆排到废浆池,原则上废弃不用。

4)泥浆质量管理

①泥浆拌制后应熟化24小时后方可使用,制作中,每班进行两次质量指标检测。

②在成槽过程中,应对槽段被置换后的泥浆进行测试,对不符合要求的泥浆充分利用各种再生处理手段,提高泥浆质量和重复利用率。

③严格控制泥浆液位,保证泥浆液位在地下水位0.5m以上,并不低于导墙顶面以下30cm,液位下落及时补浆,以防坍塌。

④钢筋笼入槽,必须对槽底泥浆和沉淀物进行置换和清除,使底部泥浆相对密度不大于1.15,沉淀物厚度不大于100mm。

⑤混凝土浇灌时,防止混凝土直接落入泥浆内,混凝土面以上4m高范围内泥浆原则上应予废弃。

⑥对严重水泥污染及超密度的泥浆作废浆处理,用全封闭运浆车运到指定地点。

(3)成槽施工

1)槽段划分。槽段划分时采用设计图纸的划分方式。但在各转角处考虑成槽机的开口宽度及入岩施工方便,另外划分一部分非标准槽段。

2)成槽机械的选择。根据地质情况,采用4台GB24型液压抓斗和1台BMN80120型回转成槽机。

3)成槽工艺控制。连续墙施工采用顺序法,根据槽段长度与成槽机的开口宽度,确定出首开幅和闭合幅,保证成槽机切土时两侧邻界条件的均衡性,以确保槽壁垂直。成槽后以超声波检测仪检查成槽质量。

①成槽。液压抓斗的冲击力和闭合力足以抓起各土层,在成槽过程中,严格控制抓斗的垂直度及平面位置,尤其是开槽阶段,仔细观察监测系统,X、Y轴任一方向偏差超过允许值时,立即进行纠偏。抓斗贴临基坑侧导墙入槽,机械操作要平稳,并及时补入泥浆,维持导墙中泥浆液面稳定。

②防止槽壁坍塌措施。成槽过程中,如遇到软土层和砂层就易发生坍塌,特制定以下措施:

A. 缩短单元槽段的长度。通过缩短单元槽段的长度,可缩短成槽时间,有效地利用土拱效应,使成槽稳定;

B. 对于部分杂填土层较厚或渗透系数强,易流变的砂性土层可采用大口径井点降水的方法,通过水位降低,固结砂性土体,增加其抗剪强度,确保成槽稳定;

C. 加强施工管理,禁止槽段两侧堆放土方、钢筋等重物或停置、通行重型吊车等施工机械。

塌槽的处理措施。在施工中,一旦出现塌槽,要及时填入砂土,用抓斗在回填过程中压实,并在槽内和槽外进行注浆处理,待密实后再进行挖槽。

(4)清底换浆

成槽以后,先用抓斗抓起槽底余土及沉碴,再用泥浆泵反循环吸取槽底沉碴,并用刷壁器清除已浇墙段混凝土接头处的凝胶物,在灌注混凝土前,利用导管采取泵吸反循环进行二次清底并不断置换泥浆,清槽后测定槽底以上0.2~1.0m处的泥浆相对密度应小于1.2,含砂率不大于8%,黏度不大于28s,槽底沉碴厚度小于100mm。

(5)槽段接头清刷

用吊车吊住刷壁器对槽段接头混凝土壁进行上下刷动,清除混凝土壁上的杂物,当刷壁器提出导墙后,检查不带泥碴方可。

(6)钢筋笼制作与安装采用整体制作、整体吊装入槽,缩短工序时间。

1)钢筋笼制作

①钢筋加工按以下顺序:先铺设横筋,再铺设纵向筋,并焊接牢固;焊接底层保护垫块,然后焊接中间桁架,再焊接上层纵向筋中间连结筋和面层横向筋,然后焊接锁边筋、吊筋,最后焊接预埋件及保护垫块。

②除图纸设计纵向桁架外,还应增设水平桁架(每隔3m设置一道),并增设钢筋笼面层剪力筋,避免横向变形。对"┐"型、"┳"型、"Z"型钢筋笼外侧每隔2m加2道水平剪力筋,入槽时打掉。

③钢筋笼制作过程中,预埋件、测量元件位置要准确,并留出导管位置,钢筋保护层定位块用4mm厚钢板,作成"┘└"状,焊于水平筋上,起吊点满焊加强。

2)钢筋笼吊装

钢筋笼起吊采用50吨履带吊作为主吊,30吨汽车吊作为副吊,直立后由50吨吊车吊入槽内。钢筋笼入槽后,用槽钢卡住吊筋,横担于导墙上,防止钢筋笼下沉,并用四组(8根)φ50钢管分别插入锚固筋上,与灌注架焊接,防止上浮。在连续墙安放锁口管一侧的钢筋笼端头,安放注浆管,成墙以后进行注浆防水施工。

3)混凝土灌注

混凝土坍落度控制在 18～22cm，导管直径为 300mm。在"一"型和"┐"型槽段设置两套导管，在"Z"型的槽段设置 3 套导管，两套导管间距不宜大于 3m，导管距槽端头不宜大于 1.5m，导管提离槽底大约 25～30cm 之间。灌注混凝土时，以充气球胆作为隔水栓，混凝土罐车直接把混凝土送到导管上的漏斗内，浇灌速度控制在 3～5m/h。灌注时各导管处要同步进行，保持混凝土面呈水平状态上升，其混凝土面高差不得大于 300mm。灌注过程中，要勤测量混凝土面上升高度，控制导管埋深在 2～6m 之间，灌注过程要连续进行，中断时间不得超过 30 分钟，灌到墙顶位置要超灌 0.3～0.5m。每个槽段要留一组抗压试块，每五个槽段留一组混凝土抗渗试块，并根据规定进行抽芯试验。

3. 质量保证措施

(1)槽壁垂直度控制措施

1)合理安排一个槽段中挖槽顺序，使抓斗两侧的阻力平衡。

2)随时检查成槽的垂直度，及时调整。

(2)预防地下墙渗漏水的措施

1)对可能出现的地下连续墙墙体渗漏可采取如下措施：用凿锤凿除渗漏处混凝土直至漏点深处→在凿除的坑洞内埋入高强塑料胶管，胶管埋入地下连续墙约 10～15cm，胶管露出地下连续墙约 30～50cm→用双快水泥封堵坑洞并抹平→待双快水泥达到一定的强度后在胶管内注浆，压浆材料采用水溶性聚胺溶液直至不再渗漏为止。

2)地下连续墙接缝渗漏的处理措施：如接缝渗漏较为轻微，经过反复处理仍然渗漏或有流砂现象发生时则必须在槽壁接缝外侧进行双液分层注浆或施工旋喷桩进行封堵。

2.3　井点降水法

城市地下工程明挖法中，若基坑底在地下水位以下，土质又具有高渗透性时，为了保证工程质量及安全需要，把地下水位降到边坡面和坑底以下，以使施工处于疏干状态和坚硬土条件下进行开挖。尤其遇到承压水层，如果不减压，则基底将会破坏，发生砂的隆起和基底土的流失现象。

降低水位也是基坑加固的一种方法。特别是当软弱土层下有砂层时，抽取砂层里的水，使上部软土层内产生负空隙水压力，可以大大增加其有效应力，达到抽水固结的作用。

2.3.1　降水和排水方法

1. 集水坑排水降水法

集水坑降水法是沿坑底周围基础范围以外开挖排水沟，根据渗入基坑水量的大小，沿排水沟每隔 20～40m 挖一个集水坑，坑底应较基坑底低 1～2m 并铺垫 300mm 厚的碎石层，抽水工作要持续到基础施工完毕进行回填土时为止。

土质为细砂、粉砂或亚砂土地点，采用集水坑降水法易发生流砂现象；板桩与排水相结合时，若板桩外部和板桩内部的水差较大时，也常会引起流砂现象。对于这两种极易产生流砂的情况，均不宜采用集水坑排水降水法，采用排水降水法，必须经过精确的计算与设计以确保施工安全。

2. 井点降水法

井点降水法是在基坑开挖前,预先在基坑四周埋设一定数量的滤水管,利用抽水设备抽水,使得地下水位降落到基坑底以下。井点降水法有:轻型井点、喷射井点、深井点等方式。

(1)轻型井点

如图2.36所示,按照井点布置图将滤管埋好,地下水从滤管中抽出,经过一段时间,地下水位逐渐降落到坑底以下,抽水工作要持续到基础完工以后。这种方法可以使所挖的土始终保持干燥的状态,从根本上防止流砂的发生,改善工作条件。同时,由于土内水分排出后动水压力减小或消除,密实程度提高,因此边坡角度可以加大。

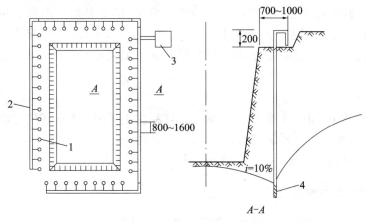

图2.36 轻型井点布置简图

1—井点管;2—总管;3—抽水设备;4—滤管

(2)喷射井点

如图2.37所示为喷射井点的主要构造和工作原理,自高压泵输入水流,经输水导管到喷嘴,由于喷嘴处截面变小,流速骤增,于是喷嘴周围产生的负压将所预提升的地下水经吸入管吸入混合室排出井点。我国目前多采用图2.37(b)所示的同心式,其原理与图2.37(a)所示的外接式相同,输入管即井点的外管。

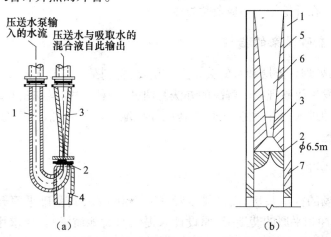

图2.37 喷射井点构造原理图

(a)外接式;(b)同心式(喷嘴 ϕ 6.5mm)

1—输水导管;2—喷嘴;3—混合室;4—吸入管;5—内管;6—扩延;7—工作水流

37

（3）深井点

适用于水量大、降水深的场合,当土粒较粗、渗透系数很大,而透水层厚度也很大时,一般用井点系统或喷射井点不能奏效,此时采用深井点较为合适。其优点是降水的深度大,范围也大,因此可以布置在基坑施工范围以外,使其排水时的降水曲线达到基坑之下,深井点可以单独用也可以和井点系统结合用。

（4）其他方法

1）真空井点降水

当基坑处于渗透系数小的细砾粉土场合时,土中一部分水由于毛细管力的作用而不能用重力的方法抽出。此时用普通井点已经不能成功地降水,因此必须采用真空井点降水。真空井点降水是在井点的顶部用黏土或膨润土封住,其厚度约为 1~1.5m,以保持滤管和其填料内的真空度,使井点的水力坡度增加,这种情况的降水要求其井点的间距要小,从而使地下水易于抽出。

2）电渗降水

对于更细颗粒的土,如一些粉土、粉质黏土和红粒黏土等用前面所述的方法均不能成功降水,此时可用电渗降水。其原理是:在上述土层中插入两个电极,通一直流电,则土中的水将与土分离,由阳极流向阴极,若将井点作为阴极,则可将分离的水抽出。

2.3.2 渗透变形的基本形式

大量的研究表明,渗透变形包括流土和管涌两种形式。

流土是指在渗流作用下,黏性土或无黏性土体中某一范围内的颗粒或颗粒群同时发生移动的现象。流土发生于渗流处而不发生于土体内部。开挖基坑时遇到的流砂现象,就属于流土的类型。

管涌是指在渗流的作用下,无黏性土体中的细小颗粒,通过粗大颗粒的孔隙,发生移动或被水流带走的现象,它发生的部位可在渗流溢出处,也可在土体内部。

渗透变形的两种类型是在一定水力坡降条件下,土受渗透力作用而表现出来的两种不同的变形和破坏现象。在开挖施工中应避免发生。

2.3.3 防止流砂现象的措施

在基坑开挖中,处理好土层和水的关系至关重要,特别是砂与砂土层,若不注意排水,极易导致地下水渗流而发生流砂现象。解决的办法有两种:一种是用长板桩、冻结法或地下连续墙来防止地下水渗流的进入;另一种方法是在基坑外将地下水位降低,并将地下水排走,使其不至于危及基坑的开挖。

2.3.4 工程实例

南昌电厂贮灰场的排水泵房,设计排水量 $3 \times 1260 m^3/h$,其基础平面开挖尺寸为 18m × 25m,泵房位于赣江冲积平原的艾湖旁,原设计未提供水文地质资料,要求用大开挖和现浇钢筋混凝土方案施工,基础平均挖深8.8m,最大挖深9.8m,开挖量约为12400m^3,钢筋混凝土量为1500m^3。因工程紧邻湖泊,估计地下水位较高考虑工程量不大,可突击抢筑,故施工方案确定先揭盖开挖,弄清地下水位和地质情况,再采取相应的措施。在基坑施工时,用 T-120 推土机由南到北推槽放坡,当挖至 $-4.2m$ 时,基坑出现渗水,即在坑底的 3 个角落挖设 $\phi1200$ 的集水井,井深 120cm,用钢筋焊成 $\phi600$ 圆笼放入井内,并用竹片围壁,四周填入反滤料。在坑四周明沟引水入井并抽排。此时改用人工开挖继续下挖至 $-5.5m$,局部露出砂质层,渗水明显增大,集水浅井明抽排水已不能满足深挖要求,但地下水位及地质情况基本探查清楚。

按常规采用轻型井点降水,需要较多的设备购置费。因此,根据工地现有很多台单极离心泵的条件,决定就地取材,采用毛竹作井点滤管,每 4 根一组串联后,用离心泵直接抽排地下水,有效地使基坑内的地下水位降至 $-0.9m$,满足了底板结构施工要求。

施工时分两层布置井点竹管。第一层在挖至 $-5.5m$ 时,于放坡范围四角渗水较大处,埋设 5 组井点管共 20 根;第二层在挖至 $-7.5m$ 时,于泵房底板混凝土外四周,埋设 7 组井点管共 28 根,此时第一层井管已不出水,实测基坑涌水量为 $4320m^3/d$,底部水位已稳定在 $-9.0m$ 以下,达到预定的设计值。

参 考 文 献

1 陶龙光,巴 肇 编著. 城市地下工程. 北京:科学出版社,1996

2 刘 斌. 地下工程特殊施工. 北京:冶金工业出版社,1994

3 翁家杰. 地下工程. 北京:煤炭工业出版社,1995

4 畅里爱. 浅析地铁工程地下连续墙施工技术. 石家庄铁路职业技术学院学报,2005(2)

5 俞国太. 简易井点降水法施工实例. 施工技术,1995(2)

6 刘开运,于 征,王 成. 先进的高压旋喷注浆技术在小浪底基础工程中的应用. 西北水电,2001(1)

3 浅埋暗挖法与辅助施工技术

浅埋暗挖是城市地下工程施工的主要方法之一。它适用于不宜明挖施工的含水量较小的各种地层,尤其对城市城区地面建筑物密集、交通运输繁忙、地下管线密布,且对地面沉陷要求严格的情况下,修建埋置较浅的地下结构工程更为适用。对于含水较大的松散地层,采取堵水或降水等措施后该法仍能适用。

浅埋暗挖法的技术核心是依据新奥法(New Austrian Tunneling Method)的基本原理,施工中采用多种辅助措施加固围岩,充分调动围岩的自承能力,开挖后及时支护、封闭成环,使其与围岩共同作用形成联合支护体系,是一种抑制围岩过大变形的综合配套施工技术。根据地下工程的结构特征及上面覆盖层的地质条件,具体施工方法又可分为管棚法、矿山(导洞)法、盾构法以及顶管法等。在这里重点介绍管棚法,顶管法和盾构法将在以下两章单独介绍。

3.1 新奥法

由于岩石力学研究进展和大量的隧洞施工实践的经验积累,20世纪60年代初奥地利学者 L. V. Rabcewicz 等人总结出了新奥地利隧洞施工法,英文全名为 New Austrian Tunneling Method,因而简称为 NATM。

新奥法认为围岩本身具有"自承"能力,采用正确的设计施工方法,最大限度地发挥围岩的"自承"能力,可以得到最好的经济效果。新奥法的要点是:尽可能地不要恶化围岩中的应力分布。开挖之后立即进行一次支护,防止围岩进一步松动;然后,视围岩变形情况再进行第二次支护。所有支护都具有相当的柔性,能适应围岩的变形。在施工过程中密切监测围岩变形、应力等情况,以便调整支护参数和支护时机,控制围岩变形。

新奥法的概念与传统的设计施工方法完全不同。事实证明,这是一种多、快、好、省的设计施工方法。因此,近一、二十年来,世界各国都在广泛采用和大力推广。新奥法这个名称还没有成为国际上通用的学术用语前,有的地方称为"欧洲隧道掘进法",有的称之为"收敛约束法"。名称虽不同,基本内容是一致的。

新奥法在设计理论上还不成熟,目前,常用的方法首先借助于经验类比法进行初步设计。然后,在施工过程中不断监测围岩应力应变状况,按其发展状况来调整支护方案。但这丝毫也不能贬低新奥法的重要价值,也不必由此产生种种怀疑与否定。这只能说明还有很多问题需要进一步了解和掌握。

3.1.1 新奥法的主要原则

奥地利教授 Rabcewicz 及 Müller 等人在岩石力学研究的基础上,通过丰富的实践经验,总结了新奥法的主要指导原则共22条,也有学者归纳提出18条、6条等。本书按 Rabcewicz 等人在几个文献上所提的原则归纳介绍如下:

1. 围岩是洞室的主要承载结构,而不是单纯的荷载,它具有一定的自承能力。支护的作用是保持围岩完整,与围岩共同作用形成稳定的承载环。

2. 尽量保持围岩原有的结构和强度,防止围岩的松动和破坏。宜采用控制爆破(预裂、光面爆破)或全断面掘进机等开挖方法。

3. 尽可能适时支护。通过工程类比,施工前的室内试验和施工过程中对洞室围岩收敛变形、锚杆应力及喷混凝土支护应力的监测,正确了解围岩的物理力学特性与空间和时间的关系,适时调整支护方案,过早或过迟支护均为不利。

4. 支护本身应具有薄、柔,与围岩密贴和早强等特性,支护的施工应能快速有效,使围岩尽快封闭而处于三向受力状态。锚杆、喷混凝土及钢丝网、钢筋与喷混凝土相结合的支护措施具有上述特点,应尽量采用,但必须作好排水,防止渗水对支护的破坏作用。

5. 洞室尽可能为圆形断面,或由光滑曲线连接而形成的断面,避免应力集中。围岩较差的情况下应尽快封闭底拱,使支护与围岩共同形成闭合的环状结构,以利稳定。

6. 良好的施工组织和施工人员的素质,对洞室结构施工的安全稳定非常重要。合理安排防渗、排水、开挖、出碴、支护、封闭底拱,导洞进度等项工序,形成稳定合理的工作循环,也是新奥法施工所遵循的原则之一。

以上6条归纳了新奥法的基本原则,尤其第一条原则与传统地下洞室设计具有完全不同的理念,这是新奥法的精髓所在。

米勒(Müller)再三强调新奥法不只是一种隧洞施工方法,并不等同于喷锚支护。只有正确地应用岩石力学原理,综合考虑上述各条指导原则,正确适时地采用合理的支护手段,保证洞室的安全、经济,才能称为新奥法。

当然,喷锚支护与新奥法是具有密切联系的。正是由于发展了各种各样的喷锚支护和快速有效的支护施工手段,才有可能使新奥法的基本原则得以实现。但若不是按照新奥法的要求适时进行喷锚支护,不是把围岩看作自承结构,不充分发挥围岩本身的作用,并考虑其他原则和手段,那么即使大量采用了喷锚支护,也不能认为是采用了新奥法。

3.1.2 新奥法适用条件及要求

1. 新奥法的适用范围很广,不同的地质条件——不论是好岩石还是坏岩石,都可以采用,甚至可以在土层中采用。但是,在地下水很旺盛的地层中采用新奥法,必须首先解决地下水问题,否则开挖后的一次支护就很难做到。

各种不同埋深条件下均可采用新奥法。上千米的深埋洞室,地应力很大,用传统的刚性支护,往往被压坏。但若用新奥法,采用柔性支护可以获得成功。对于浅埋洞室,覆盖厚度甚至不足一倍洞径的条件下,新奥法也能成功应用。当然,最有利的是中等埋深,地应力不是很大,而围岩块体之间又能互相咬合,容易发挥"自承"作用的条件。

各种不同形状、不同大小的洞室均能采用新奥法。跨度约30m,高度约60m的地下厂房可以采用新奥法,跨度更大的地下洞室也可采用新奥法。当然,在这种情况下围岩条件不能太差。圆形、马蹄形洞形、卵形、矩形洞室均可采用新奥法。圆形、卵形洞室周围的应力分布状况最好,最有利于围岩自承稳定。马蹄形洞室稍差,矩形洞室最差。

2. 新奥法要求勘测、设计、施工、控制各环节密切配合,不断根据现场情况,调整施工方法及支护措施。一环扣一环,时间性很强。因此,各项作业的操作人员必须受过专门的训练,工艺操作熟练,工艺作风严格,能够及时正确地处理各种问题。

3. 新奥法要求尽可能地发挥围岩的"自承"作用,因此,要求尽可能减轻对围岩的破坏扰动。所以,开挖洞室时一定要采用控制爆破,即采用预裂爆破或光面爆破。在岩石条件较差时尤为重要。这对开挖钻眼工作虽然增加了一些工作量,但对围岩稳定、支护效果、施工安全、减少出碴量、减少混凝土衬砌量等各方面都是有利的,应该从全局出发,强调这一要求。

3.1.3 新奥法的优越性

1. 新奥法最大的优点是经济、快速。由于采用控制爆破、柔性薄衬砌,因此,减少了开挖量和衬砌量,加快了施工进度。

图 3.1 左侧表示以往的老方法所需开挖的断面及衬砌量,右侧表示用新奥法所需开挖的断面及衬砌量。若以面积 A 为 100%,则设计衬砌量 B,超挖量的面积 C 分别如表 3.1 所示。由此可以看出,新奥法的开挖量为老方法的 73%,衬

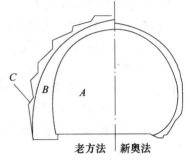

图 3.1 新老方法对比

砌量为老方法的 20%。因此,有人统计认为,新奥法的造价可比老方法节省 30% ~ 50%。我国冶金、煤炭、铁道、水电、军工等部门统计,认为新奥法比老方法可以节省 20% 以上的开挖量,省去全部木模和 40% 以上的混凝土,降低支护成本 30% 以上。

表 3.1 新老方法对比

	老 方 法	新 奥 法
有效使用面积 A	100%	100%
混凝土衬砌面积 B	36%	7%
超挖面积 C	15%	3%
$B + C$	51%	10%

2. 第二个优点是安全、适应性强。由于开挖之后及时做好密贴、柔性的支护,防止岩体发生松弛破坏,因此保证了安全。一次支护之后,不断进行现场监测,一旦发现变形过大过快或其他不良征兆,又可以及时加固支护。因此,即使地质条件较差,也能保证安全。巴基斯坦著名的塔贝拉水电工程,在地质条件较差的情况下开挖大跨度的闸门室,用传统的支护方法没有成功,采用新奥法则获得成功。

3. 可以成功地控制地表下陷量。这也是因为减少地层的扰动,及时做好一次支护的原因。这一优点对于城市地下工程尤为重要。例如,在慕尼黑地下铁道施工中,应用新奥法使地表沉陷量成功地控制在 5 ~ 10mm 的范围内。法兰克福、纽伦堡、波恩等地,在泥质砂岩、泥灰岩中使用新奥法开挖浅埋的地下隧道,其地表沉陷量也是在 10mm 以内,因而保证了地面建筑物的安全。

水电站工地有时也会遇到洞室立体交叉,可能在坝基附近开挖地下洞室。因此,如何减少各结构之间相互干扰,保证安全,也是很重要的。

4. 新奥法施工具有较大的灵活性。根据地质条件的变化,随时修改支护设计或加长加密锚杆或加厚加固喷层,甚至加上钢丝网、钢拱架。所有这些加固办法基本不改变开挖断面尺

寸。同时,由于采用控制爆破、薄衬砌,表面比较平整,沿隧洞全长断面变化小,因此与不衬彻的过水隧洞相比,水头损失可以减少。

5. 新奥法宜于做防水层。过去的老方法,防水层做在凹凸不平的开挖面上,防水效果差。新奥法是将防水层做在比较平整的一次支护面,这样防水效果较好。

3.1.4 工程实例

1. 工程概况

二郎山隧道由交通部第一公路勘察设计院设计,该隧道最大埋深800多米,最大地应力53.4MPa,全隧道涌水量2970m³/d。该隧道纵向按"人"字坡设计,山岭重丘三级标准,设双车道,净宽9.0m,净高5.0m,按照新奥法原理进行设计、施工,整个洞身处在第四系、泥盆系、滞流系的地层中,属特长公路隧道。

2. 工程特点

(1)隧道处于高应力地层中,埋置深度大;

(2)地质变化频繁,进出口两侧地质状况较差;

(3)隧道外部环境十分恶劣;

(4)施工干扰大。

3. 新奥法施工的特性

(1)开挖作业多采用光面爆破和预裂爆破,并尽量采用大断面或较大断面开挖,以减少对围岩的扰动。

(2)隧道开挖后,尽量利用围岩的自承能力,充分发挥围岩的自身支护作用。

(3)根据围岩特性采用不同的支护类型和参数,及时施作柔性喷混凝土和锚杆初期支护来控制围岩的变形和松弛。

(4)在软弱破碎围岩地段,使断面及早闭合,以有效地发挥支护体系的作用,保证隧道的稳定。

(5)二次衬砌原则上在围岩与初期支护变形基本稳定的条件下修筑。

(6)尽量使隧道断面周边轮廓圆顺,避免棱角突出造成应力集中。

(7)通过施工中对围岩和支护的动态观察、量测,合理地安排施工程序,进行设计变更及日常的施工管理。

(8)新奥法施工顺序如图3.2所示。

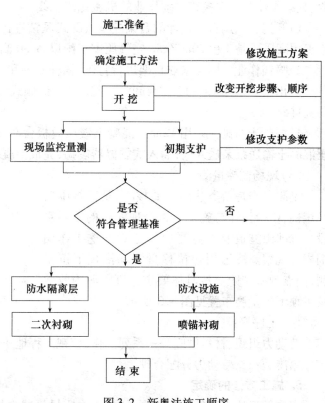

图3.2 新奥法施工顺序

43

4. 施工组织设计

（1）施工方法的确定首先研究

设计图中围岩的划分，由此确定各不同地段的施工方法。

1）K259+036～+076段

本段处于极度风化的泥质土层中，渗水与地表连通，土层处于水饱和状态，围岩本身不能自稳，此段施工方法是先地表注浆（φ102管棚），洞内分部开挖。

2）K259+076～+116段

此段围岩为微风化的钙质泥岩，开挖后有部分涌水，采用台阶式开挖方法，初期支护（喷混凝土、打超前锚杆和系统锚杆）紧跟。上半断面开挖高度5m，以采用机械出碴为宜。上半部完成后，进行下部开挖，仰拱段施工视量测情况确定，如果围岩及初期支护稳定，仰拱施工可靠后。

3）K259+116以后各段

K259+116以后各段，从设计情况看，围岩基本上处于稳定状态，大部分以钙质泥岩、粉砂岩、砂岩、石英砂岩为主，根据以前施工情况，全断面开挖后初期支护紧跟，是安全可行的，因此制定了全断面开挖施工。

4）K261+270～327.8段

此段有断层，且处于三级大变形地段，石质较差，采取半断面施工。

（2）施工机械

施工机械的配备必须同施工方法相结合，配备适应各种断面施工的机械，喷锚初期支护作业、装运作业及二次模筑衬砌作业的机械化流水线。

1）开挖。利用自行设计的台架配备气腿式风钻进行全断面打眼作业，同时开12台风钻，施工用高压风是3台20m³/min空气压缩机配以φ150高压风管供风。

2）喷锚作业。同样采取台架进行打眼、锚杆安装和喷混凝土作业紧跟开挖作业。

3）出碴。采用15～17吨自卸汽车配以2m³侧倾式装载机进行装碴作业，运到指定的卸碴码头堆码。

4）混凝土衬砌。采用12m长混凝土液压模板台车立模，混凝土搅拌罐车运输混凝土，液压混凝土输送泵泵送入仓，插入式震捣器震捣，完成混凝土衬砌作业。

（3）现场监控量测

量测工作是新奥法施工的核心，是监视围岩稳定性，检验设计与施工是否合理安全的重要手段。二郎山隧道监控量测项目是对开挖工作面围岩的观察。隧道周边位移量测和拱顶下沉量测，测点频率和距离按具体要求办理。洞内收敛及拱顶下沉量测布置见图3.3所示。

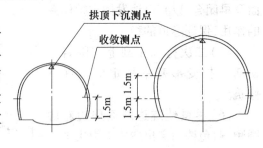

图3.3　拱顶下沉测点布置

（4）工序安排

劳动力组织、材料供应等一系列工作，应视工程地质情况，施工进度等确定，但总的原则为工序紧凑、及时、劳动力分配合理。

5. 施工方法的确定

采取新奥法施工的施工原则是：施工中应尽量减少扰动围岩，及时施作喷锚初期支护，及时量测和反馈信息,并使断面及早封闭。总结为"少扰动、早喷锚、勤量测、紧封闭"。

（1）施工方法的选择和应用

在前面施工组织设计中,曾拟定过不同围岩地段的施工方法。在施工中,坚持应用了这些施工方法,并取得了预想效果。

（2）施工方法的分类

新奥法常用的施工方法可分为3大类型,即全断面法、台阶法和分部开挖法,同时根据以上3种方法有3种变化,如图3.4所示,各种施工方法可根据不同围岩进行选择。

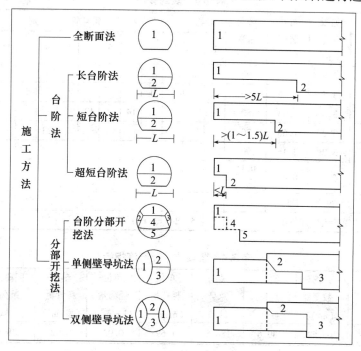

图 3.4 新奥施工类型

（3）开　挖

按照新奥法施工,应根据地质、机械设备等条件采用尽量少扰动围岩的开挖方法,即全断面开挖一次成型,周边常用光面爆破或预裂爆破的施工方法。在二郎山隧道施工中采取了常规施工方法—钻爆法。

（4）爆破设计

爆破设计应在综合研究地质状况、开挖断面开挖进尺及爆破器材等基础上,编制爆破设计。爆破设计内容应包括炮眼布置、周边眼装药结构、钻爆参数、重要技术经济指标及与设计有关的文字说明,爆破效果的好坏取决于以上综合指标的选择。在二郎山隧道施工中各项指标的选择如图3.5及表3.2～表3.4。

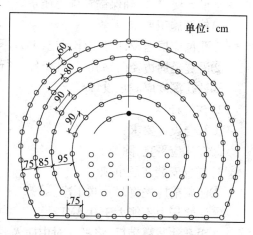

图 3.5 光面爆破炮眼布置

表 3.2 光爆参数选定

项　　目	钻眼深度 (m)		周边眼间距 (cm)		周边眼抵抗线 (cm)		相对距离 E/W		装药及中度 (kg/m)		装药结构	起爆方式
围岩类别	Ⅱ	Ⅲ	Ⅱ	Ⅳ	Ⅱ	Ⅳ	Ⅱ	Ⅳ	Ⅱ	Ⅳ	Ⅱ	Ⅳ
参　　数	1.7	3.2	56	60	70	75	0.8	0.8	0.12	0.15	间隔装药	非电毫秒

表 3.3 装药参数

序号	炮眼名称	炮眼个数	炮眼深度 (m)	每孔装药 (kg)	装药系数 (%)	雷管类别														
						1	2	3	4	5	6	7	8	9	10	11	12	13	14	15
1	掏槽	12	3.5	2.36	90	6	6													
2	扩槽	7	3.5	2.36	90			3	4											
3	掘进	31	3.3	1.98	80						14 /	17								
4	内圈	23	3.2	1.68	70									23						
5	底板	13	3.2	2.16	90											13				
6	周边	33	3.2	0.48	0.15 kg/m													33		
7	合计	119	389.6	188.8																
8	非电毫表雷管入段百分比/%					5	5	2.5	3.4	11.8		14.3		19		11		28		

表 3.4 各项技术及经济指标

开挖面积 (m²)	预计进尺 (m)	开挖数量 (m²)	钻孔总长 (m)	装药总量 (kg)	单位耗孔量 (m/m³)	单位耗药量 (kg/m³)	单位耗管量 (发/m³)	同段最大装药量 (kg)	不耦合系数
67.04	3.0	203.52	389.6	188.8	1.69	0.93	0.52	38.64	0.66

（5）锚　杆

开挖后尽快安排锚杆施工,宜先喷混凝土,再安设锚杆。锚杆孔位、孔径、孔深及布置形式应符合设计要求,以确保锚杆施工质量。

1）锚杆施工要求

①孔位应根据设计要求作标记,偏差不宜大于 20cm。

②沿隧道周边径向钻孔,钻孔不能平行于岩层层面。

③钻孔深度应满足设计要求。

2）锚杆杆体

①符合设计要求;

②杆体应平直,除油。

3）锚杆安装注意事项

①注浆前应先将眼孔吹干净。

②注浆压力不能大于 0.4MPa。

③眼孔注浆灌满后,将杆体对中插入,并将孔口堵塞。

④锚杆安装完毕后,4 小时之内不宜放炮。

（6）喷混凝土

喷射混凝土方式有多种，可分为干喷、潮喷和湿喷，在此选用了潮喷。潮喷的特点是可降低上料和喷射时的粉尘，容易操作，容易处理故障和清洗及养护喷浆机。

喷射混凝土施工要点：

1）在喷混凝土之前应用水或风将开挖面的粉尘和杂物清理干净。

2）按配比添加速凝剂，并混合均匀。

3）喷头与岩面应垂直，宜保持 0.6～1.0m 的距离。

4）喷射机的工作风压一般应在 0.1～0.12MPa 为宜。

5）喷射时应严格控制水灰比，使喷层表面平整光滑，无干斑或流淌现象。

6）有钢筋网时，宜使喷嘴靠近钢筋网，喷射角度也可偏一些，喷射厚度应覆盖钢筋 2cm 以上。

7）有钢架时，钢架与围岩之间的间隙必须用喷射混凝土充填密实，喷射混凝土应将钢架覆盖，并应由两侧拱脚向上喷射。

8）喷射料应按照配比进行，喷射机使用前后必须进行检查，排除故障，防止在喷射期间出现故障。

（7）钢筋网制作安装

钢筋网使用钢筋直径一般为 5～8mm，使用前应除锈、除污、调直，钢筋网宜在现场预制点焊成网片，也可就地绑扎，网与网之间搭接长度不小于 20cm，钢筋网应在初喷一层混凝土后铺设，并与锚杆绑扎牢固，同时保护层厚度不应小于 2cm。

（8）格栅钢架制作安装

钢筋选料必须符合设计要求，格栅钢架应在现场按照 1:1 比例现场放样，冷弯或热弯加工而成。加工成型后应在大样图中试拼装。拼装误差为：沿隧道周边轮廓误差不应大于 3cm，平面翘曲应小于 2cm，格栅钢架应按设计位置安设，确保中线水平准确无误。格栅钢架之间必须用纵向连接钢筋连接，并应与岩面保持 2～3cm 的距离，钢架与岩面之间间隙较大时，应喷混凝土或作回填处理。

（9）塌方处理

在隧道施工中，塌方始终是很难控制的，主要原因是造成塌方因素很多，如地质破碎带容易塌方，地质条件变化时施工方法跟不上（主要是开挖断面大小、循环进尺、周边眼距、药量等），支护措施与实际情况不符（主要是喷混凝土厚度、锚杆数量、钢筋网挂与否、格栅钢架、预注浆改善围岩、管栅的使用等）及支护是否及时等，不按施工规范施工，盲目蛮干都可能造成塌方。因此，在施工中防止塌方是施工的主要技术措施。发生塌方后及时处理，防止塌方继续扩大也是施工中的一个难题，以下就一般塌方以及塌方处理措施简要作一介绍。

1）小规模塌方

小规模塌方种类比较多，有地质三角坑、掉顶、片帮等（如图 3.6 所示）。小规模塌方发生后，一般采用喷混凝土封闭、打锚杆、挂钢筋网等，锚杆方向沿岩面节理垂

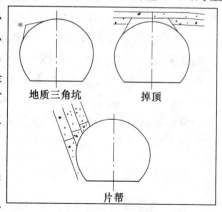

图 3.6　小规模塌方类型

47

直方向,长度视具体情况而定,将其稳固而后复喷。但是,以上工作必须及时不能让其继续发展,塌体可用同级混凝土回填。

2)大规模塌方

大规模塌方多发生在地质情况比较复杂,围岩比较差,大断面开挖后扩挖,节理很发育,断层地带及断层影响带,黄土地层中开挖支护不及时,高应力地区岩爆等情况下。大规模塌方多发生在拱部,对人身安全、防水板铺设、衬砌、回填等工作带来不少麻烦,塌方处理如图3.7所示。

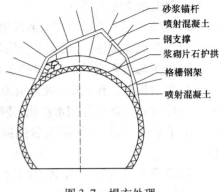

图 3.7　塌方处理

大规模塌方,一般都采用型钢格栅钢架作为支护措施,钢架上可作浆砌片石护拱(不宜过厚,避免增加初期支护和二次衬砌荷载),塌方面一般采用打锚杆、喷混凝土、挂钢筋网将其封闭,中间的空腔用钢支撑顶撑,如果塌方面过大,还可在护拱之上作格栅钢架措施。以上所有格栅钢架均用喷射混凝土填充密实。

6. 施工安全技术措施

(1)坚持安全第一、预防为主的原则,严格贯彻执行各项技术组织措施,切实做到安全施工。

(2)建立健全各项安全操作规程,并教育职工按操作规程施工。

(3)把安全问题放在首位,摆正安全、质量、进度之间的关系。

(4)建立安全责任制,以抓安全教育、技术培训为主,不断提高各级施工人员的素质。

(5)建立安全奖惩制度。

(6)建立施工管理人员定期检查制度,发现不安全因素及时处理,把事故消灭在萌芽状态。

3.2　管棚法

管棚法(Pipe Roof)或称伞拱法,是地下结构工程浅埋暗挖时的超前支护技术。管棚法的实质是在拟开挖的地下隧道或结构工程的衬砌拱圈隐埋弧线上,预先钻孔并安设惯性力矩较大的厚壁钢管,起临时超前支护作用,防止土层坍塌和地表下沉,以保证掘进与后续支护工艺安全运作。在交通繁忙的城市公路、铁路或建筑物下修建横贯隧道或地下仓库、车场等结构工程时,由于地面荷载很大,为防止地表下沉影响正常生产,应用管棚超前支护技术使地下隧道或洞室工程顺利实施暗挖掘技术。管棚施工技术亦适用于地下工程特殊或困难地段,如极破碎岩体、塌方体及岩堆地区等,管内辅以灌浆效果更好。当遇到流塑状软岩地层或岩溶严重流泥地段,管棚结合围岩预注浆可成为有效的施工方法。

3.2.1　管棚的布置形式

管棚的形状要根据地下隧道或洞室形状及工程条件来确定,常见的几种布置形式如图3.8

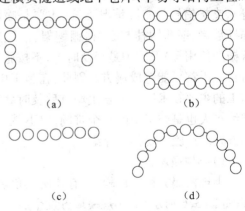

图 3.8　管棚的布置形式

48

所示。一字形布置适用于洞室跨度不大,仅上部土层易坍塌的地段,门形布置适用于大型洞室工程上部土层不稳定地段;半圆拱形适用于地铁、地下隧道土层不稳定段;正方形布置适用于大型洞室工程松软土层段。

3.2.2　管棚的基本设计要点

1. 管棚长度应按地质条件选用,但应保证开挖后管棚有足够的超前长度。钢管长度一般为 10 ~ 45m,当采用分段连接时,选用长 4 ~ 6m 的钢管,纵向以丝扣连接,丝扣长度不应小于 15cm。

2. 管棚钢管宜采用厚壁钢管,其间距按管棚用途(防塌、防水等)合理设计。常用管径为 $\phi80 \sim 500$mm,钢管中心间距 100 ~ 550mm。

3. 管棚宜采取沿隧道或洞室开挖轮廓纵向近水平方向设置。为增加管棚刚度,通常要在钢管内注入水泥砂浆、混凝土或设置钢筋笼后注入水泥砂浆。

4. 纵向两组管棚间应有不小于 1.5m 的水平搭接段,管棚搭接处应设计钢支架。

3.2.3　管棚法的施工方法

管棚法施工的主要工序包括:开挖工作室、钻孔、安装管棚、管棚钢管注浆以及掘砌施工等。

1. 开挖工作室

在采用管棚法施工的地下隧道或旧室的开端开挖工作室,以设立管棚推进基地和钻眼施工空间。工作室的开挖尺寸应根据钻机和钢管推进机的规格确定,一般要超出隧道或洞室轮廓线外 0.5 ~ 1.0m。开挖工作室采用普通施工方法,但加强支护,一般需设受力钢支架。

2. 钻　孔

管棚钻孔基本为水平钻进,孔径根据棚管直径确定,一般比设计的棚管直径大 20 ~ 30mm,以便于顶进。钻机选型由一次钻孔深度和孔径决定,国内目前多采用地质钻机。

架立钻机时,应精确核定孔位,使钻杆轴线与管棚设计轴线吻合以保证钻孔不产生偏移和倾斜。钻孔过程中须及时测斜,若钻孔不合格,应采用注浆法封堵,重新布孔补钻。钻孔顺序一般由高孔位向低孔位进行。

3. 安装管棚

根据钻孔深度大小可选用适宜的安装钢管技术。对于塌孔严重地段,可直接将管棚钢管钻入,使钻孔与安装一次完成。一般对于孔长小于 15m 的短孔,可用人工安装或用卷扬机顶进。深孔则用钻机顶进,在顶进过程中,必须用测斜仪严格控制上仰角度,一般为 1° ~ 2°。接长管棚钢管时,接头要采用厚壁管箍,上满丝扣,确保连接可靠。

4. 管棚钢管注浆

钢管就位后,可用水泥砂浆或水泥水玻璃(Cement-Sodium-Silicate)浆液进行管内注浆充填,一般以浆液注满钢管为止。当围岩或土层松软破碎时,可在管棚钢管上事先钻小孔,使浆液能扩散至钢管周围。为了增加管棚强度,可于钢管内加钢筋笼后再注浆。

管棚钢管内注浆用泵灌注,钻孔封堵口设有进料孔和出气孔,浆液由出气孔流出时,说明管内已注满,应停止压注。

掘砌施工在管棚注浆结束 4~8 小时后方可进行。用管棚法施工的地下隧道或洞室断面都比较大,所处地段的岩土层软弱破碎,多选用单侧臂导洞或双侧臂导洞掘进技术;由机械开挖或人工与机械混合法开挖,以尽量减小对围岩的扰动。目前施工多选用小功率、小尺寸的小型挖掘机或单臂掘进机。图 3.9 为单侧臂导洞法开挖顺序示意图。开挖时,工作面Ⅰ与Ⅱ的距离应保持在 4~6m 间,不应过大,工作面Ⅲ与Ⅰ间要大于 10m,以确保施工安全。

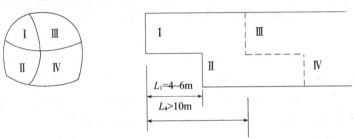

图 3.9　单侧臂导洞法

图 3.10 为一般管棚施工的隧道结构图。钢拱架作初期支护,须具有较大的支护强度和刚度,以承受因开挖引起的松动压力,钢架纵向间距一般不大于1.2m,两钢架之间应设置直径 20~22mm 的钢撑杆。钢架设置好后,应及时喷射混凝土。管棚钢管和钢撑的间距为 15~25cm,填塞固定。通常在混凝土喷层外敷设防水层后再进行二次模筑衬砌。二次模筑衬砌须在围岩和初次支护变形基本稳定后进行,混凝土衬砌厚 35~45cm,每次施工衬砌长度 6~12m,可用模板台车施工,强度达到 2.5MPa 后方可脱模。

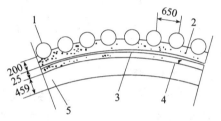

图 3.10　管棚施工的隧道支护结构
1—管棚(管内灌注水泥砂浆);2—混凝土喷层;
3—钢拱;4—防水层;5—混凝土支护

3.2.4　管棚变位及控沉防塌技术措施

在城市建筑物下的松软土层中建筑浅埋隧道及地下洞室时,及时防止地面沉陷是目前地下工程实践中重要的问题之一。

管棚法开挖施工中,开挖面一经形成,其前方地表将出现下沉,一般在开挖面前方 1~0.8 倍开挖直径距离上方的地表开始下沉,下沉发生的顺序是管棚、围岩及地表。因此,为使管棚变位和地表下沉值控制在容许范围内,施工中要有以下技术措施:

1. 加强检测,及时反馈管棚下沉信息以指导施工。围岩和支护的位移是地下工程各项动态变化的综合、直接反映,通常都将周边位移量测和拱顶下沉量测作为检测项目。若管棚拱顶位移——时间曲线出现反弯点,即位移数据出现反常的急骤增长现象,则表明围岩与支护已处于不稳定状态,应加强支护,必要时应立即停止开挖,及时采取补强措施。

2. 采用合理的开挖方式,变大跨为中跨和小跨,边开挖,边支护,步步为营。施工中应尽量减少围岩的扰动,优先采用掘进机械或人工开挖。

3. 严格控制循环进尺,一般不宜超过 1.0m。开挖成形后应及时进行初次支护,扣紧工作衔接,尽早进行仰拱封底的施作。为了获取各开挖段地表下沉和围岩内部位移的施工安全管理基准值,施工前,应根据地下工程结构特征和地层条件进行数值模拟计算,以指导安全施工。

总之,施工中加强检测,严密施工管理,及时采取正确有效措施,完全能将地表下沉量控制在容许范围内。

3.2.5 工程实例

1. 工程概况

欧阳海水利枢纽工程地处湖南省桂阳县境内,位于湘江一级支流春陵水大峡谷处。该工程以灌溉为主,兼有发电、航运等综合效益。坝址距常宁县城65km,距耒阳市市区55km。工程主要由发电引水隧洞、厂房及开关站等组成。发电引水隧洞为圆洞,洞径6.2m。布置在大坝右岸山体内。进口底板高程103m,最大衬砌洞径为8.5m,隧洞全长约557.3m,出口底板高程79.9m。厂房为引水式岸边地面厂房,位于大坝下游约1km的右岸灌溉洞出口附近。厂房由主厂房、副厂房、尾水平台三部分组成:主厂房尺寸为41.5m×18m,安装一台30MW水轮发电机组。副厂房尺寸为41.5m×11m,布置在主厂房上游侧。引水隧道出口段,隧洞上部围岩为印支期巨环斑状黑云母中粒花岗岩,岩石呈球状风化,部分分解成砂状,并夹杂较大孤石。岩体结构较松散,透水性较强,开挖时存在围岩稳定问题。隧洞下部围岩呈强风化状,根据初步探明的地质情况,需要处理的隧道长度约30m。

2. 管棚法的施工方法及工艺要点

施工过程中一律按照"弱爆破,短进尺,强支护,多循环,勤检查"的原则进行组织,严格过程控制。纵向临时支护采用7m长的ϕ69钢管,横向间距40cm,头部伸入围岩,尾部进行支撑以承受山体围岩压力,保证开挖过程中围岩稳定。横向临时支护范围取顶拱240°范围。为减少超挖,棚架钢管向偏角取3°。临时支护一般采用混凝土支护或钢支撑,混凝土支护方式因较为经济而被经常采用,但施工工期相对较长。由于本工程进度已经滞后,考虑工期要求,本工程采用钢支撑。引水隧洞定为圆形。钢支撑采用 I$_{20}$工字钢(按40~60cm间距,打锁脚锚杆)。工字钢与棚架钢管之间铺设筋网,然后进行混凝土喷护,形成联合支护体系在棚架钢管保护下进行隧洞开挖(图3.11)。

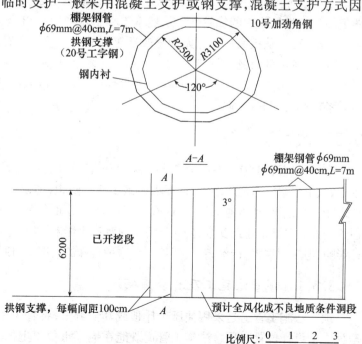

图3.11 钢管棚架法施工示意图

3. 施工时按下列施工工序进行

(1)钻孔。在勘探和预计的全风化花岗岩段,用气腿钻沿设计开挖边线造孔,孔径ϕ(65~75)mm,在顶拱(大半圆)范围内,按上仰角3°,孔深7.0m,横向间距40cm(根据开挖的实际情况棚架钢管之间的横向间距可作适当调整),沿顶拱中心线对称布置。

(2)插管。钻孔完成之后,插入7m长的钢管,横向间距40cm。为避免塌孔的影响,每个钻孔完成之后应随即安装钢管。

(3)注浆。钢管安装完成之后,如钢管与围岩结合较为松弛,须在钢管与围岩之间灌注水泥砂浆,水泥砂浆的配比由现场实验确定。如钢管与围岩结合较为紧密,无松动情况则不必进行灌浆。

(4)开挖。棚架施工完成后,在棚架保护下进行开挖作业。对于上部的全风化花岗岩,结构较为松散,开挖时采用人工或机械作业,直接开挖;对于下部的弱风化岩体,直接开挖较为困难,可采用浅孔控制爆破,炮孔深度不得超过1.5m,沿设计开挖线周边为光面爆孔,孔距不大于30cm,采用光面弱爆破,掏槽孔与光面孔间的延时保证在8~13ms微差,以保证临空面的形成,减小爆破冲击波对洞室围岩的影响。为了满足洞内运输,隧洞底部用石碴填平。开挖过程中还应注意洞内的通风排烟。

(5)安装钢支撑。每1m开挖出碴后架设Ⅰ20号工字钢组成的拱钢支撑。拱钢支撑根据每段的实际开挖洞径,在洞外放大样,分片运输进洞焊装,在成拱前可用竖向支撑固定,成拱后拆除竖向支撑,进行下一循环施工。

(6)挂网、喷混凝土。拱钢支撑与棚架钢管之间铺设φ4钢筋网,网孔20cm×40cm,拱钢支撑与棚架钢管之间如有空隙用钢板楔块挤紧并点焊。开挖进尺2~3m后进行混凝土喷层,喷层厚度8~10cm,并要求覆盖钢筋网。

(7)按以上工序进尺5m后进入下一循环,直到穿过不良地质洞段。

4.效 果

采用管棚超前注浆联合钢筋网及工字钢紧跟掌子面支护的施工方案,在不良地质条件的隧道施工中发挥了它的优越性。虽然本工程引水隧道出口全风化段的施工刚刚开始,但效果是令人满意的,从王家厂水电站南涵改造工程的施工效果来看,采用管棚法施工效果也较为理想,达到了预期的目的。管棚法施工实际上是新奥法施工中超前锚杆施工的发展。从施工效果看,管棚法施工具有临时支护及时、施工性好、安全性高、阻止严重渗水等优点。适用于不良地质条件的隧洞开挖施工。

3.3 顶管法

在国民经济建设中,有时需要在特殊地理、地质条件下建设一些地下管道工程,如江河港湾水下、城市建筑群与街道地下、水库坝体施工通行隧道;铺设煤气、石油、上、下水管道;重力坝体放水涵道和通讯、动力地下管道,这些工程可以采用沉管隧道,盾构施工,也可以明挖开槽施工。但这些方法对城市建筑安全、公共环境交通都产生影响,江河港湾施工还要封航。盾构法虽无上述影响,但工程浩大,造价高、工期长。在这种特殊的情况下,顶管法施工则具有优越性。

3.3.1 顶管法施工及其应用领域

顶管法施工管道是采用油压千斤顶或其他方法,将管子按设计方位、倾角顶入土层中,直至另一个设计位置。顶管法施工管道既能在地下水位以上的土层中进行,也能在水位以下的土层中施工。该方法不影响城市和水上航道通行,也不损坏已有建筑、设施和环境文明,而且工程成本低、进度快,所以顶管法施工地下管道的应用越来越广泛。

在实施顶管法作业时,虽然所进入的管子口径大小不一,顶进距离长短不一,管子材料不一,但顶进原理都是相同的。

理论上说,顶管法施工可不受管径、顶进距离和土质条件的限制。但实际上,由于管子前端的正面阻力,管外壁的摩擦阻力,管材的强度和地下水压力等因素的影响,致使该施工方法还存在许多技术问题。

后来出现了中继接力装置顶进技术,测力纠偏技术和用优质触变泥浆维持地下平衡与润滑减阻技术,使顶管施工领域扩大,有些技术问题得以解决。我国采用此法成功地施工了口径大于 3m,顶进距离超过 500m 的水下隧道管道顶进工程,这在世界上也不多见。

3.3.2 顶管施工方法分类

目前,国内对顶管施工法尚无统一分类。上海基础工程公司在工程实践和研究中,从顶管技术到顶管设备等方面形成了独立的系统,简称 SFEC 顶管系统。

该系统确定管道大、中、小(D、Z、X)3 种,以适应 10 种口径管道的顶进施工。根据我国顶管施工的实际情况,对顶管施工可以作如下分类:

1. 按顶进管子直径分

(1)顶管直径大于 2m 为大口径顶管;

(2)直径 0.8 ~ 2.0m 为中口径顶管;

(3)直径小于 0.8m 为小口径顶管。

2. 按顶进距离分

(1)顶进距离 0 ~ 100m 为短距离顶管;

(2)距离 100 ~ 300m 为中距离顶管;

(3)大于 300m 为长距离顶管。

3. 按工程地质条件分

(1)在地下水位以上的土层中顶管,称为水上顶管;

(2)在地下水位以下的土层中和江河湖泊、港湾水下地层中顶管,称为水下顶管。

3.3.3 顶管施工中的破土方法

根据破土工具和破土工艺,破土方法分为人工挖土、机械破土、射流破土和挤压破土四类:

1. 人工挖土

一般的人工挖土顶混凝土管道时要先把管子下到工作井内的导轨上就位。顶进时,首先用千斤顶将管子顶入土内;然后进行管前开挖,同时将土运送出去。在千斤顶顶头加入顶铁将管子顶入土内,然后进行挖运土后,将管子顶进。如此循环作业,直到管子的后端与千斤顶之间满足一节管子就位长度后,就可以下第二根管子,继续作业,直至顶到下一个接收井管线端点。管前纵向开挖量一般不超过 50cm,径向超挖量不大于 1.5cm,在不允许土壤下沉的顶管地段,径向一律不得超挖。人工挖土在无地下水时,先挖下面。如遇到土质条件差塌方,则管前端应加管帽。管内运土,一般管内径大于 135cm 时用手推车运土,否则用运土斗运土。

2. 机械破土

在顶管施工中,人工挖土受条件所限,一般只适用地下水位以上,口径大于 1.2m 的顶管工程,而且要求土层密实固结,人工超前挖土时形成压力拱,才能保证作业人员的安全。另外,人工挖土的作业空间比较狭小,条件恶劣,劳动强度大,生产效率低。所以只在一些无法使用机械破土的情况下采用。凡有条件的顶管工程,都采用机械破土。机械破土是利用刀齿向工作面土层施加压力,实现切削破土。

我国于1958年开始研究顶管工程中的破土机械。北京市政部门首先研究成内齿圈驱动的顶管挖掘机械。此后又陆续研制出一机多用、无工具管顶进挖掘机和"机械手"。机械破土多用在管道内径大于1m的顶管工程中,而小口径顶管施工多用螺旋钻具或筒形钻头破土。

(1)伞式掘进机破土。伞式掘进机是最常用的顶管挖掘机。如图3.12所示。它由电动机通过减速机构直接带动主轴。主轴上装有切削盘和切削臂。可以根据不同土层安装不同形式的刀齿于切削臂杆上,由主轴带动刀盘和切削臂旋转切土。切削下来的土由提升环的铲斗铲起。提升倾卸于等待的运输机上运走。伞式掘进机一般要求工作面土层稳定。土质不稳定时,要根据地质情况采用相应的辅助措施。

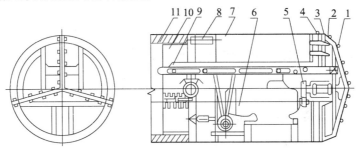

图3.12 伞式掘进机结构示意图

1—刀齿;2—刀架;3—刮泥板;4—超挖齿;5—变速齿轮;6—电动机;7—工具管;
8—千斤顶;9—皮带运输机;10—支承环;11—顶进管节

(2)水平螺旋式钻机破土。水平螺旋式钻孔法是小口径短距离顶管施工中常用的破土方法,同时也是扩孔、牵引、爆破等中口径顶管施工法中的首道工序。目前,国内钻水平孔的钻机型号甚多,将地质系统生产的油压钻机改为水平钻机,效果也较好。

(3)射流破土法。射流破土法适用于饱和粉砂土或含水量超过液限的黏性土。射流破土是根据土可以由固态变成流态的特性,利用水枪喷射压力来破碎土体。土被射流破碎后,碎屑与水混合成泥浆排出孔外,从而实现破土的目的。水枪是产生射流的主要物体,高压水自进水口进入球形腔通过喷嘴高速喷出。密封盘安装在工具管机头的密封门上,环形水枪能根据射流方向的要求而转动角度。

(4)挤压破土法。挤压破土法是在顶管时,将工具管前端制成刃脚,油压千斤顶在管段后端顶推,刃脚贯入土内,土被刃脚剪切并挤入管口,切入的土通过挤压口挤压,形成密实土柱进入工具管内再由切割工具将土柱割断运走。采用挤压破土法施工有其特殊要求,主要是土层性质、覆土厚度、顶进距离和施工条件。

3.3.4 顶管施工

1. 顶管施工的一般要求

(1)顶管施工前应对管道顶进地段的水文地质、地下埋设物、地上交通及构筑物等情况进行周密的调查了解。必须严格掌握各类土的物理力学性质、分层及高度,地下水位及流量,含水层的渗透系数,有针对性地利用可能提供的设备,采取有效的排降水和防坍塌的安全技术措施;必须严格掌握地下埋设的各种电缆、管道、有毒有害的气(液)体、易燃、易爆物质等地下建筑物和其他障碍物的种类、用途、结构、位置、深度、走向及危害程度,依此制定有效的安全防护和劳动保护措施,确保施工安全;必须掌握地上公路、铁路的交通状况,请有关部门共同制定专门的施工方案,配合施工确保安全。

(2)在较大的沟渠、河道下进行顶管作业,一般应选在枯水季节,但对其航运、流量应调查清楚并确定施工方案。首先,应该考虑克服河水渗透,不宜在管道顶进线中心或上游一侧围堰使水流集中冲刷河底,严防管顶塌方、河水涌入管内。应请有关单位共同制定施工及安全技术方案后方可以施工。顶管工程一般在降水工程数日后,水位降到工作坑底以后进行,地面上有构筑物的情况下,严禁带水顶进。在各种构筑物下顶管,必须有明确的施工和建筑安全技术措施。

各种机电设备要严格按规定、标准执行,操作人员必须经岗位培训后方能上岗作业。各种安全防护设备及施工要按规定、标准执行,坚决克服临时性、随意性。管内打内胀圈、砌筑、运土、拆撑,应执行有关安全规定。

2. 顶管施工程序

(1)地质勘察与放线定井位;

(2)顶管工程设计;

(3)施工技术、组织设计;

(4)场地准备;

(5)工作井与接收井施工;

(6)设备安装与调试;

(7)管子准备与穿墙止水;

(8)顶进作业与挖土;

(9)方位检测与纠偏;

(10)管子拼接加长及管子连接密封;

(11)进入接收井、卸除工具管;

(12)工程验收。

并不是所有顶管程序都一成不变,条件不同(如管子口径、顶进距离、地质条件等不同)也会有所变更。

3. 水平钻顶管施工法

水平钻顶管施工法适用于地下水位以上的小口径管道顶进作业。主要采用水平螺旋钻具和硬质合金钻具。在油压千斤顶的轴心压力下,回转钻进、切削土层或挤压土体成孔,然后将管子逐节顶入土层中。

螺旋钻钻孔施工方法顺序:

(1)安装钻机,先将导向架和导轨按照设计安装在工作井内,严格检查其方向和高度;然后在导轨上安放其他部件;

(2)安装首节管,管内装有螺旋钻具;

(3)启动电动机,边回转、边顶进;

（4）螺旋钻具输出管外的土由土斗接满后，用吊车吊出工作井运走；

（5）顶完一节管，卸开夹持器、螺旋钻具法兰盘，加接螺旋输土器，同时加接外管。外管用螺纹连接，也可用焊接。整个管道依照上述方法，循环作业，直至结束。

螺旋钻孔顶管法施工还有一种方法，就是先用钻具成孔，然后将管节顶入。这种方法只适用于无水干土、土层密实、钻孔时能形成稳定孔壁的土层中顶进施工。

4. 逐步扩孔顶管法施工法

逐步扩孔顶管施工时，先施工好工作井和接收井；再将水平钻机安装于工作井，使钻机钻进方向和设计顶进方向一致。开动钻机在两井之间钻出一个小径通孔，从孔中穿过一根钢丝绳，钢丝绳的一端系在接收井内的卷扬机上，另一端系于从工作井插入的扩孔器上，扩孔器在卷扬机的往复拖动下，把原小径通孔逐步扩大到所需直径，再将欲铺设的管子牵引入洞，完成管道施工。这种逐步扩孔顶管施工方法只适用于黏性土、塑性指数较大、不会坍塌的地层。

在这种施工方法中，用于扩孔的扩孔器可以是螺旋钻具、筒形钻具、锥形钻孔器、刮刀扩孔器等。扩孔器在扩孔的同时，还可以低速回转，这样可以加快施工建设速度。这种施工方法的优点是管道施工精度高，所需动力小。

以上两种方法都属于非开挖穿越技术。

非开挖穿越技术，就是从坑内水平穿越或从地表向下定向穿越。穿越距离从几十米到几百米乃至几千米以上，穿越口径从48mm至1800mm，甚至更大。

非开挖穿越施工方法主要有：静压顶进法、动压（浅孔锤）顶进法、顶—钻法、双回转头套管屏蔽钻井法、泥浆反循环双管钻井法、高压水射流钻进法、孔器钻进法、充气回转钻进法。非开挖穿越与现代定向钻进技术相结合，已能完全做到按设计方向铺设管线施工，并且有一整套测量纠正方向的技术方法。

5. 钢筋混凝土管及钢筋顶管施工方法

钢筋混凝土管的顶进与其他管材的顶进方法相同。混凝土管及钢管的口径可大可小，只是在顶进过程中混凝土管强度低，易损坏，需加以保护，也影响了顶进距离。另一个问题是管与管间的连接和封闭问题，应严格按国家有关规范和规定执行。一般的方法是：在两管接口处加衬垫，施工完后，再用混凝土加以封口。钢管的顶进方法同混凝土管，其连接和密封均靠焊接，焊接时要均布焊点，防止管节间焊歪斜。

3.3.5 顶管法施工的主要技术措施

1. 穿墙出井

从打开穿墙管闷板，将工具管顶出工作井外到安装好穿墙止水，这一过程称为穿墙。穿墙是顶管施工最为重要的工序之一。穿越后工具管方向的准确程度，将会给管道轴线方向的控制和管道拼装以及顶进带来较大影响。因此，对穿墙的技术措施要有充分的认识。

2. 纠 偏

管道偏离轴线，主要是由于作用于工具管上的外压力不平衡造成的。外力不平衡的主要原因有：

（1）推进管线不可能绝对在一条直线上；

（2）管道截面不可能绝对垂直于管道轴线；

（3）管节之间垫板的压缩性不完全一致；

（4）顶管迎面阻力的合力，不与顶管后端推进顶力的合力重合；

（5）顶进的管道在发生挠曲时，沿管道纵向的一些地方会产生约束管道挠曲的附加抗力。

纠偏时要注意纠偏角度的控制，如直线顶管采用现行生产的上海钢筋混凝土企口管时，其相邻管节间（每节 2m）允许最大纠偏角度不能大于表所列数值（表 3.5）。

表 3.5　钢筋混凝土企口管允许最大纠偏角

管　径	ϕ1350	ϕ1500	ϕ1650	ϕ1800	ϕ2000	ϕ2200	ϕ2400
纠偏转角	0.76°	0.69°	0.62°	0.57°	0.52°	0.47°	0.43°
	45′15″	41′15″	37′30″	34′23″	30′58″	28′08″	25′47″

3. 各种类型的工具管都要在顶进和开挖过程中，注意防止坍塌，防涌水，以确保正面土体的稳定。保证正面稳定最关键的是，尽量使正面土体保持和接近原始应力状态。对各种类型的工具管应该根据其工作特点，分别采取不同的措施。

4. 顶管法施工质量标准

采用上述各项施工技术措施的目的，是保证顶管施工的顺利进行和确保施工质量。顶管施工质量标准主要有以下几条：

（1）顶进不偏移，管节不错口，管底坡度不得有倒落水；

（2）顶管接口套环应对正管缝与管端外周，保证密贴；管端垫板粘牢不脱落；

（3）管内填料和顺，不流淌，橡胶圈安放正确；

（4）管节不得有裂缝，不渗水，管内不得有泥土和建筑垃圾等杂物；

（5）满足顶管允许偏差（表 3.6）。

表 3.6　顶管允许偏差

序　号	项　目	允许偏差（mm）		检验频率	检验方法
		距离 <100m	距离 ≥100m	范围点数	
1	中线位移	50	100	每段 1 点	经纬仪测量
2	管内底高程 <1500mm	+30　−40	+60　−80	每段 1 点	水准仪测量
	管内底高程 ≥1500mm	+40　−50	+80　−100	每段 1 点	水准仪测量
3	相邻管节错口	≤15，无破碎		每段 1 点	钢尺量
4	内腰箍	不渗漏		每段 1 点	外观检查
5	橡胶止水圈	不脱出		每段 1 点	外观检查

3.3.6　双向对顶法施工在安阳市东中环污水干管工程中的应用

东中环污水管道是安阳市新建东区污水治理工程中厂外管道的主干管，其中穿越人民大道路口的管道为 DN1000，埋深为 4.73～4.85m，坡度为 0.15%。若开槽施工，不仅需挖掘、修复现路面，增加工程费用，更主要的将使交通阻塞。为此决定采用顶管法施工。

该顶管工程施工长度为 72m，且不允许在路中开设工作坑；而已选定的管材（设计强度为 C35，壁厚为 100mm）也难以保证单向顶进的安全。综合考虑管材、施工现场条件的制约，只能采用对顶法施工。

施工过程中,在人民大道两侧检查井处布置了两个工作坑,计划从每个工作坑向道路中央顶进36m。工作坑采用装配式后背墙:导轨长3m,用工字钢、槽钢焊接而成,安装并固定在铺底的方木上,每坑安装两个同规格的千斤顶,对称布置,架设吊车梁作为下管和挖土外运的起重设备,在坑内不宜扰动处设置控制点,使用水准仪和经纬仪进行顶管高程、轴线的测量控制。为确保施工误差在允许范围内,以高程轴线的测控为中心,坚持顶进前测量土弧基础,顶进后测量工作管的作法,从而使顶管质量得到了事前控制。

　　工具管开始顶进的10m范围内,每顶进30cm进行一次测量,若发现测量数据偏差超过允许范围时,立即采取措施加以纠正。经计算确定两侧管端接近到3m时,在两端上部中心先掏小洞通视,再对两端的工具管统一测量,根据偏差结果指导两端的挖土,从而确保两端管道合拢时的质量满足GB 50268—97的要求。该顶管施工历时5天,经业主、监理和市政质监机构共同验收,其施工质量完全符合GB 50268—97的要求。

参 考 文 献

1　陶龙光,巴 肇 编著.城市地下工程.北京:科学出版社,1996

2　徐克里.岩土工程施工.北京:地质出版社,2002

3　刘元华.二郎山隧道新奥法施工.公路.2002年第12期

4　周文杰,杨金平.欧阳海水电站扩机工程引水隧洞出口段管棚法施工.湖南水利水电,2005年02期

5　田建开,王庆世.双向对顶法施工在安阳市东中环污水干管工程中的应用.中国给水排水,2003年07期

4 掘进机与盾构施工技术

隧道掘进机(简称 TBM)是一种利用回转刀具开挖(同时破碎和掘进)隧道的机械装置。用此机械修筑隧道的方法,称为掘进机法。最近,掘进机施工技术得到了较大的发展,理由有二:一是建设业的劳动环境是比较差的,对年轻人的吸引力不如其他产业,而出现了劳动力不足和老龄化等问题。为解决此问题尽可能地使单纯作业和危险作业机械化或机械手化是很必要的;另一个很重要的理由是 TBM 法的施工可靠性高。

以前所说的 TBM 法都是在欧美等良好的地质条件下使用的。但目前像日本这样地质条件复杂的国家,TBM 法也有了较大的发展,从 1993 年以后,采用 TBM 施工的工程有了急剧的增加。

从最近的隧道市场需求看,对 TBM 法的期待是比较高的。我国长达 18.4km 的秦岭铁路隧道采用 TBM 施工就是一个突出的实例。因此,了解和掌握 TBM 施工技术的基本知识是必要的。

4.1 掘进机施工技术

4.1.1 TBM 的分类

修筑隧道的方法大体分为:人工开挖、爆破开挖和机械开挖三大类。TBM 就是机械开挖法的一种。其分类如图 4.1 所示。

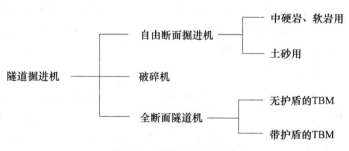

图 4.1 隧道掘进机分类

4.1.2 TBM 施工方法的优点和缺点

选择施工方法时,当然要考虑各施工方法的优缺点和工程的特征来进行比较研究。因此首先说明 TBM 法的优缺点,以便与爆破法进行比较。

1. TBM 施工方法的优点

(1)开挖作业能连续进行,因此,施工速度快,工期得以缩短,长距离施工时,此特征尤其明显,特别是在稳定的围岩中。

(2)没有像爆破那么大的冲力,对围岩的损坏小,几乎不产生松弛、掉块、崩塌的危险,可减轻支护的工作量。此外,超挖少,衬砌也省,用爆破法使围岩的损伤范围为 2 ~ 3m,在机械掘进的情况仅为 1m。

（3）开挖表面平滑，在水工隧洞的情况下，与衬砌间的阻力小。

（4）震动、噪声小，对周围的居民和结构物的影响小。

（5）机械化施工安全、作业人员少；近期的 TBM 机可以在防护棚内进行刀具的更换，密闭式操纵室、高性能的集尘机等的采用，使安全性和作业环境有了较大的改善。

2. TBM 施工方法的缺点

（1）机械的购置费和运输、组装、解体等费用高，机械的设计制造时间长，初期投资高，因此很难用于短隧道施工。

（2）施工途中不能改变开挖直径。但是，如用同一机种开挖不同直径的断面情况下，更换附属部件，在数十厘米范围内，还是可能的。

（3）地质的适应性受到一定限制。目前虽然正在开发全地质型的机种，但很难满足这种要求。对于软弱围岩，还存在不少问题；对强度超过 200MPa 的硬岩，刀具成本急剧增加，开挖速度也降低。

4.1.3 TBM 的应用

从 1954 年第一台 TBM 投入施工以后，到目前为止，世界上各种地下工程（铁路，公路，上、下水道，水工隧洞，矿山等）中约有 700 项以上的工程采用了 TBM。其中日本约有近 100 项工程中采用了 TBM。

从 TBM 的用途看，均是应用在上水道、下水道和水工隧洞等水路工程中（日本约占 80%，其他各国约占 75%），这是因为 TBM 多是圆形的，这种形状在水路隧道中更能发挥其作用。此外，在铁路、公路隧道中，日本多用在开挖超前和避难坑道中，而在其他国家，用超过 10m 的大断面 TBM 开挖双车道公路隧道和双线铁路隧道已超过 10 座。

从开挖直径看，日本在 3m 以下的占多数，达 60%；5m 以上的不到 10%；最大直径是 7.2m。其他国家也是 3～4m 的占多数，约有 45%，5m 以上的为 30%，8m 以上的为 10%，最大开挖直径的是 Bozbergde 的双车道公路隧道，TBM 的直径为 11.87m。在日本最小直径是 2.0m，在其他国家是 1.84m。

从施工长度看，日本施工长度不到 3km 的约占 80%，其他的占 20%，平均施工长度 1.8km，最大施工长度不到 7km。其他国家超过 3km 以上的占 60%，超过 10km 的约有 60 座，占 12%，平均施工长度为 5km，而最大施工长度为 21km 的 Sado-Morgavel 隧道，长距离和多次使用 TBM 是降低施工单价的有效方法，国外一台 TBM 平均在 3 个施工现场使用。

从施工速度看，高速掘进是 TBM 的最大优点。在国内外最大月成洞超过 1000m 的工程很多。最大月成洞是 1993～1995 年澳大利亚的下水道工程，开挖直径是 3.4m，记录是 2187m。最近在美国的 SSS（Super-conducting Super Collider）工程中，开挖直径 4.6m 的记录是 1647m。中国在引大入秦的输水工程中，开挖直径 5.5m，记录是 1404m。在英法海峡隧道中，1991 年英国则创月进 1719m 的记录。国外在设计阶段，计划月进约在 400m（欧洲）、600m（美国）、260m（日本）；工作效率（纯开挖时间与全作业时间之比）在日本约是 20%～35%，其他国家是 35%～50%。

目前正在开发的有用于小曲线开挖的 TBM、椭圆形断面的 TBM、竖井 TBM 等。以期扩展TBM 的应用范围，更有效地发挥 TBM 的作用和功能。

4.1.4 TBM 的种类、性能和特征

1. TBM 的基本构成

简单地说,TBM 的构成要素大体分为 3 个部分:

(1)开挖部分——刀盘及其主轴和驱动装置;

(2)开挖反力支撑部分——支撑靴;

(3)推进部分——推进千斤顶。

推进按下述动作反复进行:

(1)扩张支撑靴,固定掘进的机体在隧道壁上;

(2)回转刀盘,开动千斤顶前进;

(3)推进 1 行程后,缩回支撑靴,把支撑靴移置到前方,返回(1)的状态。

如前所述,有敞开式 TBM 和护盾式 TBM,其动作示意如图 4.2 所示。

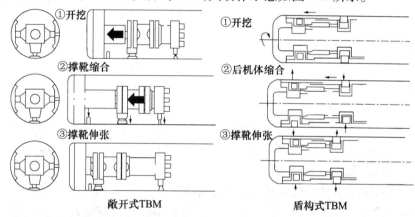

图 4.2 掘进机的工作示意图

2. TBM 的主要技术流程

(1)TBM 施工法的步骤与爆破法的情况是一样的,其流程见图 4.3。

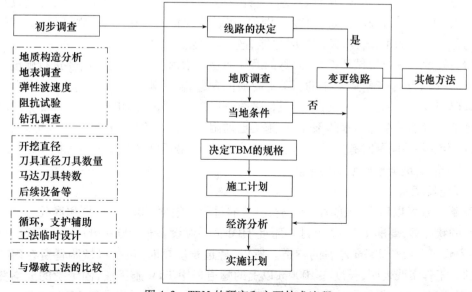

图 4.3 TBM 的研究和主要技术流程

（2）地质条件

在 TBM 施工法中，TBM 和掌子面是分离的，故有软弱层和破碎带时，采用辅助工法很困难。所以，不良地质的调查，不仅对 TBM 的选择和施工速度有很大的影响，对能否采用 TBM 也是决定性的因素。此外，能否充分发挥 TBM 的能力，也是调查的一个重点。TBM 施工的地质调查主要是调查 TBM 使用的地质条件，如地质的硬软、破碎带的位置、规模、地下水的涌水、膨胀性等，以及采用 TBM 施工法是否合适和影响 TBM 开挖效果的因素等。大体上分为以下两大类：

1）是否适合 TBM 施工法的地质因素

①隧道地压。是否存在塑性地压是决定 TBM 适用性的重要因素。在最近的 TBM 施工中，采用护盾式 TBM 时，多使用超挖刀具，使断面有些富裕，而利用管片的反力来推进，使用敞开式的 TBM 时，要从初期的喷射混凝土支护中脱出，也要采用相应的措施。因此，地压的作用是不可避免的。在这种情况下，事前正确地掌握该区间的位置，就可易于采取合适的措施。此时，最好采用掌子面超前探测和钻孔探测的方法进行地质判定。

②涌水状态。在软弱岩层、破碎岩层中，视涌水的范围、大小、压力等，是造成掌子面的崩塌和承载力低下的主要问题。在极端的情况下，机体会产生下沉，此时必须用护盾式 TBM。涌水或涌水地段反复出现的情况，TBM 的优点会丧失殆尽，这是必须注意的。

2）影响 TBM 的效率的地质因素

影响 TBM 效率的地质因素有岩石强度、硬度及裂隙，他们对切削岩石能力的影响极大。

①岩石强度。TBM 的开挖是利用岩石的抗拉强度和抗剪强度比抗压强度小很多的这一特征。一般说抗拉强度是抗压强度的 1/10 ~ 1/15 左右。开挖的难易与抗拉强度、抗剪强度和抗压强度有关。一般采用实验方法比较容易确定岩石的抗压强度。只用抗压强度判断对开挖的经济性有很大的影响的刀具消耗是不合适的，还应根据岩石中含有的石英粒子的范围、大小、岩石抗拉强度等来判断。目前，对局部抗压强度超过 300MPa 的超硬岩，也可以采用 TBM，但刀具和刀盘的消耗过大，是不经济的。从机种及裂隙的程度看，适合的强度约在 200MPa 以下。

②岩体中的结构面（节理、层理、片理）对开挖效率影响极大。裂隙适度发育的岩层，即使抗压强度大，也能进行比较有效的开挖。例如，在裂隙发育的条件下，裂隙间距 30 ~ 40cm 就可以认为是很发育的了，$\sigma_c = 150$MPa 时也能有效地开挖。

③岩石硬度。进行机械开挖时，刀具的磨耗问题是永远存在的。因此，要进行硬度试验和矿物成分分析，主要是了解矿物中的石英等物质的含量、粒径等。

④破碎带等恶劣的条件。破碎带、风化带等难以自稳条件下的机械开挖，都要采取辅助方法配合施工。特别是在有涌水的条件下，施工更加困难。在用 TBM 开挖时，拱顶崩塌、机体下沉、支撑反力下降等问题时有发生。为了克服这一缺点，最近已经开发出与盾构相结合的掘进机，但是还不能满足全地质型的要求。

（3）开挖长度

TBM 进入现场以后，一般要经过运输、组装的过程。根据 TBM 的直径和形式、运输途径、组装基地的状况等，要准备 1 ~ 2 个月。而且 TBM 的后续设备长 100 ~ 200m，为正规的进行掘进，也要先修筑一段长 200m 左右的隧道。所以，隧道长度短时，包括机械购置费在内的成本是很高的。工程实践表明，长度在 1000m 以上的隧道采用 TBM 施工法，固定费的成本费急剧增加，达到 3000m 时，成本是大致一定的。TBM 投入的适应长度最好大于 3000m。

在 TBM 法中因进行机械的运输、组装等,故要对隧道所处地点的状况有所了解。TBM 的搬运计划,要考虑道路的宽度、高度及重量的限制,根据组装条件要充分调查运输时的分割方法。TBM 是在工厂试组装、分割运输之后再运入现场的。分割重量通常受道路条件的限制,约在 35 吨左右,断面尺寸是 3.5m×3.5m 左右。

4.1.5 隧道掘进机在国内外的应用情况

隧道掘进机在 3km 以上的长洞中应用较多。具有代表性的是连接英法两国的英吉利海峡隧道,3 条洞总长 150km(单洞长 50.5km),采用 11 台掘进机施工,只用了三年半就全部贯通(全部工程完工只用了 8 年,1986～1993 年),月平均进度从 340m 增加到 840m,最高月进尺,在法国则为 1232m,英国则高达 1716m,无一人因掘进事故而死亡。而日本青函隧道全长 53.85km,使用钻爆法施工,花 12 年才贯通(全部完工用了 24 年,1964～1988 年),伤亡 100 多人。

我国水利、电力、铁路、煤炭、矿山、交通及城市地下工程的建设中,长隧洞已开始采用TBM 施工,并取得了良好的效果。如甘肃省引大入秦引水工程 30A 隧洞,全长 11.649km,采用 TBM 施工,1990 年 12 月开工,1992 年元月贯通建成,平均月成洞进尺 860m,最高月成洞进尺 1300m;38 号隧洞洞长 4947.6m,仅用 4.5 个月就完工,平均月成洞进尺 1100m,最高月成洞进尺 1400m,创造了当时我国的最高记录,达到了世界先进水平。

山西省隧道掘进机 TBM 的施工,始于引黄入晋工程的建设。引进美国 ROBBINS 制造的1811-256 型双护盾硬岩掘进机,首次用于山西引黄工程总干 6 号、7 号、8 号隧洞施工,平均月进尺 660～1100m。之后,引黄南干线隧洞工程也采用 TBM 施工,平均月进尺 660～1100m。引黄连接段 7 号隧洞平均月成洞进尺 1330m,最高月成洞进尺 1637.52m,最高日进尺113.21m,创造了当时新的全国最高记录。2003 年,山西省水利建筑工程局把 TBM 施工技术用于大同塔山矿井主巷道隧洞建设,使 TBM 隧洞掘进的工程项目得到了进一步的扩展,施工技术得到了进一步的提高。

1. 引黄工程总干 6 号、7 号、8 号隧洞的施工。引黄工程总干 6 号、7 号、8 号隧洞,9 条隧洞总长约 21.5km,开挖直径 6.125m,成洞直径 5.46m。地质条件为石灰岩、白云质灰岩。除 7号洞进口和 6 号洞进口为岩洞外,其他洞口均为土洞,共计有 1.4km,其中黄土洞占 29%,N_2红黏土洞占 71%。黄土洞 164m 采用常规法施工,日进尺 1～1.5m,其余采用 TBM 施工,日进尺 9.55m。N_2红黏土全部采用 TBM 施工,平均日进尺 15.13m。1994 年 7 月 17 日开始第一条隧洞(8 号洞)施工,至 1997 年 9 月 6 日最后一条隧洞(6 号洞)贯通,最高月进尺 1048m,最高日进尺 65.5m,平均日进尺 31m。

2. 引黄工程南干 4 号、5 号、6 号、7 号隧洞的施工。1997 年 8 月,山西省利用世界银行贷款引进 4 台双护盾硬岩掘进机,用于山西省万家寨引黄工程南干 4 号、5 号、6 号、7 号隧洞施工。4 条隧洞总长约 90km。4 号隧洞长 6.882km,开挖直径 4.92m,成洞直径 4.3m,地质条件为薄层中厚层和泥质石灰岩。5 号隧洞长 26.429km,其中北侧 15.27km,开挖直径 4.82m,成洞直径 4.2m,地质条件为中厚层灰岩、白云质灰岩、针叶状灰岩和缅状灰岩,夹有薄层状泥质灰岩、白云岩。利民堡段为 N_2 红黏土,约 355m,采用常规法施工。6 号隧洞长 14.548km,开挖直径 4.82m,成洞直径 4.2m,地质条件为厚层-中层灰岩、豹皮灰岩和白云岩。7 号隧洞长 40.975km,开挖直径 4.94m,成洞直径 4.2m,地质条件为白云质灰岩、灰岩、砂岩、页岩、泥砂岩、砂质泥岩、泥岩、长石砂岩与泥质粉砂岩互层、泥质长石砂岩、长石石英砂岩、中-细粉砂岩。

3. 大同塔山矿井主巷道隧洞施工。2003 年年初,山西省水利建筑工程局引进意大利 CMC 公司曾经在引黄南干线使用的 154-273 型双护盾硬岩掘进机,用于山西省大同塔山矿井主巷道隧洞的掘进施工。隧洞全长 3.5km,开挖直径 4.82m。塔山矿井主巷道地质条件具有灰岩、砂岩、花岗岩、砂质泥岩、泥岩、方解石溶洞、煤层等诸多复杂地质情况。施工初期,由于相关资料不完备,配件缺口大等因素,给安装和调试带来了困难。在没有外援的情况下,工程技术队伍以团队攻关,解决了一个又一个难题,一个月完成了外国施工企业需 3 个月才能完成的安装任务。在安装、掘进过程中,先后克服了"非典"的干扰;克服了膨胀岩、跨越地下水、穿越大溶洞等特殊而复杂的地质障碍;控制了煤层掘进中瓦斯与塌方的险情,确保了安全生产。在煤层巷道中拆机,在我国掘进机施工史上尚属首次。山西省大同塔山矿井主巷道隧洞的建设为隧道掘进机 TBM 的应用,积累了新的实践经验。

4.2 盾构法施工技术

盾构法是软土层中隧道施工时常用的一种方法,也就是在盾构的掩护下连续安全地进行开挖与支护工作。

盾构法最早由法国工程师布鲁诺尔(M. I. Bruner)发明,至今有 170 多年的历史。目前,英、美、德、法、日等国在修建水底隧道、地下铁路、水工隧道和城市小断面市政隧道中都广泛运用了盾构法。20 世纪 50 年代盾构法传入我国,阜新煤矿疏水巷道、北京下水工程、上海过江隧道中都应用过这种方法,效果良好。

4.2.1 盾构法作用原理

盾构法首先要向开挖面掘进相当于装配式衬砌宽度的土体(如图 4.4 所示),安装盾构设备,形成外部支撑,在盾壳的掩护下开挖地层、装配衬砌。盾构壳体内部结构设支撑。在内部结构中,根据施工方法不同可添设水平和竖向隔板,将盾构分成若干工作室,既增加了盾构的刚度,又使施工更为方便。盾尾部分无支撑结构,可在其掩护下拼装衬砌砌块。盾构前进是靠顶在已拼装好的衬砌环上的千斤顶向前的推力实现的,即利用安装在支承环 2 内千斤顶 3 顶在拼装好的衬砌环 4 上,使盾构推进到挖好的空间 1 内。重复上述过程,直到整体隧道完成。

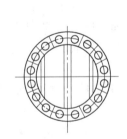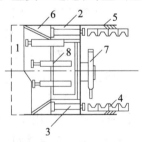

图 4.4 盾构施工过程示意图

1—开挖土体;2—支承环;3—盾构千斤顶;4—衬砌环;
5—盾尾;6—切口环;7—衬砌拼装机;8—正面支撑千斤顶

4.2.2 盾构的构造

由于开挖方法及开挖面支撑方法不同,盾构种类较多,但基本构造是由盾构壳体及开挖机构、推进系统、衬砌拼装系统等组成,如图4.5所示。

1. 盾构壳体及开挖系统

盾构壳体形状以圆形最多,盾构壳体由切口环、支承环、盾尾三部分组成。外壳钢板将这三个部分连成一个整体。

(1)盾构切口环

切口环位于盾构的最前端,切口环的前端做成均匀刃口,施工时切入地层,掩护开挖作业。切口环部分主要是用来容纳施工人员工作或安装挖掘机械。

(2)盾构支承环

支承环紧接切口环之后,处于盾构中部。所有的地层压力、千斤顶的外力以及切口、盾尾、衬砌拼装时传来的施工荷载均由支承环承担。它的外缘布置盾构千斤顶,在大型的盾构中由于空间较大,所有液压、动力设备、操纵控制部分、排土运输部分、衬砌拼装机等均集中布置在其中;在中小型的盾构中,则把部分设备放在盾构后面的车架上。

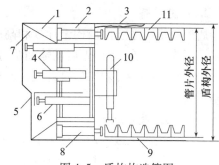

图4.5　盾构构造简图

1—切口环;2—支承环;3—盾尾部分;4—支撑千斤顶;
5—活动平台;6—活动平台千斤顶;7—切口;
8—盾构推进千斤顶;9—盾尾空隙;
10—管片拼装器;11—管片

(3)盾构盾尾

一般是由盾构外壳延伸构成,它的作用主要是掩护衬砌拼装工作,为防止水、土及注浆材料从盾尾与衬砌的间隙中挤入盾构内,要在盾尾与支护之间布置密封装置(如图4.6所示)。盾尾的密封质量关系到施工质量,目前除了新的密封形式及材料外,一般采用多道密封及更换

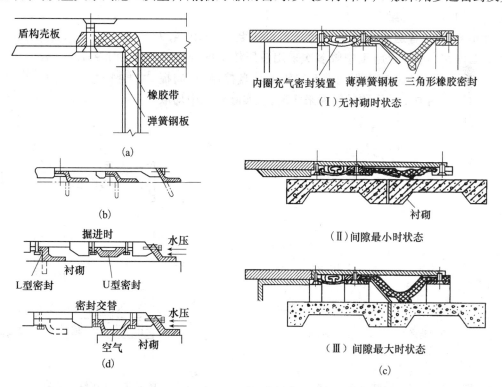

图4.6　盾尾密封装置

(a)单道橡胶密封;(b)多道橡胶密封;(c)巴德水力盾构盾尾密封;(d)日本羽田隧道盾尾密封

盾尾密封装置来解决密封问题。

2. 推进系统

盾构的推进系统由盾构千斤顶和高压泵及操纵阀等液压设备组成。目前国内外液压系统均以油压为主。施工时,先启动输油泵,把油箱中的油供给高压泵,待油泵压力达到设计要求时,按指令操纵电磁阀开关,打开起控制作用的电磁阀后,总管内高压油送入千斤顶,使千斤顶按施工要求推进。

3. 衬砌拼装系统

衬砌拼装系统最常用的是杠杆式拼装器,如图4.7所示。它由举重臂和驱动部分组成。举重臂是一个在一端有夹住管片或砌块装置的杠杆,另一端有一个平衡锤,用它来平衡衬砌构件的重量,从而使举重臂易于转动。举重臂的主要功能是夹牢衬砌构件,将衬砌块送到要安装的位置,把它拼装就位、固定。因此,它应能在需要安装的空间内作平面旋转及径向运动,同时还能沿隧道轴线方向移动。这些动作都是由液压设备系统及千斤顶来完成的。举重臂一般都安装在盾构支承环上。

装配钢筋混凝土砌块组成的衬砌环,可用弧形拼装器,又称之为拱托架拼装法,如图4.8所示。

砌块用卷扬机沿装在导向弓形体上的滚轮拖至设计位置,然后用径向千斤顶安放就位,并固定。导向弓形体支承在盾构后部伸出的纵向悬臂梁上。

近年来,国外普遍采用环向回转式衬砌拼装机,如图4.9所示。国内在小型隧道施工中曾多次采用液压传动的回转式拼装架,其平面转动由马达驱动带有斜轮的转盘控制,径向提升及纵向平移用液压千斤顶的伸缩来实现,在实际施工中均取得了较好的效果。

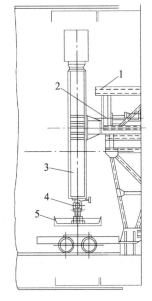

图4.7 杠杆式拼装器
1—工作平台;2—旋转驱动装置;
3—举重臂;4—衬砌卡钳装置;5—衬砌

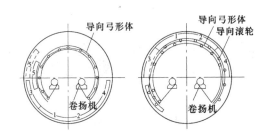

图4.8 拱托架拼装衬砌示意图

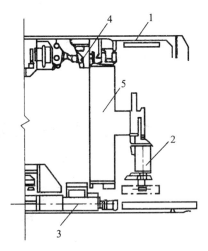

图4.9 环式衬砌拼装机
1—衬砌;2—衬砌拼装提升器;3—盾构千斤顶;
4—拼装机回转传动用油马达;5—回转盘

4.2.3 盾构的分类与施工

按构造与开挖方法可把盾构分为手掘式盾构、挤压盾构、半机械化盾构、机械化盾构、微型盾构等。

1. 手掘式盾构

手掘式盾构如图4.10所示。使用时人工全部敞开开挖,也可以正面支撑开挖,随开挖随支撑,其构造简单、配套设备少、造价低。

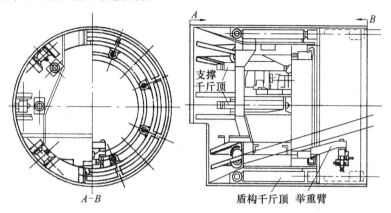

图4.10 手掘式盾构

手掘式盾构的特点是:

(1)由于开挖面是全暴露的,施工人员可以随时观察地层的变化情况;

(2)易于排除施工中遇到的各种障碍物;

(3)有利于纠偏和进行曲线段施工;

(4)造价低,设备简单;

(5)劳动强度大、效率低、速度慢;

(6)易于发生流砂或塌方事故,危及工人安全。

尽管手掘式盾构有一些缺点,但它简单易行,在地质条件较好的小型隧道开挖中仍得到广泛应用。

2. 挤压盾构

为防止盾构开挖面坍塌,而把开挖面全部或局部用钢板封闭起来,把土层挡在胸板外面,在胸板的保护下施工安全可靠。根据闭胸板封闭的形式又可把它细分为闭胸挤压盾构、局部挤压盾构和网格式盾构。

(1)闭胸挤压式盾构

盾构推进时胸板连着盾构一起挤入地层,若胸板全部封闭不出土,则称之为闭胸挤压式盾构。闭胸挤压式盾构由于不出土,施工时地表有较大的隆起,一般它只适用于孔隙比较大、塑性大、具有流动状态的淤泥土层的空旷地带,例如河底、海滩等处。这种盾构施工方法速度快,正面阻力大,易出现上飘或叩头现象。

(2)局部挤压盾构

盾构正面胸板上开有纠偏和减少推进阻力等所需要的进土孔,用开孔大小和位置调整推进阻力和方向。

盾构推进过程中,正面土体承受极大的压力,土体以连续带条通过进土孔挤入隧道中,然后将其切成土块外运,如图 4.11 所示。国内外实践经验表明,一般淤泥中放土量应为 20% ~ 30%,土层好,埋深大,正面阻力大,此时就要多放土或减少正面阻力,反之少放土。

（3）网格式盾构

它是把盾构开挖面用钢板构成许多小的开口格栅,当盾构推进时网格切入地层,把开挖面土层切成许多条状土体,挤入盾构

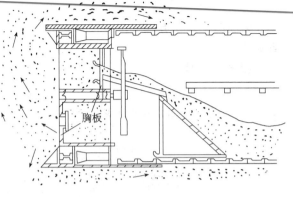

图 4.11 挤压式盾构

内;这些土条落入盾构底部挖土盘内,提土盘将其提升上来落入溜槽内,然后用刮板运输机将其运出。

挤压网格盾构的特点是,盾构停止推进时,使地层的正面主动土压力与网格周边的摩擦力相等,这样网格就可以挡住开挖面土体,防止正面坍塌。为防止地下水对土层的作用,在含水层中施工应辅以降水及气压施工等措施。上海黄浦江第一条水底公路隧道就是用这种方法施工的。

3. 半机械化盾构

半机械化盾构是在手掘式盾构的前端安装 1~2 台挖土机械来代替人工开挖,如图 4.12 所示。

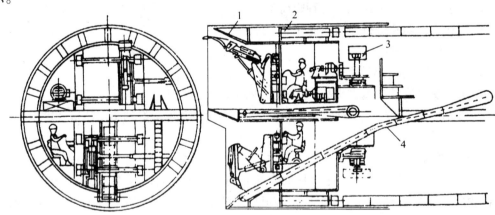

图 4.12 半机械化盾构

1—反铲掘削机;2—盾构千斤顶;3—杠杆式拼装器;4—皮带运输机

半机械化盾构的适用范围与手掘式盾构的基本相同,一般适用于在较好的土层中掘进,其特点是造价低,施工人员的劳动强度低,效率较高,是较有前途的盾构之一。

4. 机械化盾构

机械化盾构是在盾构切口环部分装上与平巷掘进机相仿的全断面旋转切削刀盘连续切土掘进,并配以一定的运土机械,可使土方从开挖到装车全部实现机械化。

当地层能够自稳或采用辅助措施后自稳时,可用开胸机械化切削式盾构,反之则用闭胸式盾构。目前,国内外闭胸式机械化盾构施工技术发展较快,并取得了好的效果。闭胸式盾构主要有局部气压盾构、泥浆加压盾构和土压平衡盾构三种。

(1)局部气压盾构

这种盾构是在开胸式盾构的切口环与支承环之间密封金属隔板,开挖面与切口环部分形成一个密封舱,向该舱内通入压缩空气,使开挖面保持稳定。这样做就可以使施工人员不在压缩空气内操作,与全气压盾构相比有很大的优越性,但至今有许多技术问题尚未得到解决,未能广泛应用。

(2)泥浆加压盾构

所谓泥浆加压盾构,就是在盾构开挖面的密封舱内注入泥浆,用泥浆压力抵挡正面的土压,用管路输送泥浆代替用电机车牵引盛土车出土,从而完成盾构开挖掘进的全过程。

泥浆加压盾构是国外发展较快的一种新型盾构,如图4.13所示。最早起源于英国,其后在日本和德国用于各种隧洞施工。泥浆加压盾构的泥浆护壁和排碴原理与钻井法基本相同。泥浆加压盾构法的特点是:①可在覆土较浅的条件下进行盾构法施工;②用于地下水位高,不稳定软弱地层及江河海底的隧道施工;③安全、高效;④设备庞大复杂,造价昂贵,控制技术要求严格。

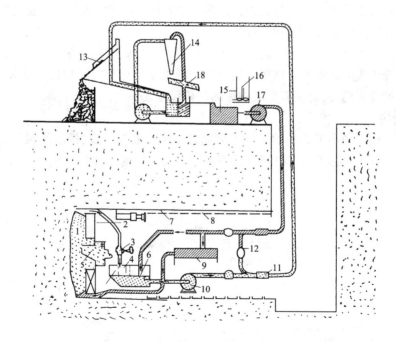

图4.13 泥浆加压盾构

1—钻头;2—隔板;3—压力控制阀;4—集矸槽;5—斜槽;6—搅动器;7—盾尾密封;8—水泥浆;
9—摩努型泵;10—砂土泵;11—伸缩管;12—紧急支管;13—振动筛;14—旋流器;
15—膨润土储浆池;16—搅拌器;17—泥浆泵;18—待运砂土

(3)土压平衡盾构

土压平衡盾构又称削土密封式或泥土加压式盾构,是在局部气压及泥浆加压盾构基础上发展起来的一种适合于含水饱和软弱的地层中施工的新型盾构,如图4.14所示。

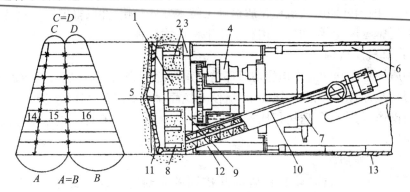

图 4.14　土压平衡盾构

1—浆化泥土;2—测定浆化泥土压力的压力计;3—浆化泥土密封舱;4—使刀盘旋转的液压马达;
5—自然土层;6—管片;7—衬砌拼装器;8—搅拌叶片;9—作浆材料注入孔阀门;10—螺旋输送机;
11—刀盘支架上装刀具;12—盾构千斤顶;13—充填材料;14—水压;15—土层静压力;16—浆化泥土压力

它的头部装有全断面切削刀盘,在切口环与支承环间设有密封隔板,使前面切口环部分形成密封舱,在刀盘切削下来的土砂中压注一种具有流动性和不透水性的"作泥材料",然后,用刀盘后面的搅拌叶片进行强制搅拌,使切削下来的土成为具有流动性与不透水的视流动土,并将这种土充满开挖面泥土室及从与之相连的螺旋输入机中排出。施工时要保持掘进量与排出量的动态平衡,以保持工作面土体的稳定。

土压平衡式盾构又可分为土压式和水压式两种。土压式适用于淤泥和黏土地层;水压式适用于砂和砂砾组成的高渗水性地层。这种盾构既避免了局部气压盾构的主要缺点,又省去了泥浆盾构中的处理设备,是很有发展前途的盾构设备之一。

5. 微型盾构

微型盾构是指直径小于2m的盾构,主要适用于城市地下管线、排水隧洞等的施工。微型盾构具有能进行暗挖法施工、不污染环境,不影响交通等优越性(图4.15)。

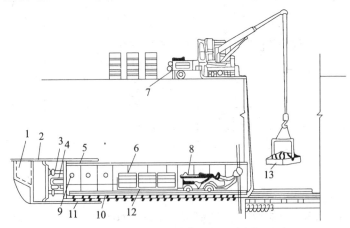

图 4.15　微型盾构施工示意图

1—前檐;2—盾构;3—盾构千斤顶;4—操作盘;5—尾部衬板;
6—管片;7—压缩机;8—蓄电池车;9—压浆孔;10—装有风管、排水管的轨道;
11—密封圈;12—运输管片及土的平板车;13—出土

70

4.2.4 盾构施工技术

盾构施工的主要工序有:盾构的安设与拆卸、土体开挖与推进、衬砌拼装与防水等。

1. 盾构的安设与拆卸

在盾构施工段的始端,必须进行盾构安装和盾构进洞工作,而当通过施工区段后,又必须出井拆卸。盾构安装一般有以下几种方案。

（1）临时基坑法

用板桩或明挖方法围成临时基坑,在其内进行盾构安装和后座安装并进行直运输出门施工,然后基坑部分回填并拔除板桩,开始盾构施工。此法适于浅埋的盾构始发端。

（2）逐步掘进法

用盾构法进行纵坡较大,与地面直接连通的斜隧道,盾构在井内安装就位待准备工作结束后即可以拆除临时封门进入地层形成洞口。

（3）工作井法

在沉井或沉箱壁上顶留洞口及临时封门,如图 4.16 所示。盾构在其内安装工作结束后即可拆除临时封门使盾构进入地层。盾构拆卸井应满足起吊、拆卸工作的方便,但对其要求一般较拼装井为低。

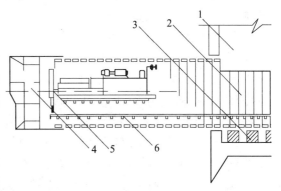

图 4.16 盾构进洞示意图
1—盾构拼装井;2—后座管片;3—盾构基坑;
4—盾构;5—衬砌拼装器;6—运输轨道

2. 土体开挖与推进

盾构施工首先使切口环切入土层,然后再开挖土体。千斤顶将切口环向前顶入土层,其最大距离是一个千斤顶行程。盾构的位置与方向以及纵坡度等均依靠调整千斤顶的编组及辅助措施加以控制。图 4.17 为盾构推进工艺图。

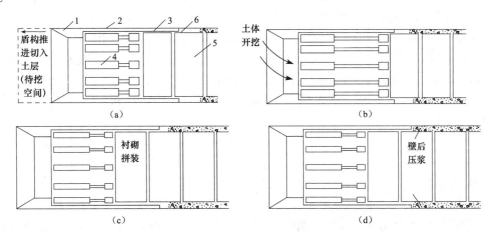

图 4.17 盾构推进工艺循环
(a)切入土层;(b)土体开挖;(c)衬砌拼装;(d)壁后注浆
1—切口环;2—支撑环;3—盾尾;4—推进千斤顶;5—管片;6—盾尾空隙

71

土体开挖方式根据土质的稳定状况和选用的盾构类型确定。具体开挖方式有以下几种。

（1）敞开式开挖

在地质条件好，开挖面在掘进中能维持稳定或采取措施后能维持稳定，用手掘式及半机械式盾构时，均为敞开式开挖。开挖程序一般是从顶部开始逐层向下挖掘。

（2）机械切削开挖

利用与盾构直径相当的全断面旋转切削大刀盘开挖，配合运土机械可使土方从开挖到装运均实现机械化。

（3）网格式开挖

开挖面用盾构正面的隔板与横撑梁分成格子，盾构推进时，土体从格子里成条状挤入盾构中。这种出土方式效率高，是我国大、中型盾构常用的方式。

（4）挤压式开挖

用挤压式和局部挤压式开挖，由于不出土或部分出土，对地层有较大的扰动，施工中应精心控制出土量，以减小地表变形。

3. 衬砌拼装与防水

软土层盾构施工的隧道，多采用预制拼装衬砌形式；少数采用复合式衬砌，即先用薄层预制块拼装，然后复壁注内衬。预制拼装通常由称作"管片"的多块弧形预制构件拼装砌成。拼装程序有"先纵后环"和"先环后纵"两种。先环后纵法是拼装前缩回所有千斤顶，将管片先拼成圆环，然后用千斤顶使拼好的圆环沿纵向已安好的衬砌靠拢连接成洞。此法拼装，环面平整纵缝质量好，但可能形成盾构后退。先纵后环因拼装时只缩回该管片部分的千斤顶，其他千斤顶则轴对称地支撑或升压，所以可有效地防止盾构后退。

含水土层中盾构施工，其钢筋混凝土管片支护除应满足强度要求外，还应解决防水问题。管片拼接缝是防水关键部位。目前多采用纵缝、环径设防水密封垫的方式。防水材料应具备抗老化性能，在承受各种外力而产生往复变形的情况下，应有良好的黏着力、弹性复原力和防水性能。特种合成橡胶比较理想，实际应用较多。

衬砌完成后，盾尾与衬砌间的建筑空隙须及时充填，通常采用壁后压浆，以防止地表沉降，改善衬砌受力状态，提高防水能力。

压浆分一次压注和二次压注。当地层条件差，不稳定，盾尾空隙一出现就会发生坍塌时，宜采用一次压注，压浆材料以水泥、黏土砂浆为主体，终凝强度不低于 0.2MPa。二次压注是当盾构推进一环后，先向壁后的空隙注入粒经 3～5mm 的石英砂或石粒砂；连续推进 5～8 环后，再把水泥浆液注入砂石中，使之同结。压浆宜对称于衬砌环进行，注浆压力一般为 0.6～0.8MPa。

4.2.5 工程实例

1. 盾构推进

上海地铁 2 号线杨高路站—中央公园站（再折返）的隧道盾构施工，全长 1721m，历时 7 个月，由上海机械施工公司承担。施工期间，推进速度最快的是每天 14 环，最高月推进 401 环，创"上海纪录"。隧道轴线蛇形偏差量 50mm 以内，同步注浆量为 100%～120%，注浆材料为粉煤灰、膨润土、细砂为主体，注浆压力为约为 0.5MPa，压入地层的估计压力为 0.3MPa。盾构机推进纠偏方式是调整千斤顶的压力，隧道纠偏以环面粘贴石棉橡胶板为主，有时也采用局部超量压浆协助纠偏。

工程施工的高速度、高质量,与盾构机械的操作、维修、保养及优化施工方案和管理密切相关。φ6340 土压平衡式盾构机械,是经过 1 号线数公里推进的"超龄"机械,外径为 6.34m,长6.54m,推进时由正前方大刀盘旋转切削土体,土体进入密封土仓内搅拌后,由下部的螺旋式出土机排出,经皮带运输机送入土箱内运出隧道,盾构机装有 22 个 157 吨千斤顶,可同时或分别驱动,千斤顶油压可分为上、下、左、右 4 个区域调整,在盾构推进的灰色淤泥质黏土和粉黏土地层中,上区域油压为 4~6MPa,下区域为 8~10MPa,左右区域为 7~9MPa,转弯时左右压力差为 3~7MPa,全部启动时最大推力可达 3400 吨,螺旋机油压控制在 9~11MPa。

盾构机在地下土层中推进的土压平衡控制原理是:盾构机在千斤顶作用下,以每分钟3~5cm 的速度推进,由设在密封土仓内的 5 只土压计测出土压力,传导给微机。微机根据预先设定的土压力来控制螺旋出土机的转速,从而控制出土量,以达到盾构机正面土压力的动态平衡,减小对土体的扰动,防止地表的隆起和下陷。

2. 拼装式衬砌管片

隧道的衬砌,一般采用拼装式结构,由多块管片用螺栓连接拼装成圆环,环与环之间也用螺栓连接。管片的种类有钢管片、钢筋混凝土管片和复合管片。在我国已建成的盾构法隧道中一般采用钢筋混凝土管片。

钢筋混凝土管片有平板型和箱形两种。平板型管片一般在小直径的隧道中用的较多,而大直径隧道一般选用箱形管片。从环向螺栓的设置来看,管片又可以分为单排螺栓和双排螺栓两种形式,双排螺栓可以增加接头刚度,但制作和施工拼装较麻烦,单排螺栓的管片接头刚度较小,但施工方便,拼装式衬砌管片的接触面形式分为两种,即平接触和榫槽接触。按衬砌纵缝的位置又可以分为错缝拼装和通缝拼装。一般来说错缝拼装能提高圆环的有效刚度,改善圆环受力,但易造成管片开裂,管片精度要求高;而通缝拼装速度较快,管片开裂少,刚度不如前者。

地铁圆形隧道外径 6.2m,内径 5.5m,衬砌采用拼装式钢筋混凝土平板型管片,每环分别为 6 块,壁厚 35cm。单排螺栓连接,管片连接面为榫槽接触,通缝拼装。管片从外形上分为直线、左转弯、右转弯 3 种,直线环管片宽度 100cm,成环转弯管片(又称楔形管片)的水平投影为等腰梯形,宽度分别为 98cm 和 100cm。直线环与转弯环的不同搭配组合,可形成直线各种曲率隧道。设计中一般采用直线、圆曲线和连接其间的缓和曲线。上海地铁隧道竖曲线的形成,是靠贴的管片环面间不同厚度的低压石棉橡胶板,经盾构机千斤顶压缩成一平整楔形环面从而使隧道上下起伏。

参 考 文 献

1　刘　斌. 地下工程特殊施工. 北京:冶金工业出版社,1994

2　陶龙光,巴　肇 编著. 城市地下工程. 北京:科学出版社,1996

3　张　羽. 隧道掘进机(TBM)在工程施工中的应用. 科技情报开发与经济,2005 年 03 期

4　王国弼,孙连元. 盾构法施工技术在地铁 2 号线隧道中的应用. 上海建设科技,1998 年 01 期

5 沉井法施工技术

5.1 概 述

1. 沉井定义

沉井(或沉箱)是用钢筋混凝土材料制成的带有刃脚的筒状形或箱形结构物,是把不同断面形状(圆形、椭圆形、矩形、格形、多边形)的井筒或箱体,按边排土边下沉的方式沉入地下,直至预定位置(图5.1)。也有人把沉井称为开口沉箱,把沉箱称为闭口沉箱。因闭口沉箱下沉施工时采用压气措施排水,故也有人将其称为压气沉箱。沉井施工时就地逐节浇筑井身,同时在井内连续挖土,依靠自重克服井侧摩阻力不断下沉,直至预定位置。沉井在建成后常常成为深基础或地下建(构)筑物的一部分。

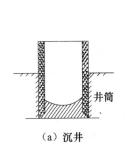 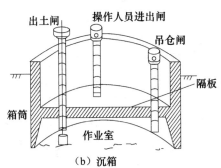

图5.1 沉井与沉箱

2. 沉井的特点

(1)沉井的躯体刚度大、断面大、承载力高、抗渗能力强、耐久性好、内部空间可资利用。沉井既是基础,又是施工时的挡土和挡水围堰结构物。

(2)施工场地占地面积小、出土量少、成本低、可靠性好。

(3)适用土质范围广(淤泥土、砂土、黏土、砂砾等土层均可施工)。

(4)施工深度大,可达100m。

(5)施工给周围地层中土体造成的位移小,故对邻近建筑物的影响小,较适于近接施工,特别是沉箱工法对周围地层沉降的影响极小,目前已有离开箱体边缘30cm以外的地层无沉降的沉箱施工实例问世。

(6)与其他基础(桩基础、板式基础等)相比抗震性好。

沉井与沉箱施工中存在的问题是工序复杂、技术含量高、施工期较长,全面加强质量管理是成功的关键。

3. 沉井的用途

由于沉井与沉箱具有上述优点,故沉井与沉箱在大型地下构造物和深基础方面有着极广泛的应用。沉井可作为永久地下构造物使用的有地下储油罐、地下气罐、地下泵房、地下沉淀池、地下水池、地下防空洞、地下车库、地下变电站、地下料坑等多种地下设施。此外,在盾构隧道工法中作为临时性的工作井(为盾构机械的搬入、组装、进发、到达、解体,管片及其他材料的运入,泥水处理设备的设置,掘削土砂及其他废料的运出等作业提供场地)。永久性工作井有通风井、排水井、地下铁道施工盾构站设备的接收井,采矿业的竖井等。作为大型构造物的深基础使用的有高层和超高层建筑物的基础、各种桥梁基础、都市高架路基础、轻轨线路基础、水闸基础、港口基础、护堤基础、冶金高炉基础及各种重型设备基础等。沉井的适用条件为:

(1)地层比较均匀平整,无影响沉井下沉的大块石、漂石及障碍物。

(2)土层的透水性较小,如软黏土,采用一般的排水措施可进行开挖。若在砂土中下沉,则要采取降水措施或水中下沉。

(3)因沉井下沉造成的井周土体破坏、沉陷和因抽水造成的井周地面下沉对周围建筑物和市政设施的影响均在容许范围内。

(4)基坑面积不宜太大,且形状较规则,一般控制在边长和直径不大于50m。但根据施工条件和施工经验,也可适当增大。

(5)要有准确、完整的工程地质及水文地质勘查资料。

4. 作用机理

钢筋混凝土沉井由井壁、刃脚、内隔墙、凹槽等组成,用于挡土、截水、防渗和承力。

刃脚能减小下沉阻力,使沉井依靠自重切土下沉。根据土质软硬程度和沉井下沉深度来决定刃脚的高度、角度、踏面宽度和强度,在土层坚硬的情况下,刃脚或踏面常用型钢加强。

井壁用于承受井外水、土压力和自重,同时起防渗作用。根据下沉系数和地质条件决定井壁厚度和阶梯宽度等。

设置内隔墙能增大沉井刚度,缩小外壁计算跨度,同时又将沉井分成若干个取土井,便于掌握挖土顺序,控制下沉方向。

沉井视高度不同,可一次浇筑,也可分节浇筑,应保证在各施工阶段都能克服侧壁摩阻力顺利下沉,同时保证沉井结构强度和下沉稳定。

5. 沉井分类

沉井与沉箱的分类方法较多,大致有按建筑材料、构筑方法、下沉方法、开挖方式、取土方式、断面形状、使用目的、深度等几种分法(表5.1)。

表5.1　沉井与沉箱的分类方法

分类原则	种　类	分类原则	种　类
按材料分类	混凝土式 钢筋混凝土式 钢板拼接式 混凝土夹心钢板拼接式	按水平断面及竖向断面的形状分类	水平断面形状为:圆形;椭圆形;矩形;正多边形;其他多边形。 竖直断面形状为:直壁柱形;阶梯形(内、外阶梯形);锥形
按井筒构筑方式分　类	现浇式 预制拼接式 拼接浇筑混合式	按施工自动化程度分　类	机械式 半自动化式 全自动化式

分类原则	种 类	分类原则	种 类
按井筒下沉方式分类	自沉式 压沉式	按深度分类	大深度 中小深度
按开挖方式分类	非排水式 排水式 中心岛式	按断面面积大小分类	小断面 大断面 超大断面
按取土方式分类	水中挖掘法 水力机械法 钻吸法 抓斗法 干挖法	按使用的目的分类	隧道各种工作沉井；桥梁基础沉井或沉箱；大厦基础沉箱等

5.2 沉井的构造及施工工艺

5.2.1 沉井的构造

沉井的基本构造如图 5.2 所示，井筒一般由井壁、刃脚、内隔墙、井孔凹槽、底板、顶盖（对沉箱而言，还应增设气闸、人孔）等部分构成。当沉井作为上部结构的深基础时，还应有隔墙及顶板。沉井的平面形式根据不同的使用要求有多种多样，一般宜采用对称布置，常见有圆形及方形，其中圆形沉井结构受力好，下沉阻力小，对土体扰动少；至于方形沉井，其长宽比不宜大于 3，否则应设肋墙。

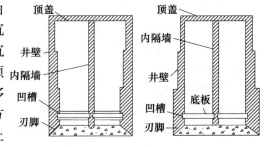

图 5.2 沉井的构成示意图

1. 井 壁

井壁（也称箱壁、井筒）是箱体的主要构成部分，井壁必须具备一定的强度以便承受作用其上的水、土压力造成的弯曲应力，通常为钢筋混凝土结构或钢结构。此外井壁必须具备一定的自重，以便克服下沉时的摩阻力，为此井壁厚度一般为 0.3 ~ 2.0m。对直壁柱形沉箱而言，其井壁厚度均匀、与深度无关；井壁易较好地被土层约束，沉入时的竖向精度高，摩阻力大，适于不太深、松散性土质的情形使用。对阶梯形沉井或沉箱而言，井壁厚度随深度的加大呈台阶形增大，这是由于沉井沉箱底部受到的土、水压力较大，需要适当提高刚度的原因所致。井壁阶梯可设于井筒内侧也可设于井筒的外侧。对松散的土层来说，确保井体的竖向精度及防止周围土体破坏范围过大（导致土层沉降大，对邻近建筑物影响大）等因素最为关键，故宜选用内阶梯（外壁为直壁）形式。对密实的土层而言，因周围土层沉降及竖向精度的确保问题不大，而减小井壁与土层间的摩阻力则是关键，为了利于下沉，故多选用外阶梯形式。阶梯的宽度 Δ 与井壁的材料、平均厚度 d 及井筒高度 H 有关，Δ 一般为几十厘米。最底下一层的阶梯高度 h_1 可通过 $h_1 = (1/4 \sim 1/3)H$ 的关系确定。

2. 刃　脚

刃脚，即井壁最下端的尖角部分、其构造如图 5.3 所示。刃脚是井筒下沉过程中切土受力最集中的部位，所以必须有足够的强度，以免破损。通常称刃脚的底面为踏面，踏面的宽度依土层的软硬及井壁重量、厚度而定，一般为 15～30cm。对硬地层来说，踏面应用钢板或者角钢保护。刃脚侧面的

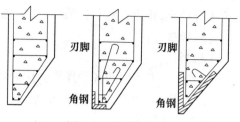

图 5.3　刃脚的构造

倾角通常为 45°～60°。确定刃脚高度时应从封底状况（是干封、还是湿封）及便于抽取刃脚下的垫木及土方开挖等方面综合考虑。一般湿封底时取 1.5m 的高度，干封底时取 0.6m 的高度。此外，通常刃脚应外突井壁一定间隔，约为 20～30cm。

3. 内墙、井孔

内墙即当箱体内部空间较大或者设计要求将其内部空间分割成多个小空间时，箱内设置的内隔墙。内墙还有提高沉井刚度、减小井壁跨径和便于纠偏的作用。

井壁与内墙，或者内墙和内墙间所夹的空间即井孔。

内墙间距一般不超 5～6m，其厚度一般为 0.5～1m。内隔墙底应比刃脚踏面高出 0.5m 以上，使其对井筒下沉无妨碍，隔墙下部应设约 0.8m×1.2m 的过人孔。取土是在井孔内进行的，所以井孔的尺寸应能保证挖土机自由升降，取土井孔的布设应力求简单和对称。

4. 凹　槽

凹槽位于刃脚内侧上方，用于箱体封底时使井壁与底板混凝土更好地连接在一起。以便封底底板反力能更好地传递给井壁（图 5.2）。通常凹槽高度在 1m 左右，凹深 15～30cm。

5. 底　板

当井体下沉到设计标高后，为防止地下水涌入井内，须在下端从刃脚踏面至凹槽上缘的整个空间，填充不渗水的能承受基底地层反力并具一定刚度的材料，以防地下水的涌入和基底的隆起。这层填充材料的整体即底板。通常底板为两层浇筑的混凝土，下层为无筋混凝土，上层为钢筋混凝土。底板的厚度取决于基底反力（水压＋土压）、底板的构造材料的性能、施工方法等多种因素。

6. 底梁和框架

当设计要求不允许在大断面或大深度沉井沉箱内设置内隔墙时，为确保箱体的刚度，可采用在底部增设底梁，或者在外壁不同深度处设置若干道由纵横大梁构成的水平框架，以提高整体的刚度。

7. 顶　盖

顶盖即沉井封底后根据条件和需要，在井体顶端构筑的一层盖子。通常为钢筋混凝土或钢结构。顶盖的作用是承托上部构造物，同时也可增加井体的刚度。顶盖厚度视上部构造物载荷状况而定。

5.2.2　沉井的施工工艺

1. 沉井施工方法的选取

通常沉井的施工步骤如下：

（1）下沉前的准备：包括平整场地、浇筑或设置第一节井筒，拆除垫架等。

（2）挖土,排土,下沉井筒。

（3）续接井筒。

（4）封底。

上述施工步骤中的各种操作方法的选取,取决于地层土质、地下水位、施工场地的大小、沉井用途、沉井施工对周围构造物的影响程度、施工设备的状况及成本等因素,具体操作方法的分类如表5.2所示。

表5.2　操作方法分类表

井筒构筑方法	混凝土井筒(现场浇筑法、管片拼接法)
	钢制管片拼接法
	自动化拼接工法
挖土方法	水挖法(抓斗法、水力机械法、钻吸法、自动水中反铲法)
	干挖法
井筒下沉方法	自沉法(纯自沉法、SS法)
	压沉法(地锚反力压入力＋自重力法、自动压沉法)

（1）井筒构筑方法

井筒构筑方法有浇筑接筑法及预制管片拼接两种:

浇筑接筑法,即现场分节立模浇筑钢筋混凝土,浇一节、沉一节,然后再立模浇筑下一节,逐步接长井筒的方法,浇筑时应注意均匀对称。这种方法的缺点是从现场组装钢筋框架立模到浇筑混凝土及养护,需要的人力、物力均较多,且工期较长,不经济。由于工期长,下沉不连续,故对防止周围地表沉降及保证井筒的垂直不利。

预制管片拼接法是针对上述浇筑接筑法的缺点而提出的一种方法,即在现场拼装预制管片接筑井筒的方法。这种方法的优点是省力、工期短、经济、井外周围地表沉降小、井筒下沉的垂直度好。

（2）井筒下沉法

井筒下沉方法有靠自重下沉的自沉法和压沉法(自重＋压入荷载,压入荷载≥自重)两种。

纯自沉法是靠井筒自身的重量下沉井筒。这种方法的缺点是井筒下沉速度慢、工期长;开挖取土时井外四周土体移向井心,故周围地表沉降大。另外,井筒的垂直度很难保证。故近年来该工法在都市内构造物密集的居民区的施工实例日趋减少,可以说现已基本不用。

近几年问世的SS工法亦属自沉工法,可克服纯自沉法的缺点。这是一种沉井刃脚钢靴改形及在井筒外壁面和地层之间的间隙中充填卵砾的沉井工法。即刃脚改形卵砾填缝的自沉沉井工法,又称SS沉井(SPACE SYSTEM CAISSON)工法。由于采取了上述措施,井筒壁面摩阻系数大幅度下降,进而形成仅靠井筒自重即可实现在粉砂层、砂层、砂卵层及巨卵层等多种地层中的下沉,且具有周围地层无下沉,下沉过程中可及时修正井筒倾斜的特点。

压沉法,即井筒的下沉是靠加在井筒上的外压力(地锚反力)和自重力完成的,但通常外压力≥自重力,该法的优点是可以通过调整地锚反力的大小及地锚的条数来调节压入力的大小及均匀性,故能较好地控制井筒的下沉姿态。若取土是连续进行的,则刃脚贯入土层也是连续的,且井筒的下沉速度较自沉法快很多,所以这种方法可以克服开挖的井外四周土体向井心移动(导致地表沉降大)及井筒垂直度不理想的缺点。目前开口沉箱几乎均采用压沉法。但是采用这种方式时,就地层条件而言,必须在适当的深度找到可以作为锚固点的地层,以便得到必要的锚固反力,这一点最为关键。

无论是自沉法,还是压沉法,下沉施工中均应辅以泥浆助沉措施。所谓的泥浆助沉,即在井壁与土层之间设置一层触变泥浆,利用泥浆的润滑作用可使井筒下沉过程中的土层对井壁的摩擦阻力大为降低,其结果使井筒的下沉变快且稳定。

(3)挖土方法

沉井的挖土方法有水挖法、干挖法及自动化水中反铲挖土法三种:

1)水挖法

当地层不稳定,地下水涌水量较大时,为避免排水造成的涌砂等不利现象的发生,通常作不排水施工。因此开挖时井内井外水位基本一致,所以地下水位以下的开挖是水中挖掘。水中的挖土设备可用机械抓土斗,也可用高压水枪破土,由空气吸泥机(或泥浆泵)排土,即水力机械取土法;还可用潜水电钻加高压水枪破土,潜水砂泵排土,即钻吸法。

水挖法要求在地表配备泥浆沉淀设备、泥水分离设备及具备废泥、废水的排放条件。

2)干挖法

干挖法,即排水挖土法。

对于卵石、孤石、密实黏土、泥岩等地层,不易出现隆起,涌砂、涌水量不多,即使排水也对环境污染不大的现场和其他不适合水中开挖等情形,应考虑采用干挖法,因干挖法成本低、进度快。干挖的关键是控制好地下水位。

3)自动化水中反铲挖土法

为了克服上述弊病,大幅度扩大沉井工法的适用范围,以适应施工现场作业环境要求的不断提高及减轻作业人员的劳动强度和安全性,近年来开发了施工自动化、合理化及高技术化的沉井工法,即SOCS(Super Open Caisson System)工法。所谓自动化沉井工法,是采用预制管片拼接井筒,自动挖土、排土、自动压沉井控制井筒姿态的高精度沉井工法。

自动压沉施工管理系统是通过自动采集、处理设置在沉井井筒上的各种传感器测得的数据,自动调整压入力的布局,高精度控制沉井下沉姿态的施工管理系统。它由测量系统和控制系统构成。

2. 沉井的施工工序

沉井的施工方法主要取决于施工现场的工程地质和水文条件,一般依次有如下工序:

(1)平整场地、定位和铺砂垫层

在进行沉井施工前,必须做好现场勘查等各种施工准备。沉井施工场地要求平整干净,当天然地面土质不均时,应清除地表杂物,排清地面以下3m的障碍物。在沉井现场刃脚下铺填砂石垫层,以免沉井开始浇筑时产生较大的不均匀沉降。当天然地面土质较硬时,可只将地表杂物处理干净并平整,否则应在筑井现场刃脚下挖槽铺砂垫层,并注意夯实,如图5.4所示。砂垫层的厚度一般不应小于0.5m,并应便于抽取垫木。

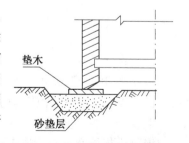

图 5.4　筑井现场砂垫层示意图

1)砂垫层的计算

砂垫层宜采用颗粒级配良好的中砂、粗砂或砾砂。在刃脚下可掺入一定数量的卵石或碎石。砂垫层的每层铺设厚度以40cm为宜,可采用平板振捣器或碾压法使之密实,其干密度应大于 1.5t/m³。

砂垫层厚度(即基槽开挖深度)视沉井重量和地基下卧层的承载力而定,如图 5.5 所示。

刃脚下应满铺垫木。垫木的作用是支承第一节沉井的重量并按垫木定位、立模板以绑扎钢筋。垫木一般用枕木或方木,使用长短两种垫木相间布置,在直线部分垂直铺设,圆弧部分向圆心铺设,如图 5.6 所示。

铺设垫木应放样,从定位垫木排起,垫木之间用砂、卵石填充夯实、整平并保证标高一致。

垫木的数量按垫木底面压力不大于 100kPa 求算:

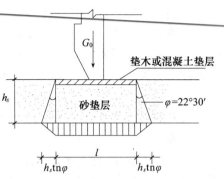

图 5.5　砂垫层计算示意图

$$n = \frac{V\gamma}{Lb[\sigma]} \tag{5-1}$$

式中　n——垫木数量;

　　　V——第一节沉井混凝土体积;

　　　γ——混凝土重度;

　　　L——垫木长度;

　　　b——垫木宽度;

　　　$[\sigma]$——制作场地地基容许承载力,取 100kPa。

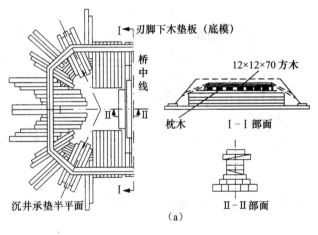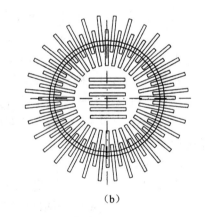

图 5.6　垫木布置实例

(a)矩形沉井;(b)圆形沉井

2)混凝土垫层

近年来,国内已成功地推广了混凝土垫层,其优点是可以扩大沉井刃脚支承面积和省去刃脚下的底模板,在木材紧张的情况下,其优越性就更为突出。

混凝土垫层厚度一般取 5~10cm。

混凝土垫层宽度一般取 1.0~1.5m。

为了固定沉井刃脚钢木模板,可在混凝土垫层内埋入小方木。

(2)制作第一节

沉井首先在刃脚处对称地铺置垫木,以支承第一节沉井的重量,垫木一般为枕木或方木,其数量、尺寸间距应由计算确定,再以垫木来定位立模、绑扎钢筋及浇捣混凝土。

沉井第一节的制作重量通过垫木(或混凝土垫层)、砂垫层扩散至下卧层层面上的应力应小于地基土的承载力特征值,即:

$$[\sigma] \geqslant \frac{G_0}{l + 2h_s \tan\varphi} + \gamma_s h_s \qquad (5-2)$$

第二节以上的沉井制作重量通过承垫木(或混凝土垫层)、砂垫层扩散至下卧层层面上的应力应小于地基土的极限承载力,即:

$$[P] \geqslant \frac{G_1}{l + 2h_s \tan\varphi} + \gamma_s h_s \qquad (5-3)$$

式中　G_0——沉井第一节单位长度制作重量;

G_1——沉井第二节以上单位长度制作重量;

l——承垫木(或混凝土垫层)宽度;

h_s——砂垫层厚度;

φ——扩散角,取 22°30′;

γ_s——砂的重度;

$[\sigma]$——下卧层承载力特征值;

$[P]$——下卧层极限承载力。

砂垫层宽度以满足抽垫木要求为主,在沉井每侧增加 2.5～3.0m。

(3)拆除垫木

在第一节沉井的混凝土达到设计强度的 70% 以上时,可拆除垫木和准备下沉。为防止井壁产生纵向破裂,垫木应按一定的顺序逐渐拆除。拆除垫木的一般的顺序是:对矩形沉井,先拆内隔墙下的,再拆短边井壁下的,最后拆长边下的;长边下垫木应隔根抽除,然后以四角处的定位垫木为中心,由远及近地对称抽除,最后抽定位垫木。对圆形及其他形状的沉井,同样按上述原则进行。尤其在拆除几个定位垫木时需谨慎,力求平稳。

拆除垫木后应及时在刃脚底部垫碎石或卵石,在内、外侧填砂,如图 5.7 所示,以控制不均匀沉降。

(4)挖土下沉

在井壁混凝土达到设计强度时,可挖土下沉,根据地质条件,沉井下沉分排水和不排水两种。

1)排水下沉

当沉井所穿过的土层透水性较低,地下水涌入量不大,不会因排水而产生大量流砂而使施工产生困难,甚至影响附近建(构)筑物的正常使用时,可采用排水下沉。排水下沉可在干燥的条件下施工,挖土方便均匀,下沉也均衡,一旦发生倾斜也容易纠正,是首选的下沉方法。

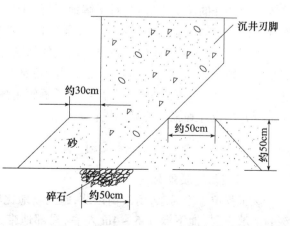

图 5.7　拆除垫木时在刃脚处回填

排水下沉时的挖土要求：

①刃脚下土层较软时,分层开挖,稳步下沉,先中间挖深 40~50cm,逐渐向四周均匀扩挖到离刃脚 1m 处。

②刃脚下土层较坚硬,沉井不易下沉时,可向刃脚扩挖,甚至掏空刃脚或采取其他措施。

2)不排水下沉

而当土层不稳定、涌水量很大时,在井内排水很容易产生大量流砂,此时则不能采用排水下沉方法,只能在水下进行挖土下沉。井内水位应始终保持高出井外水位 1~2m,井内出土视土质情况可用机械抓斗水下挖土,也可用高压水泵破土,再用吸泥机排出泥浆。

(5)接高井壁

当沉井下沉到高出地面 1m 左右时,应停止挖土使其停止下沉,然后在井壁上端预留的插筋上接高浇筑钢筋混凝土井壁。每次接筑高度一般为 3~5m,并应一次连续浇筑完成。每节沉井的混凝土应分层同时对称灌注,以防倾斜。井壁制作要求外壁平滑,如有蜂窝麻面,应用水泥砂浆仔细修补平整。如此重复直至沉井达到设计标高。必要时刃脚斜面附近的地基要适当加固,以承受沉井的荷载。

(6)封底及浇筑底板

当沉井下沉到设计标高后,应立即停止挖土,准备封底。根据地基情况,封底也有干封底和水下封底两种。当地基土较好,封底涌水量不大时,应采用干封底,即在沉井中间设置集水井不断抽水,沿周边向中心浇灌混凝土并待其达到设计强度后,再封集水井。封底时,应对基底进行清理,洗净刃脚上的泥土,待沉井下沉稳定(8 小时内不大于 1mm)后,沿周边逐渐向中心灌注混凝土。采用干封底成本低,工期短,质量有保证,应是首选。

当地基土层不稳定,抽水易出现大量流砂或使沉井倾斜时,则只能在水下浇筑素混凝土进行封底,待其达到设计强度时,即可抽出沉井内积水,再浇筑钢筋混凝土底板。水下封底应将井底浮泥清除干净,并铺碎石垫层。灌注水下混凝土应沿井全部面积不间断地进行并在水下混凝土达到所需的强度以后,方可从沉井内抽水。同时封底混凝土应浇筑成锅底状。

(7)沉井内部结构的施工

沉井封底和浇筑底板完成后,应核对其标高,然后施工沉井的内部结构,包括内部隔墙和顶板。需注意的是,在沉井壁施工时应事先在井壁内侧预留这些结构的插筋或预埋件。沉井作为一种特殊的深基础形式,对了解地质情况的准确性要求很高,施工时出现的有些情况和其对周围建筑物的影响有时是不可预见的。这就要求设计要考虑周全,不仅要保证沉井本身的强度和安全性,还要考虑施工时可能出现的问题,留有一定的补救余地。施工时则要根据设计和现场的地质情况,采取正确的方法,同时还要考虑到不利的情况出现,准备好预防和补救措施。设计与施工单位应密切配合,随时了解施工情况,及时发现和解决问题。只有这样,才能保证沉井从设计到施工的顺利进行。

5.2.3 沉井施工工程实例

1. 工程及地质概况

该工程位于中河东,清泰街以北,施工场地比较狭窄。图纸情况为:表土层约有 1.5~2m 深的杂填土层,地下深 3.5~4m 左右,局部地带开始出现流砂。地下水位:施工期间正好是冬、春季交界时的雨季,地下水位较高,在自然地坪以下 2.5m 左右。

2. 沉井施工

（1）地基处理

1）降水措施

由于地下水位较高，且有流砂出现，故采用一级轻型井点降水。井点管单排布置，间距1m，管长7m，沿沉井四周设置。沉管采用水冲法，设两套抽水机组。

2）土方开挖

考虑到地表1.5~2m左右的杂填土层，内含较多的瓦砾，井点管沉管比较困难。同时为了加快施工进度，减小人工挖土数量，并根据地形条件可能，先进行部分机械挖土。机械挖土深度2m（控制在水位线以上），放坡系数1:0.75；如图5.8所示。

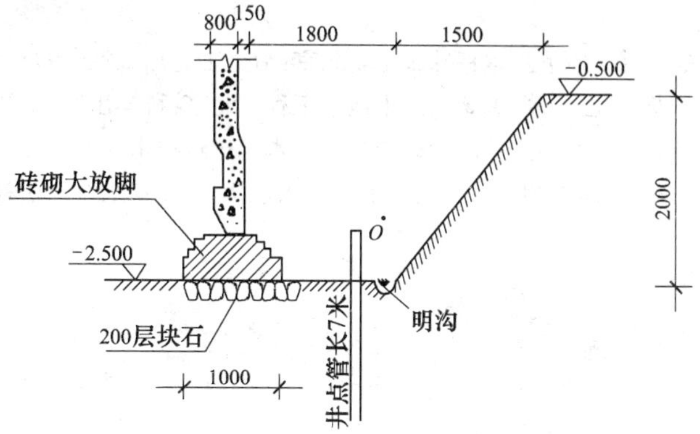

3）砖砌大放脚基础

机械挖土后，沿外墙位置铺设200mm厚块石，然后砌筑大放脚基础。

图5.8　机械挖土剖面图

（2）沉井制作

1）外墙板直接搁在大放脚上，内墙支撑在钢管承重架上。外墙板混凝土面要求光滑，以便下沉时减小摩阻力。外侧面应采用新模板，拆模以后视情况局部作粉刷处理。为了早日开挖、下沉、缩短混凝土养护时间，在其中加入早强剂。

2）混凝土养护期间，布置井点，并进行降水处理。

3）考虑到特殊的季节因素，保证下沉工作连续进行，在井身上方2m左右高处架设一个100m² 左右、双面坡的遮雨棚。

（3）下　沉

大放脚的拆除，首先应该拆除砖砌大放脚基础，仅在四个角上留1m×1m左右的墩子。然后沿四只墩子周围均匀挖土，使沉井自然下沉，直至所有外板的底部均与土层贴实。然后挖井内土方，挖土应在8个格子里同时进行，每一格内安排3~4人，先挖中部，然后逐渐向四围均匀挖土。

（4）封　底

当井体沉至设计标高后，应该立即组织人员进行封底。混凝土保养一段时间以后，拆除井点管，同时将水放入池中，以使上下压力平衡。

（5）井体轴线位置、垂直度控制

下沉前，在井内、外侧混凝土表面画出纵横中心线。下沉中，注意观测，及时纠偏，避免井体位移或倾斜。沉井内土质软硬不一致或地基土层走向倾斜时，要先开挖硬的一面土方。如发现井体倾斜，则应在下沉较慢的一侧多挖土，使筒体处于水平状态，整体下沉。在下沉到距设计标高1m左右处时，纠偏工作应已基本完成。然后放慢下沉速度，谨慎均匀地下沉，控制好轴线位置和垂直度。

3. 技术经济效益

（1）施工速度快，不受气候环境因素影响。

（2）减小土方工程量 20% 左右,并减少 2 次回填和不必要的土方搬运。

（3）降低工程造价 30% 左右。

（4）在临近基础、建筑物和道路的情况下,不致因大面积开挖,而使周围基础等下沉破坏,对土坡稳定也起到一定的保护作用。

参 考 文 献

1 刘　斌.地下工程特殊施工.北京:冶金工业出版社,1994
2 陶龙光,巴　肇 编著.城市地下工程.北京:科学出版社,1996
3 杨大龙.大型沉井的设计与施工技术.建筑技术开发,27(1),2000
4 刘建航,侯学渊.基础工程手册.北京:中国建筑工业出版社,1999

6 沉管法施工技术

6.1 概 述

沉管隧道是先在隧址以外的预制场制作隧道管段，管段两端用临时封堵密闭，待达到设计强度后拖运到隧址位置。此时，在设计位置上已预先进行了沟槽浚挖，设置了临时支座；然后沉放管段，待沉放完毕后，进行管段水下连接，处理管段接头及基础，而后覆土回填，再进行内部装修及设备安装，以完成隧道。这种方法称为沉管隧道，也称作预制管段沉放法。用这种方法建成的通过江河的水下隧道，称为沉管隧道。

沉管法和其他方法，如明挖法、矿山法及其他地下工程施工法等相比，具有以下特点：

（1）基本上不受地质条件的限制，可适用于流砂等不稳定土层施工；

（2）在一个隧道断面内可同时容纳多个车道（4~6个）；

（3）管段较长，接头较少，易于防水；

（4）因一半以上工程量是在临时预制场地完成，现场工期以及水上交通管制时间短；

（5）单位工程造价低。但在水流很急时，须用水上作业平台施工；必须在一定时间内采取一些局部的航道管制；还存在着一旦渗漏，补救困难等问题。由于此方法有诸多优点，再加上水下基础施工工艺及铺设管段方法的合理性，管段之间接头防水的完善性，因此，沉管隧道广泛应用于城市道路和水底隧道的建设。

沉管隧道按其管段制作方式（或按其截面形状）分为两大类，即船台型（圆形）和干坞型（矩形）。

1. 船台型

施工时，先在造船厂的船台上预制钢壳，制成后沿着滑道滑行下水，然后在漂浮状态下进行水上钢筋混凝土作业。这类沉管的断面，内截面一般为圆形，外截面则有圆形、八角形，花篮形等，如图6.1所示。此外，还有半圆形、椭圆形以及组合形沉管断面，如图6.2所示。以上这类管道，也称为圆形沉管。

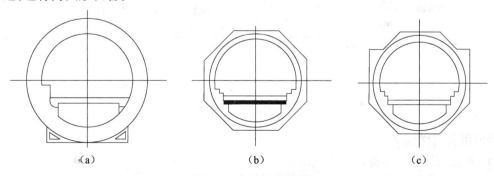

图6.1 各种圆形管道

（a）圆形；（b）八角形；（c）花篮形

这类沉管隧道的优点有：

（1）圆形结构断面受力合理；

（2）沉管的底宽较小，基础处理比较容易；

（3）钢壳既是浇筑混凝土的外模，又是隧道的防水层，这种防水层在浮运过程中不易碰损；

（4）当具备利用船厂设备条件时，可缩短工期。在工程需要的沉管量较大时更为明显。

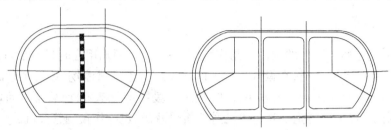

图 6.2　组合形沉管

这类沉管隧道的缺点有：

（1）圆形断面的空间利用率不高（与矩形截面相比），车道上方空余一个净空界限以外的空间，使车道路面高程压低，从而增加了隧道全长，且圆形隧道一般只容纳两个车道，不便于建造多车道隧道。

（2）耗钢量大，沉管造价高。

（3）钢壳制作时，因手工焊接不能避免，其焊缝质量难以保证，可能出现渗漏，若出现此现象则难以弥补、堵截；且钢壳的抗蚀能力差。

2. 干坞型

在临时干坞中制作钢筋混凝土管段，制成后往坞内灌水使之浮起并拖运至隧址沉没。这类沉管多为矩形断面，故也称为矩形沉管。矩形管段可以在一个断面内同时容纳 2~8 个车道，此外，有的管段还需加上维修管理、避险、排水设施等提供了所需的宽度和空间。如图6.3 所示。

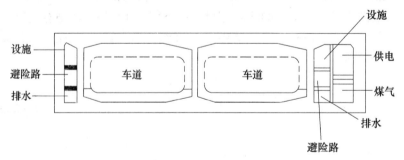

图 6.3　多功能矩形沉管

矩形沉管的优点是：

（1）不占用造船厂设备，不妨碍造船工业生产；

（2）车道上方没有多余空间，断面利用率高；

（3）车道最低点的高程较高，隧道全长缩短，土方工程量少。建造 4~8 个车道的多车道

隧道时,工程量和施工费用均较省;

(4)一般用钢筋混凝土灌注,大大节约钢材,降低造价。

其缺点是:

(1)必须建造临时干坞;

(2)由于矩形沉管干舷较小,在灌注混凝土及浮运过程中必须有一系列的严密控制措施。

6.2 管件制作

1. 临时干坞的构造与施工

一般在隧址附近的适当位置,建造用于预制管段的干坞。干坞的构造没有统一的标准,要根据工程实际,如地理环境、航道运输、管段尺寸及生产规模等具体情况而定。临时干坞的深度,应保证管段制作后能顺利地进行安装工作并浮运出坞。在大型干坞中,常采用土围堰或钢板桩围堰做坞首。管段出坞时,局部拆除坞首围堰便可将管段逐一出坞。对于中小型干坞,常设置坞首及坞门。

临时干坞的施工顺序一般为围堰→排水→路基。在围堰施工中要注意围堰边坡的抗滑稳定性验算。为保证稳定安全,一般多设井点系统。除井点之外,也可采用防渗墙。防渗墙多用钢板桩构成。在管段制造期间,干坞由井点系统疏干。临时干坞的坞底比较简单,常只在砂层上铺设一层200～300mm的混凝土或钢筋混凝土;也可不用混凝土层,仅铺一层1～2.5m厚的黄砂,在砂层上再铺设200～300mm厚的砂砾或碎石。

为了满足临时干坞中的运输要求,要修建主要路基。临时干坞中的水平运输,常用电瓶车或卡车。电瓶车的轨道和卡车用道路,多数设在干坞边坡顶面,也有将电瓶车轨道铺在坞底上,或将卡车运输道路沿边坡延伸到坞底的做法。

2. 管段制作

(1)钢筋混凝土矩形管段制作

管段的制作工艺与一般土建钢筋混凝土结构基本相同,但考虑到管段在施工过程的特殊性,施工过程中应注意以下几点:

1)混凝土的防水性及抗渗性要高。

2)混凝土的重度控制要严格。由于管段浮运要求,若混凝土的重度超过1%以上,管段就浮不起来。

3)均质性要求。如果管段的板、壁厚度的局部相差较大或者前后左右混凝土重度不均匀,在浮运中管段就会倾侧。因此,在管段制作时必须采取措施严格控制模板的变形,严格控制混凝土的均质性。

4)施工缝及变形缝的处理要慎重。

(2)封　墙

管段在浮运前,必须在管段的两端离端面500～1000mm处,设置封墙,以便使管段能在水中浮起。封墙设计可按最大静水压力计算。材料可用木料、钢材或钢筋混凝土。封墙上需设排水阀、进气阀以及出入人孔。

(3)检漏与干舷调整

管段在制作完毕后须作一次检漏。如有渗漏,可在浮出坞之前早作处理。一般在干坞灌水之前,先往压载水箱里注压载水,然后再向干坞灌水,24～48小时后,工作人员进入管内对管壁进行检漏。若有渗漏,应及时修补。在进行检漏的同时,应进行干舷调整。可通过调整压载水的重量,使干舷达到设计要求。

6.3 管段沉放

1. 沉放方法

预制管段达到设计强度以后,便可以浮运至沉放地点,然后沉放。沉放过程是整个沉管隧道施工的关键环节,不但受气候、河流自然环境的直接影响,还受到航道、设备条件的制约。所以,在沉管隧道施工中,并没有一套统一的通用的沉放方法。施工时,必须根据自然条件、航道条件、沉管本身的规模及设备条件等,因地制宜的选择经济合理的沉放方法。

沉管隧道的沉放方法大体上分为吊沉法和拉沉法。吊沉法根据施工方法和主要起吊设备的不同又可以分为分吊法、扛吊法及骑吊法。

（1）分吊法

在管道预制时,预埋了3～4个吊点,在沉放作业时用2～4艘起重船或浮箱提着各个吊点,将管段沉放至规定位置。图6.4为荷兰波特莱克隧道用驳船将管段沉放到规定位置的方法设计图。20世纪60年代末期,人们又开始用大型浮筒代替起重船来吊沉管道。其后不久,人们又采用浮箱代替了浮筒,这种方法称为浮箱吊沉法。图6.5为荷兰培纳勒克斯隧道采用的大型浮筒代替起重船的分吊沉放法,图6.6为荷兰某隧道浮箱吊沉示意图。

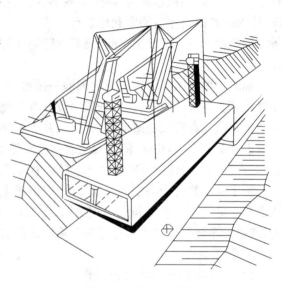

图6.4　驳船起重吊沉

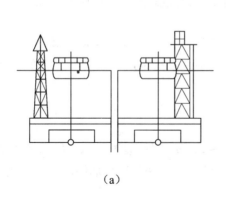

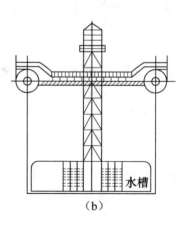

（a）　　　　　　　　　　（b）

图6.5　浮筒吊沉法图解

(a)侧面图;(b)横剖面图

（2）扛吊法

左右方驳之间两根"扛棒"，"扛棒"下吊放沉管，然后沉放，这种方法称为扛吊法，也可称为方驳扛沉法。"扛棒"一般是型钢或组合梁，每副"扛棒"的每个"肩"所承受的力仅为沉浮的负沉力的四分之一。沉管的负沉力一般为 2000kN，每个"肩"上只负担 500kN。因此，只需要 1000~2000kN 的小型方驳就足够了，若沉放大型沉管，也只需四艘小型方驳，所以设备简单，费用低。

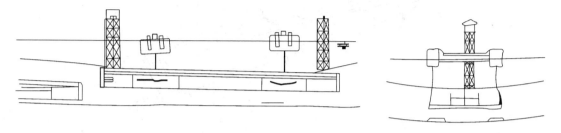

图 6.6　浮箱吊沉示意图

用两艘方驳构成船组的吊沉方法也称为"双驳扛沉法"；用四艘方驳构成作业船组的吊沉法称为"四驳扛沉法"。图 6.7 为双驳扛沉法。

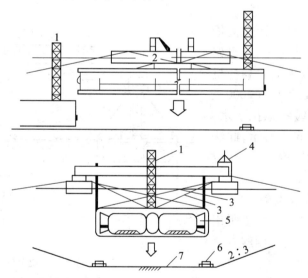

图 6.7　双驳扛沉法
1—定位塔；2—方驳；3—位索；4—操作室；5—沉管；6—地垄；7—基础

（3）骑吊法

骑吊法是用水上作业平台"骑"于管段上方，将其慢慢的吊放沉没，如图 6.8 所示。所用水上作业平台，亦称自升式作业平台，实际上是个矩形钢浮箱。就位时，可向浮箱内灌水加荷压载、使四条钢腿插入海底或河底。需要入土较深时，可于压沉一次后，排水浮起钢平台，然后再注水加荷压沉。如此反复数次，到设计要求为止。移位时则反之。

在外海风浪较大或港湾内河水流较大时，用此法比较有利，它不需抛设锚索，对航道影响较小，但其设备费用大，采用不多。

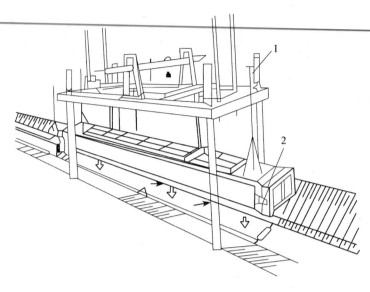

图6.8 骑吊法
1—定位杆；2—拉合千斤顶

（4）拉沉法

拉沉法是利用预先设置在沟槽地面上的水下桩墩作为地垄，依靠架在管段上面的钢桁架顶上的卷扬机和扣在地垄上的钢索，将具有2000～3000kN浮力的管段缓缓地拉下水，沉没到桩墩上，如图6.9所示，此法必须在水底设置桩墩，费用较大，应用很少。

2. 主要沉没工具和设备

浮箱吊沉法与方驳扛吊法所用的最主要的大型工具，就是四艘方型浮箱或小型方驳，其吨位在1000～1500kN。主要起重设备是6～14台定位卷扬机和3～4台起吊卷扬机。除此外，尚需要：

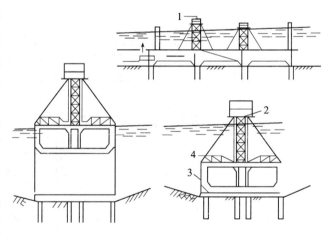

图6.9 拉沉法
1—拉合千斤顶；2—拉沉卷扬机；
3—拉沉索；4—压载水

（1）定位塔

定位塔为事先安装在管段顶面上的塔形钢结构，其高度根据沉放深度及测量要求而定，常高达十余米，中间有直径为800～1200mm的出入人孔。每个管段设前后两座定位塔，并在其顶部设有测量标志，有时还在其中一座塔上设指挥室和测量工作室，定位卷扬机也可安设在定位塔上。

（2）超声波测距仪

设于管段端面，以测定前后两节管段间的三向相对距离。

（3）倾斜仪

自动反映管段的纵横倾度，以便及时调整吊索。

（4）缆索测力计

在每一锚索或吊索的固定端均设有自动测力计，能在指挥室中直接显示受力数值，便于指挥和操作。

3. 管段沉设作业

管段沉设作业大体可按下列步骤进行：

（1）准备工作

沉放前必须完成沟槽浚挖和设置临时支座，应事先通知有关部门和有关方面，使其协助管理，并作好水上交通管制工作。

（2）浮　运

预制管段必须从干坞浮运到沉放点，在浮运过程中，要注意拖运水路的深度和宽度；水流、波浪和潮水涨落对管段本身的影响；非均匀荷载（诸如端墙、压载水箱、沉放设备）引起的弯矩，浮运及沉放期间管段受力等。

拖运力必须克服所受的阻力，拖运力可转换成所需拖船的马力。考虑浮运过程中的不可预见因素等，拖船具有的功率应比理论计算的功率大很多。

（3）管段就位

当浮运船只到达指定位置上，校正好前后左右位置，并带好地锚。定位完毕后，灌压载水使其消除全部浮力。

（4）管段下沉

管段下沉一般分三步进行，即初次下沉、靠拢下沉和着地下沉。

1）初次下沉。先灌注压载水至下沉力达到规定值的 50%，随即进行位置校正；然后再注水使下沉力达到设计值的 100%，并开始按 400～500mm/min 速度下沉管段，直至管底离设计高程 4～5m 为止。注意随下沉随校正管段位置。

2）靠拢下沉。先将管段向前节已沉管段的方向平移，至距已设管段 2m 左右处，然后将管段下沉到管底离设计高程 0.5～1.0m 左右，并校正管位。

3）着地下沉。将管段前移至前节管段约距 500mm 处，校正后开始着地下沉。最后约 1m 的下沉，速度要放慢，并随沉随测。着地时先将前端搁在"鼻式"托座或套上卡式定位托座，然后将后端轻轻地搁置到临时支座上。各吊点应同时分次卸去全部吊力，使整个管段的下沉力全部作用在临时支座上。

（5）水上交通管制

在沉放作业时，为保证施工和航运双方安全，必须采取水上交通管制措施，即主航道临时改道和局部水域暂时封锁，并非"封航"。临时航道、局部封锁区域及封锁时间，应根据施工、航运等条件具体分析而定。

6.4　管段连接

1. 水下连接

早期的沉管隧道的管段间的接头连接，都采用水下浇筑混凝土施工法。水下浇筑混凝土法潜水工作量大，工艺复杂，隧道变形后，易开裂漏水。自从 20 世纪 50 年代末，加拿大的台司隧道创造了水压法接头后,几乎所有的隧道都采用了这种简单可靠的连接方法。这种方法发展到今天,也有不少的改进,使连接性能更加可靠。

水下水压法连接

水下水力压接法是利用作用在管段后端端面上的巨大压力,使安装在管段前端端面周边上的一圈橡胶垫环发生压缩变形,构成一个水密性良好,且相当可靠的管段接头,如图6.10所示。用水力压接法进行水下连接有以下主要工序:

1)对位。管段在浮设、着地下沉时必须结合管段连接工作进行对位。对位时可用安装在管端的超声波检测仪器控制其精度,一般要求达到水平方向前端±20mm,后端±50mm,垂直方向后端±10mm。

2)拉合。拉合工序的任务是以一个较小的机械力,将沉放管段靠上前节已设管段,使胶垫尖肋部产生初步变形,起到初步止水作用。拉合时所需机械力不大,一般由安装在管段竖壁上的拉合千斤顶进行拉合如图6.11所示。

3)压接。拉合完成后,即可打开已设管段后端封墙下部的排水阀,排出对接沉管端被胶垫所包围封闭的水。排水开始不久,须开启设在已设管段后端墙顶部的进气阀,以防端封墙受到反向的真空压力而破坏。排水完毕后,胶垫在作用于新设管段的后端封墙和管段周壁端面的全部水压力作用下,进一步压缩,使胶垫产生第二次压缩变形。

4)拆除端封墙。压接完毕后即可拆除前后两节管段间的端封墙。全部与岸上相通后,即可进行下步施工。

综上所述,水力压接法充分利用了自然界的巨大能量,因其工艺简单、施工方便、水密性好、潜水工作量少、成本低、施工速度快等优点而被广泛应用。

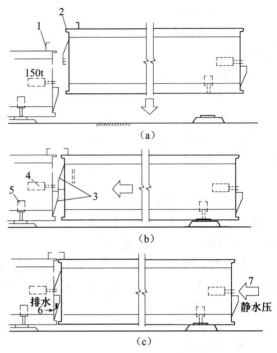

图6.10 水力压接法
(a)连接前;(b)对位;(c)连接后
1—超声波检测器;2—橡胶垫;3—临时支撑托架;
4—接紧千斤顶;5—调节管段位置千斤顶;
6—从接头缝内抽水;7—外部静压

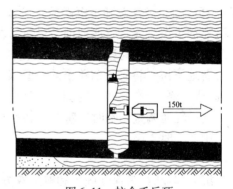

图6.11 拉合千斤顶

2. 接头胶垫

接头胶垫是水力压接法使用的关键部件,需要按沉管周边的外形在工厂制作,而后运到管段预制场安装。目前世界上应用较多的是尖肋形胶垫,如图6.12所示。它由尖肋、本体、底翼缘和底肋四部分构成:

(1)尖肋。位于胶垫之前端,外形为三角形,用作第一次初步止水。其高度一般为38mm,

个别工例用 50mm，硬度一般为肖氏橡胶硬度 30～35 度。

（2）本体。它是承受水压的主体，一般为等腰梯形。其硬度为肖氏 50～70 度，其尺寸与要求应按实际工程情况确定。

（3）底翼缘。腔垫的底部多有两个突出的翼，以使安装方便，多以纤维织物作局部加强。

（4）底肋。为防止管段端面不够平整而出现漏水，在橡胶底部用肖氏硬度为 30～35 度软橡胶制成的小肋。

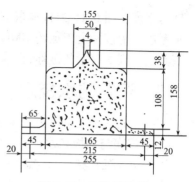

图 6.12　尖肋形胶垫

3. 管段接头

管段水下连接完毕后，需在管段内侧构筑永久性的管段接头，使前后两个管段连成一体。这种永久接头构造不仅应具有可靠的水密性，而且要具备抵抗基础不均匀沉降和地震造成的影响。目前采用的管段接头，主要有刚性接头和柔性接头两种。

（1）刚性接头

刚性接头是在水下连接完毕后，在相邻两节管段端面之间，沿隧道外壁浇筑一圈钢筋混凝土将之连接起来，形成一个永久性接头。刚性接头应能抵抗弯矩、剪力和轴力，其本身强度一般不低于管段本体结构的强度。

刚性接头的最大缺点是水密性不可靠，在使用过程中常因不均匀沉降而开裂渗漏。自从水力压接法问世

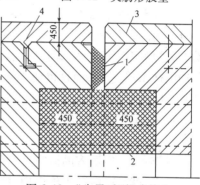

图 6.13　"先柔后刚"式接头
1—胶垫；2—后封混凝土；
3—钢筋混凝土保护层；4—锚栓

以后，人们在刚性接头的基础上加以改造形成"先柔后刚"式接头，见图 6.13。这种接头是水力压接时所用的胶垫，留在外圈作为接头的永久性止水防线。刚性接头在胶垫的防护之下，不再渗漏。其刚性部分一般在沉降基本结束之后，再浇筑钢筋混凝土。

（2）柔性接头

柔性接头是利用水力压接时所用的胶垫，吸收变温伸缩与基础不均匀沉降造成的角度变化，以消除或减小管段所受温度与变形应力。图 6.14 所示为一柔性接头。该接头形式亦宜用于地震区的沉管隧道，但在其构造上要满足线性位移和角变形，又应具有足够的抗拉、抗剪和

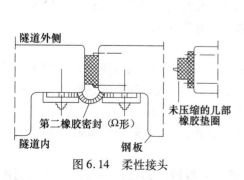

图 6.14　柔性接头

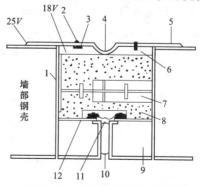

图 6.15　可挠性接头示意图

1—接缝材料；2—施工时用的螺栓；3—垫板；4—凹形钢板；
5—钢板Ⅱ；6—发泡苯乙烯；7—抗剪缝；8—灰浆；9—垫圈梁或衬垫梁；
10—橡胶垫；11—W 型二次止水橡胶；12—钢框梁

抗弯强度。图6.15为日本东京港第一航道下的水底隧道的抗震接头——可挠性接头。此接头考虑了距该隧道工点约100km的太平洋沿岸外侧地震带所发生的 M=8 左右的强烈地震，使其受不到毁灭性的破坏；在靠近路道区域即使有中等地震也不致破坏。

6.5　沉管防水技术

沉管隧道是用沉管方法施工的一种水底隧道。沉管的防水技术可归纳为：

1. 钢壳与钢板防水

早期的沉管隧道，其截面多为圆形，一般先制造钢壳，然后浇筑混凝土，这种钢壳，既是施工阶段混凝土的外模，又是沉管在使用阶段的防水层。

20世纪40年代初，虽然矩形钢筋混凝土沉管已开始应用，但由于旧习仍采用钢壳防水。到50年代开始改用三面包覆的钢壳，省去顶板上面的钢板，而以柔性防水层代替。50年代后期，又发展成为单面钢板防水，即在底板之下用钢板防水，其他三面均采用柔性防水。这样，不仅大大节约钢材，降低造价，而且也便于施工。在现代的沉管隧道中，也有全部采用柔性防水的实例。随着柔性防水材料的发展，在隧道管段外包一段昂贵的防水层的做法已过时了。这种防水方法耗钢量大，焊缝防水性能不可靠，钢材的防锈问题难以彻底解决且与混凝土的粘结性不良。

2. 管体混凝土防水

近年来，人们更多的研究和利用管体自身的混凝土防水性能，用以替代外防水。混凝土的自身防水，就是在混凝土施工中，控制混凝土配合比并添加外加剂，降低由于水泥的水化作用引起的温度变化，以及采取施工期间的特殊措施等，防止或减少混凝土的开裂，达到防水的目的。防止混凝土的开裂，可采用下列措施：

(1)合理选择混凝土的成分配比。在设计配比时，考虑以下措施：

1)选择水化热较小的水泥，如矿渣水泥，火山灰水泥等。

2)减少水泥用量，以减少水化热。但应考虑满足混凝土强度等级和抗渗要求。大多数情况下，混凝土的水泥用量在 $2.5 \sim 3.0 kN/m^3$。

3)合理使用粗骨料。骨料级配合适，可以减少水泥用量，同时也使钢筋周围混凝土的密实性增大。

4)控制水灰比。较低的水灰比可降低单位时间水化热量，同时也会降低工作性能，因此常掺入增塑剂和加气剂以改善工作性能。水灰比常控制在0.5以下。

(2)降低温差。在施工过程中，一般先浇筑底模，后浇筑侧壁及顶板。因此新浇筑混凝土侧壁与原混凝土底板间存在温差可能导致开裂。可通过下述方法减少温差：

1)冷却、降低混凝土的初始温度。

2)冷却侧墙新浇灌的混凝土，用一套自动冷却系统，泵送冷却水，通过预埋在混凝土内的管道系统来实现冷却。如图6.16所示。这种方法能在相对冷的底板和顶板之间获得一渐变曲线，如图6.17所示。这种冷却钢管还可以永久地作为收缩钢筋用。

3)加热底板。使热水循环流过预埋钢管、通过加热底板，亦可有效地降低底板和侧墙之间的温差。

(3)施工期间的措施。延迟拆模时间，应延迟至整个管段冷却到适当的温度为止。利用隔热性能合适的模板，可降低侧墙中心部位与外层之间的温差；同时可使温度梯度减缓。应采用连续浇筑整管段的方法。

在隧道防水措施中，还有卷材防水和涂料防水。这两种防水方法与一般土建工程中的地下结构基本相同。

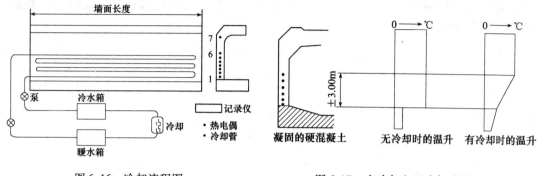

图 6.16　冷却流程图　　　　图 6.17　有冷却和无冷却时的温升

6.6　沉管基础处理

沉管隧道虽对各种地质条件适用性强，一般不需构筑人工基础，但施工时仍须进行基础处理，其目的主要是为了解决开槽作业所造成的槽底不平整问题。对于浚挖后的槽底表面，一般存在 15～50cm，有时可达 100cm 的不平整度。如不加处理，则槽底表面与管段底面之间存在着众多不规则空隙，导致地基土受力不均，引起不均匀沉降，使管段结构受到较高的局部应力甚至破坏开裂。故必须进行适当处理，将基础垫平。

沉管隧道的基础处理方法，按其铺垫作业工序安排于管段沉没作业之前或以后，可大体上分为先铺法和后填法两大类。

1. 先铺法

先铺法也称为刮铺法，按铺垫材料的不同又分为刮砂法和刮石法。刮铺法的基本工序如下：

(1)在浚挖沟槽时，向下超挖 600～800mm；

(2)在槽底两侧打两排短桩，安设导轨以控制高程；

(3)向沟底投放铺垫材料，一般铺垫材料取粗砂或粒径不大于 100mm 的碎石。铺垫宽度比沉管底加宽 1.5～2.0m，长度取为一节管段的长度；

(4)按导轨所规定的厚度、高程以及坡度，用钢犁或刮铺机刮平。刮铺垫层的表面平整度，刮砂法可在 ±50mm 左右，刮石法一般在 ±200mm 左右；

(5)为使沉管底面和垫层密贴，可在管段沉没完毕后，加一"压密"工序。可在管段内灌足压载水，或再加压砂石料，使之压紧密贴。

先铺法不足之处是：必须加工特制专用的刮铺设备和水底架设较高精度的导轨。潜水工作量大，费时费工。而且在流速大、回淤快的河道上施工困难。留占位时间较长，影响航运。

2. 后填法

后填法的基本工序是：

(1)浚挖沟槽时，先超挖 100cm 左右；

(2)在沟槽底面安装临时支座；

(3)管段沉没完毕，并在临时支座上搁妥后，往管底空间回填垫料。后填法设置水下临时支座是一项重要工序。虽然管段很重，但管段沉在水底的重量仅为 3000kN 左右。所以，作用

95

在临时支座上的荷载非常轻。支座的构造自然可做得小而简易。一般沉管隧道中采用在道碴堆上设置预制钢筋混凝土支撑板的办法,也有采用短桩简易墩的,如图 6.18 所示。临时支座中道碴堆常作成用厚 $0.5 \sim 1.0 \mathrm{m}$,宽 $7.0 \mathrm{m}$ 的方形,预制支撑板约为 $2 \mathrm{m} \times 2 \mathrm{m} \times 0.5 \mathrm{m}$。现就各种后填法作简单介绍。

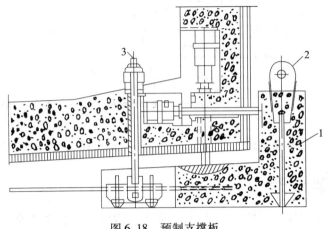

图 6.18 预制支撑板

1—预制支撑板;2—吊环;3—吊杆

(1)灌砂法

灌砂法是在沉管结束后,由水面通过导管沿着管段侧面,向管段底边溜填粗砂,构成两条纵向的垫层。此法适用于断面较小的钢壳圆形、八角形或花篮形管段,这是一种最早的后填法。

(2)喷砂法

喷砂法就是将水、砂的混合物,通过一条水平管子喷入隧道底部和开挖的沟底间的空隙,如图 6.19 所示。此法一般适用于较宽大的沉管隧道。

(3)灌囊法

此法是在管段沉没时,带着事先系扣在管段底面上的空囊袋一起下沉,待管段沉没完毕后,从水面上向囊袋里灌注由黏土、水泥和黄砂配成的混合砂料以消除管底空隙,如图 6.20 所示。

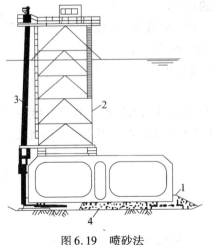

图 6.19 喷砂法

1—预制支撑板;2—喷砂抬架;3—喷砂管;4—喷入混凝土垫层

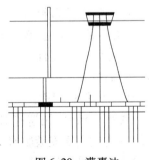

图 6.20 灌囊法

（4）压浆法

压浆法是沉管结束后，沿着管段两侧边及后端底边抛堆砂、石混合料。堆高达管底以上1m左右，以封底管周边。然后，从隧道内部用通常的压浆设备，经预埋在管段底板上带单向阀的压浆机，向管底空隙压注混合砂浆。

采用此方法，沿管沟槽亦需预先超挖1m左右，然后推铺一层厚约400～500mm碎石，须设临时支座所需碎石堆和临时支座。混合砂浆要有一定的流动性和强度。压浆压力不宜过高，以防顶起沉管。一般比水压力大$0.1～0.2N/mm^2$即可。

此法是在灌囊法基础上改进和发展而成的。省去费用较大的囊袋、烦琐的安装工艺及水下作业。

（5）压砂法

压砂法也称为砂流法。与压浆法颇为相似。通过隧道节段底板眼孔压注砂、水混合料。混合料由隧道一端经$\phi 200mm$的钢管，以2.8个大气压输入隧道内，流速约为3m/s，再经预埋在管段底板上的压砂孔，注入管段底下的空隙。压砂孔带有单向阀，间距为20m。如图6.21所示。

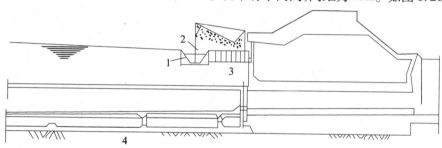

图6.21　压砂法

1—驳船;2—吸管;3—浮箱;4—压砂孔

6.7　沉管隧道工程实例

汉堡新易北河隧道位于欧洲E_3公路上，见图6.22。整座隧道包括斜坡段和连接段，长3325m，其中隧道部分长1057m，由8节管线组成，每节长132m，宽41.7m，高8.4m。浮置管的排水量约为$4600m^3$。因此，在曾经使用过的最大浮置管段用B45号钢筋混凝土预制，底部和墙都装有厚6mm的钢板，隧道顶部用多层沥青进行密封防水处理，以保护混凝土顶板。

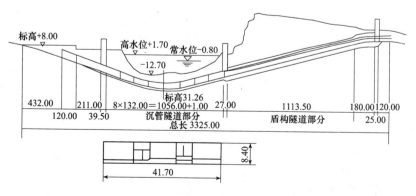

图6.22　德国汉堡新易北河隧道

参 考 文 献

1　陶龙光,巴　肇 编著. 城市地下工程. 北京:科学出版社,1996
2　翁家杰. 地下工程. 北京:煤炭工业出版社,1995
3　400 吨水池沉井法施工. 浙江建筑,1994(2)

7 长距离顶管施工技术

7.1 概　述

敷设地下管道,一般采用开槽方法。施工时要挖大量土,占用大量临时场地,管道安装后需进行回填。这种施工方法影响交通,污染环境,给生产和生活带来诸多不便。采用顶管技术敷设管道无须挖槽或在水下开挖土方,并可避免为疏干和固结土体而采用降低地下水位等辅助措施,从而大大加快了施工进度,降低造价,并能克服在穿越江河,通向湖海等无法降水的特殊环境下施工的困难。

普通顶管施工是在一般施工条件下的顶进技术,若遇到复杂的地质条件时,必须采用特殊措施。顶进长度增加,必须加大顶力。当顶进长度达到一定距离时,顶力加大会使管体或后背损坏。所以,顶进距离受管体强度或后背强度的限制。在最佳施工条件下,普通顶管法的一次顶进长度为百米左右。但是在城市干管施工中,或管线需要穿越大型建筑群或河道时,普通顶管法的一次顶进长度就不足以顶完全程。因此,需要完善长距离顶管技术。

长距离顶管的施工程序是:先在管道的一端挖掘工作坑(井),完成后在其内安装顶进设备将管道顶入土层,边顶进边挖土,将管段逐节顶入土层内,直到顶至设计长度为止。在顶进过程中,常采用润滑剂减阻和中继接力技术。

长距离顶管法从理论上讲是一种顶进距离不受限制的施工方法。随着科学技术的发展,触变泥浆润滑技术和中继接力技术的应用,使长距离顶管方法取得了良好的效果。国外某一顶管工程,采用触变泥浆减阻和 16 个中继接力顶进,一次顶进长度达 1200m。美国 1980 年曾创造 9.5 小时顶进 49m 的纪录。我国在 1981 年 4 月完成的浙江镇海穿越甬江工程,$\phi 2.6km$ 的管道采用五只中继环从甬江的一岸单向顶进 581m,终点偏位上下左右均小于 10mm。1986 年,上海市基础工程公司,用四根长度在 600m 以上的钢质管道先后穿越黄浦江,其中黄浦江上游引水工程关键之一的南市水场输水管道,单向一次顶进 1120m。在此超千米顶管施工中,成功地将计算机、激光、陀螺仪等先进技术有机地结合,用计算机控制中继环、压浆系统和激光导向,计算机指导纠偏施工,顶进轴线精度达到左右 < ±150mm,高低 < ±50mm。顶进施工还有效地控制了地面沉降,成功地穿越了地面建筑区,节省一只中间井,避免 1.2 万平方米建筑物的拆迁,节省投资 560 万元,创一次顶进国内新纪录,达到国际先进水平。

7.1.1 长距离顶管的主要技术关键

1. 顶力问题

顶管的顶力是随着顶进长度的增加需不断增大,但是又受到管道强度的限制,不能无限地增加,因此用普通顶管法只在管尾推进的方法是无法实现长距离顶管的施工。目前,主要有两种方法,即采用润滑剂减阻和中继接力技术。

2. 方向控制

管段能否按设计轴线顶进,这是长距离顶管成败的关键技术。顶进方向失控,会导致管道弯曲,顶力急骤增加,顶进困难,工程无法施工。因此,必须有一套能准确控制管段顶进方向的导向机构。上海基础工程公司顶管系统中,采用三段双铰型工具管来完成。

3. 制止正面塌方

塌方危及地面构筑物,使管道方向失去控制,导致管道受力情况恶化,给施工带来许多困难。在深层顶管中,制止塌方实质上是制服地下水的问题。

7.1.2　长距离顶管的主要技术措施

1. 穿　墙

从打开穿墙管闷板,将工具管顶出井外到安装好穿墙止水,这一过程通称穿墙。穿墙是顶管施工中一道主要工序,因为穿墙后工具管方向的准确程度将会给以后管道的方向控制和管道拼接工作带来影响。穿墙时应注意,在墙管内事先填满经过夯实的黄黏土,以免地下水和土大量涌入工作井,打开穿墙管闷板,应立刻将工具管顶进。

2. 纠偏与导向

顶管必须沿设计轴向顶进,应控制顶进中的方向和高程,若发生偏差,必须纠偏。以往纠偏工作是当管道头部偏离了轴线后才进行;但这时管道已经产生了偏差,因此管轴线难免有较大的弯曲。管道偏离轴线,其一个主要原因是顶力不平衡而致。如果事先能消除不平衡外力,就能更好防止管道的偏位。

3. 局部气压

顶管在流砂层和流塑状态的土层中顶进,有时因正面挤压力不足以阻止塌方,则易产生正面塌方,出泥量增加,造成地面沉裂。管轴线弯曲,给纠偏带来困难,而且还会破坏泥浆减阻效果。为解决这类问题,常采用局部气压。局部气压的大小视具体情况而定,一般以土层不塌方为标准。

4. 触变泥浆减阻

为减少长距离顶管中管壁四周摩阻力,在管壁外压注触变泥浆,形成一定厚度的泥浆套,使顶管在泥浆套中顶进,以减少阻力。

5. 中继间接力顶进

在长距离顶管中,只采用触变泥浆减阻单一措施仍显不够,还得采用中继间接力顶进,也就是在管道中间设置中继环,分段克服摩擦阻力,从而解决顶力不足的问题。

7.2　顶管基本设备与工作状况

顶管施工系统的基本设备主要包括管段前端的工具管,后部顶进设备以及贯穿前后的出泥与气压设备,此外还有通风、照明等设施。

7.2.1　工具管及其工作状况

工具管是长距离顶管中的关键设备,它安装在管道前端,外形与管道相似,其作用有定向、纠偏、防止塌方、出泥等。

上海基础工程公司经过长期的研究和工程实践,研制出三段双铰型工具管,如图 7.1 所示。工具管由前、中、后三段组成。前段与中段之间设置一对水平铰链(18),通过上下纠偏油缸(17)的伸缩,可以使前段绕水平铰链上下转动;同样可通过垂直铰链(8)和左右纠偏油缸(19)实现中段带动前段绕垂直铰链作左右转动,由此通过工具管方向调整,实现顶管工程的纠偏。工具管的上下与左右纠偏机构是分别布置,独立操作。前段与铰座之间用螺栓固定,可根据不同土质条件更换前段类型。

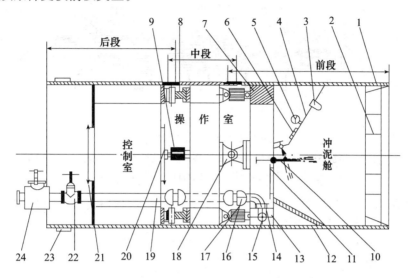

图 7.1　三段双铰型工具管

1—刃角;2—格栅;3—照明灯;4—胸板;5—真空压力表;6—观察窗;7—高压水仓;8—垂直铰链;9—左右纠偏油缸;
10—水枪;11—小水密门;12—吸口格栅;13—吸泥口;14—阴井;15—吸管进口;16—双球活接头;17—上下纠偏油缸;
18—水平铰链;19—吸泥管;20—气闸门;21—大水密门;22—吸泥管闸阀;23—泥浆环;24—清理阴井

工具管从前向后由冲泥舱、操作室和控制室组成。最前部是切土用的刃脚(1)和起挤土和加强刚度作用的格栅(2)。工人在操作室内操纵水枪冲泥,并通过观察窗和各种仪表,了解并掌握冲泥和排泥情况。根据土质情况,必要时可向冲泥舱施加局部气压。冲泥舱和操作室之间由胸板隔开。如果操作工人需进入冲泥池可打开小水密门(11)进入。工具管的后部是控制室,是顶管施工的指挥和控制中心。通过控制室内的各种仪表,可以了解工具管的纠偏和受力状态、偏差、出泥、管道顶力、触变泥浆的压浆情况等。操纵纠偏机构可改变工具管纠偏状态,发出顶管指令。控制室和操作室由气闸门(20)分开,在危急情况下,操作室也可以加气压。从工具管外进入控制室需经过大水密门(21),在特殊情况下,控制室可以变成为变压室,以提供气压施工条件。

从栅格进入的土体,被水枪(10)破碎成为泥浆,通过吸泥口(13)、吸泥管(19)、清理阴井(24)等由水力吸泥机排放到管外。工具管尾部管道外壁设置有一道突出的泥浆环(23),通过泥浆环向管道与土体间的环状间隙注触变泥浆,以减少顶管的侧面摩擦力。三段双铰型工具管具有纠偏、导向、控制塌方和流砂、密封性能好等优点,在长距离顶管中应用较广。

7.2.2　顶进设备

顶进设备主要包括后座、主油缸、顶铁和导轨等,如图7.2所示。后座设置在主油缸与反力墙之间,每只油缸配置一块,其作用是将油缸的集中力分散传递给后墙。

主油缸是顶进动力,一般对称布置4~6台,其顶力和行程可根据工程实际选定。在甬江穿越工程中,主油缸数量前期4台,后期6台,由两台压力为30N/mm²的专用油泵车供油,最大顶力前期为12000kN,后期为18000kN。顶进速度4台时100mm/min,6台时63mm/min。

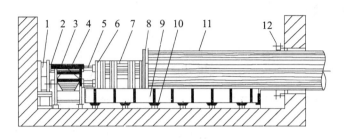

图7.2 顶进设备布置图

1—后座;2—调整垫;3—后座支架;4—油缸支架;5—主油缸;6—刚性顶铁;7—U型顶铁;
8—环形顶铁;9—导轨;10—预埋板;11—管道;12—穿墙止水

顶铁主要是为了弥补油缸行程设置的,其厚度应小于油缸行程。导轨起顶进导向作用,在接管时又起管道吊放和拼焊平台的作用。

7.2.3 出泥设备

被水枪破碎的泥浆,通过吸泥口、吸泥管等被吸泥机排放到管外。吸泥机应根据工程实际,选择其提升高度、排量、供水泵型号、排泥管口径等。如在甬江穿越工程中,进入冲泥舱的泥经水枪破碎后被一台水力吸泥机通过管道排到井外。最大运距水平700m,提升17m,效率较高,显示出水力吸泥管道运输的优越性。

水力吸泥机结构简单,性能可靠,能连续运输,出泥效率高。为了克服一般吸泥机中,泥水挟带着泥砂、块石等通过水力吸泥的弯道,撞击管壁、扩散管磨损严重、摩阻大、能量损失多、效率较低等弊端,现常采用高压水走弯道,泥水混合体走直道的吸泥机,它效率高,扬程大。

7.2.4 气压设备

在水下进行长距离顶管的工具管有时必须采用局部气压施工,而且时间较长,有时还需要在气压下排除故障,即所谓气压应急处理。上述两种情况对压缩空气的要求不同。局部气压要求气量大,允许气压波动且无净化要求。而气压应急处理,是指在水力吸泥机停止运转的情况下需工人带压作业,压缩空气除需要气压稳定外,尚需要符合卫生条件。三段双铰型工具管的压缩空气供气系统如图7.3所示。从贮气仓和减压阀出来的压缩空气分成两个分支,一支供气量大,供局部气压使用,另一支空气经过滤清,专供气压应急处理使用。

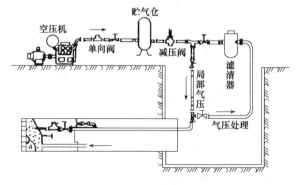

图7.3 压缩空气供气系统

7.3 中继环接力顶进

长距离顶管的阻力主要包括管道的正面阻力和管道周边的摩阻力。对某一类型的工具管,正面阻力在施工过程中变化不大,但侧阻力与顶进长度成正比增加。为了达到长距离顶进的目的,采用中继环接力顶进是项有效的技术。

7.3.1 中继环接力顶进原理

长距离顶管虽然采用了泥浆润滑减阻措施,但其顶进阻力随顶进距离增加而增大,其总值仍然很大。在此情况下采用中继环接力顶进技术是一项有效的措施。中继环接力顶进是将长管段分成若干段,在段与段之间设置中继环(如图7.4所示)。每一中继环均置于前后两管段中间,中继环内若干中继油缸呈环状分布。当中继油缸工作时,后面的管段成了后座,前面管段被推向前方。中继环按先后次序逐个启动,管道分段顶进,因此可减少阻力,达到长距离顶管的目的。图7.5为顶进中设有中继环时,管段在顶进过程中顶力的分布状态。

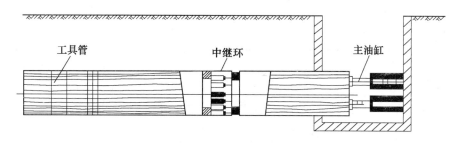

图7.4　中继顶管示意图

若全部管段分成三段,中间安装两个中继环,其顶进原理如下:

1. 不启动①和②中继环,全部管段由后背③的主压力千斤顶顶进,如图7.5a所示。此时管段后背承受的顶力应该克服阻力,该阻力由正面阻力和周围的摩阻力两部分组成:

$$R = \frac{1}{4}\pi\alpha D^2 + \pi\mu DL$$

式中　R——管道应具备的顶力或管道顶进阻力(kN);

　　　α——正面阻力系数,一般 $\alpha = 300 \sim 500 \text{kN/m}^2$;

　　　D——管道的外径(m);

　　　μ——管壁周围的平均摩擦系数(kN/m^2);

　　　L——三段管段总长度(m)。

2. 当启动第①中继环,而第②中继环以后不动时,顶力分析状态如图7.5b所示。当第①中继环停止顶进,开动第②中继环的千斤顶,此时在第二段顶进的同时,①中继环千斤顶油缸退程,顶力分布状态如图7.5c所示。当①、②中继环停止顶进时,后背主压千斤顶顶进第三节管段,②中继环的千斤顶的回程,顶力分布状态如图7.5d所示。由此可见,采用中继接力技术后,管段顶进长度不再受后座顶力的限制,只要增加中继环的数量,就能延长管段的顶进长度,中继接力是长距离顶管的必要的技术措施。

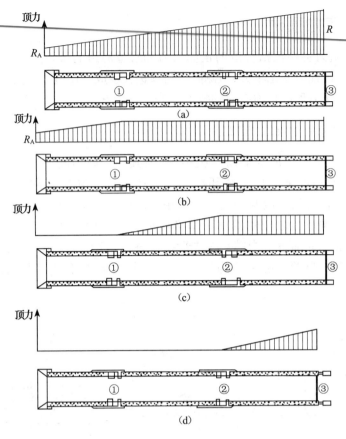

图 7.5　中继环工作顶力分析

7.3.2　中继环的构造

因管体结构及工作面的状态不同,中继环的构造形式也不相同,但基本上都由套管、千斤顶、缓冲垫、密封装置等部件组成。它必须具备足够的刚度、强度和顶力,伸缩时具有良好的动密封性能。图 7.6 是某钢管顶进用中继环的构造示意图。

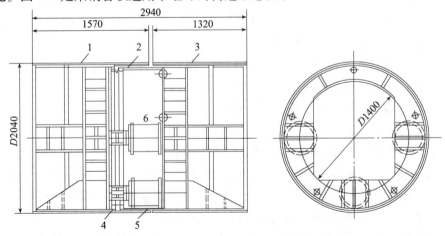

图 7.6　钢管顶进用中继环

1—钢管;2—内套瞥;3—钢管;4—止水胶带;5—止水胶圈;6—中继千斤顶

中继环做成前后两段,其外径和与顶入管外径一致,内侧作套筒式搭接,间隙为20mm;搭接长度为400mm,允许最大位移为200mm,与中继千斤顶的冲程长度相等。此中继环布置了3台千斤顶,冲程为200mm。千斤顶的着力点位于管垂直直径的1/3～1/4的高度上,顶力受力作用点约在管径的0.325D高度上,应力求与后背的主压力千斤顶的顶力线接近或重合。该工程为水下顶进,故密封止水措施要求较高,在管中搭接处设两道止水密封。为防止套筒变形,利用千斤顶后座环加强支撑套筒。

中继环是按照设置在工具管控制室的指令启动或停止的,并严格按照预定的程序工作。当接入管道的中继环数量超过三只时,从1号环的第二循环开始,4号环可与1号环同时工作,5号环可与2号环同时工作,依此类推。因此,只有前三只中继环的工作周期占据实际顶进时间,其余中继环的工作不再影响顶进速度。这一顶管中的平行作业程序,为较长距离管道的中继环施工提高了工效。

7.4 触变泥浆减阻

对于一定的土层和管径,其迎面阻力为一定值,而沿程摩擦力则随着顶进长度的延长而增加。管壁周围与土体之间的摩擦阻力在压力不变的情况下,摩擦系数是主要影响因素。采用触变泥浆以后,管道周围的摩擦系数,与管道的覆土深度无关,与土层的物理力学性质关系也不大。管道摩阻力增大的主要原因是管道的弯曲。管道弯曲时,管壁局部对土体产生附加压力,管壁与土体之间的触变泥浆被挤掉。因此,局部摩阻力迅速增加,在正常的情况下,$\mu = 4 \sim 6kN/m^2$(表7.1)。

表7.1 实测摩擦系数 μ

工程	武钢3#管	武钢4#管	甬江越江管	宝钢1#管	宝钢2#管	宝钢3#管
地层	稍密粉细砂(夹黏性土薄层)	稍密粉细砂(夹黏性土薄层)	粉细砂,其中部分为淤泥质亚黏土	淤泥质亚黏土	淤泥质亚黏土	淤泥质亚黏土
管道外径(m)	φ2.652	φ2.652	φ2.648	φ3.056	φ3.056	φ3.056
计算情况	1. 顶出岸坡 2. 正面阻力为零	1. 顶出岸坡 2. 正面阻力为零	1. 主油缸顶推管段 2. 无正面阻力	1. 顶出岸坡 2. 悬臂长10m	1. 顶出岸坡 2. 悬臂长7.15m	1. 顶出岸坡 2. 悬臂长4.34m
顶进长度(m)	105.34	107.26	255.67	161.94	165.75	167.34
直读顶力(kN)	6600	5200	12500	7000	6400	6800
顶力损失(kN)	800①	800①	1000②	400②	400③	400③
无浆段阻力(kN)	740	740				
平均摩擦系数 (kN/m²)	6.1	4.3	4.5	4.5	3.9	4.1

注:①指油路损失、穿墙管摩阻力;
　　②指穿墙管摩阻力、中继环回缩阻力;
　　③仅指穿墙管摩阻力。

要减小摩擦阻力是设法降低摩擦系数值,即设法改变管壁与土体之间的界面性质。目前主要采用将润滑介质灌于管壁周围的方法。

7.4.1 泥浆的组成

顶管工程中主要采用的润滑介质是以膨润土为主要材料的泥浆,称为触变泥浆。此外,根据工程对泥浆性能的要求,需要在泥浆中掺加不同的外掺剂,以便调整泥浆的性能,使之满足使用要求。

(1)膨润土

膨润土的主要矿物成分是 Si—Al—Si 的微晶高岭土,化学成分为含水硅酸铝。主要成分是铝、铁、钙、镁等的氧化物。

对于触变泥浆使用的膨润土的要求有两点:

1)膨润倍数值一般要大于6;

2)要有稳定的胶质价,保证泥浆有一定的稠度,不致因重力作用而颗粒沉淀。

(2)水

造浆用的水除对硬度有要求外,再无其他要求。硬度过高,会使泥浆质量降低。当水硬度过大时,必须进行软化。

(3)外掺剂

外掺剂是为调配、维护泥浆性能而采用的。主要有碳酸钠、羟甲基纤维素、腐殖酸盐、铁铬木质硫酸盐等。使用时根据现场土的性质和泥浆性能指标要求,合理地加以试验调配。

7.4.2 泥浆的性能和配比

(1)泥浆的性能

在一般工程中,对泥浆的性能有如下要求:

1)重度。泥浆中的膨润土用量大,泥浆的重度就大,相应就提高了泥浆的黏度和稳定性。重度越大,泥浆造价越高;同时泵送压力也越高,耗能量增加,提高了工程成本。一般情况下,触变泥浆的重度采用 1.13 ~ 1.15 之间。

2)黏度。黏度越大,泥浆流动的性能越差,泵送压力也越高。但黏度大的泥浆能较好地在土壁上形成薄膜,阻止泥浆向土层内渗透而流失。顶管使用的触变泥浆的黏度控制在 60 ~ 80s 内。

3)胶体率和稳定性。单位体积的泥浆经过一定时间后,土颗粒与水分离的程度称为胶体率,以%表示。稳定性是指经过一段时间后,上部泥浆与下部泥浆的重度之差。合格的泥浆胶体率不应低于98%。

4)触变性与静切力。泥浆静止时虽呈凝胶状,但搅动后就恢复其流动性。这种既能形成胶体又能恢复其流动的特点称为触变性。使静止状态的泥浆开始流动所需要的最小的力称为静切力。静切力大的泥浆其触变性也大,因此,静切力是测定泥浆触变性的主要指标。

5)失水量和造壁能力。泥浆灌入管壁和土体的间隙时,泥浆中的水分从土中渗走,这种现象称为失水。失去的水量称为失水量。泥浆失水后,膨润土颗粒黏附在土壁上形成一层泥皮,泥浆的这种性能叫造壁能力。泥浆失水量小,能在土壁上形成一层致密的泥皮,保护土壁和防止泥浆流失,说明泥浆造壁能力好。在稳定土层中顶进时,泥浆失水量一般不超过25mL/30min,泥皮厚度为 3 ~ 5mm 左右。在松散土层中顶进泥浆失水量应小于 10 ~ 15mL/min,泥皮厚度不小于 2 ~ 3mm。

6)pH 值。泥浆的 pH 值一般控制在 8 ~ 10 以内。

在不同的地质条件和施工条件下,对泥浆的各种性能有不同的要求,应适当调整泥浆比例和外掺剂用量。

(2)泥浆的配合比

表7.2和表7.3给出了触变泥浆配合比和不同配合比的泥浆的性能。

表7.2　触变泥浆配合比

地层条件	膨润土(kg)	水(kg)	碱(kg)	备　　注
砂黏土,有地下水	23	77	0.69	水下顶进,泥浆拌制后,立即泵送灌浆
砂黏土	20	80	0.80	泥浆拌制后,静置24小时才使用
砂黏土	25	75	1.00	泥浆拌制后,静置24小时才使用
砂黏土	18	82	0.86	泥浆拌制后,静置24小时才使用

表7.3　不同配合比的泥浆的性能

泥浆配比			相对密度	黏度(s)	静切力(mg/cm^2)	pH 值
膨润土(kg)	水(kg)	碱(kg)				
20	80	0.6	1.13	27	4.4	8.5
23	77	0.58	1.15	35	7.0	8.5
25	75	0.75	1.17	82	21.6	8.5

7.4.3　泥浆的输送和灌注

泥浆拌制后,由泥浆泵输送。由于泥浆本身具有良好的润滑性能,在压力管路输送过程中,沿程压力损失甚小。当泥浆输送距离在200m以内,泵压约为$0.1 \sim 0.15$N/mm^2;有地下水时,出口压力要大于地下水压力。输浆管采用$\phi 50 \sim \phi 70$mm的钢管。压浆量一般控制在理论压力量值的1.5倍左右,在顶管壁后的泥浆厚度要保持$20 \sim 30$mm。在长距离顶管施工中,触变泥浆容易流失。为了弥补第一次注浆不足并补充流失的泥浆量,在第一个注浆孔后$15 \sim 20$m设第一个补浆孔,此后每距$30 \sim 40$m设置补浆孔,以保证泥浆充满管壁外围。

为了使泥浆能及时将管壁周围的空隙注满,注浆速度与顶进速度相适应,随顶随注,避免由于未及时注浆,造成塌方,将注浆通路堵塞。注浆时经常观察压力表的变化,若发现压力突然上升或下降,要沿管线检查原因。

7.4.4　工程实例

1. 工程概况

本顶管工程是广州市自来水公司南部供水工程的重要组成部分,位于广州市番禺区汉溪大道,安装两条原水输水管线,管材采用压力钢管,管径$d = 2220$mm,管壁厚度22mm,均采用顶管法施工,一次顶进最大距离510m,属于大口径长距离顶管,对顶管施工技术的要求很高。管顶覆土厚度约为4.5m,管道穿越的主要地层为黏土(硬塑)、砂质黏性土(硬塑、含风化硬碎块)、含水丰富的淤泥、透水性较强的淤泥质细砂、淤泥质粉砂、中砂及粗砂层,土层变化大。地下水埋深为约$2.0 \sim 7.0$m。

2. 顶管机的选型

根据本工程的地质特点,经多次比选论证,最终决定采用具有泥水平衡和土压平衡的双重平衡的顶管机施工,这种顶管机具有以下特点:

（1）具有双重平衡的功能。刀盘切削下来的泥土在泥土仓内形成土压塑性体,以平衡土压力。另外在泥水仓内建立高于地下水压力 10～20kPa 的泥水压力,以平衡地下水压力;同时,把进水添加黏土等成分的比重调整到一定范围内,可以在挖掘面是砂的土质中形成一层结实的不透水泥膜,此时的泥水压力又可以同时平衡地下水压力和土压力。

（2）刀盘的切割面安装有合金滚动滚刀及固定刮刀,刀座采用耐磨焊条与刀盘焊接。滚刀及刮刀在刀盘的 4 把刀杆上的布置是全段面切割布置,刀盘每转动一周,滚刀和刮刀对前面土体是全断面的滚动和刮动。顶管机在主顶装置的推动下向前顶进,其中刀盘上的滚刀刀尖对前面坚硬的土体进行滚动挤压,使得坚硬的土体破裂;刮刀对破裂的土体进行切割,掏空前方土体,顶管机向前推进(图 7.7)。

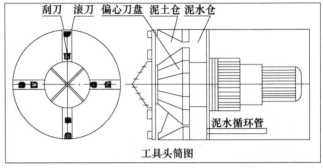

图 7.7　刀盘简图

3. 顶进施工工艺流程图

顶进施工工艺流程图如图 7.8 所示。

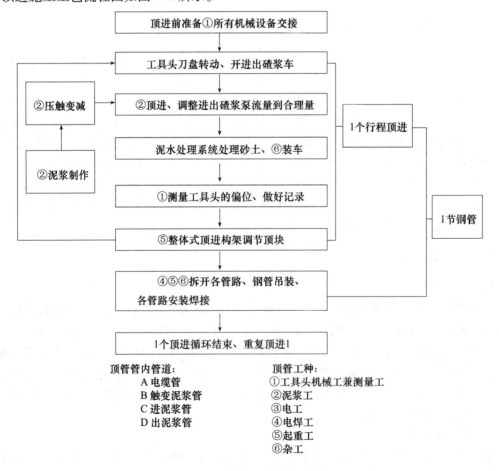

顶管管内管道:
A 电缆管
B 触变泥浆管
C 进泥浆管
D 出泥浆管

顶管工种:
①工具头机械工兼测量工
②泥浆工
③电工
④电焊工
⑤起重工
⑥杂工

图 7.8　顶进施工工艺流程图

108

4. 顶进技术措施

（1）进出洞技术

从工作井中出洞开始顶进是整个施工过程中的关键环节之一。为确保顶管机顺利出洞，防止土体坍塌涌入工作井，出洞前先在砖封门前打设一排钢板桩，钢板桩入土深度达到工作井底板以下。当顶管机出洞时，先把砖封门拆除，这时由于钢封门挡住，土体不会涌入。等到顶管机推进到距钢封门 50～100mm 时，洞口止水圈已能发挥作用了，然后再从出洞口一侧向另一侧依次拔除钢板桩。为减少钢板桩拔除过程中对顶管机正面土体的扰动及可能出现的建筑间隙，钢板桩全部拔除后应立即顶进，缩短停顿时间。顶管机进洞施工与出洞相比较为简单，当顶管机靠近洞门时，须控制好土压力，在切口距封门 20～50cm 时停止顶进，并尽可能降低切口正面土压力，确保拆除封门时的安全。拆除封门后将顶管机迅速、连续顶进，直到进洞洞口止水圈发挥作用为止，这就完成了进洞进程。

（2）泥浆减阻技术

在长距离顶管施工中，减阻泥浆的应用是减小顶进阻力的重要措施。泥浆润滑减摩剂又称触变泥浆，是由膨润土、CMC（粉末化学糯糊）、纯碱和水按一定比例配方组成。不同的土质，应采用不同的配方，才能满足不同的需要。触变泥浆配比，根据不同土质和某些特定的需要通过试验确定。本顶管出洞 200m 范围内为砂性土，含水量高，渗透性强。因此要求该段的浆液黏度要高，失水量要小，并对土层要起一定支承作用。顶管机出洞后，管节周围能迅速形成泥浆环套。根据规范，使用减阻泥浆后，管壁的侧向摩阻力为 3～5kPa，经过计算，本工程顶进施工时管壁的侧向摩阻力小于上述值，泥浆的减阻效果十分明显，为顶进施工的顺利进行创造了有利的条件。

（3）中继间的应用

经过计算，总推力需要 1552 吨，而本工程采用的顶管掘进机顶进的后座采用 4 个 200 吨的主顶油缸，总推力只有 800 吨，所以需要中间接力顶进。本工程采用的中继间总推力为 500（安装有 20 只 25 吨的千斤顶），当主顶油缸总推力达到中继间总推力的 40%～60% 时，就安放第一个中继间。以后，每当达到中继间总推力的 70%～80% 时，安放一个中继间。而当主顶油缸总推力达到中继间总推力的 90% 时，就必须启用中继间。本工程最长顶进段（510m）中继间布置按照"工具头—40m—80m—100m—100m"来布置，共布置四套中继间。由于泥浆减阻的效果显著，顶进轴线控制较好，实际顶进阻力远小于理论计算值，只使用其中的两套，致使顶进程序大大简化，顶进速度大大提高。

（4）轴线控制

在实际顶进中，顶进轴线和设计轴线经常发生偏差，因此要采取纠偏措施，减小顶进轴线和设计轴线间的偏差值，使之尽量趋于一致。顶进轴线发生偏差时，通过调节纠偏千斤顶的伸缩量，使偏差值逐渐减小，并回至设计轴线位置。在施工过程中，应贯彻"勤测、勤纠、缓纠"的原则，不能剧烈纠偏，以免对管节和顶进施工造成不利的影响。顶进时应及时掌握工具管的走势，顶进时可以通过观察工具管的趋势指导纠偏。

5. 结　语

（1）本工程中所使用的大刀盘双重平衡式顶管机具有价格低廉、结构简单、操作容易和自重较轻等特点，适用于软硬复合土层中的顶管施工。

（2）泥浆减摩技术是顶管施工中的一个重要环节，良好完整的泥浆套将大大减小顶进阻力,减少中继间的使用数量,节约投资,简化工序,大幅提高顶进速度。

(3)中继间是实现长距离顶管施工最根本最直接的措施,但在顶管施工中,由于密封圈磨损,中继间加工精度不足或本身设计存在缺陷等多种原因发生漏水、漏浆等现象,给工程带来许多问题,需要在以后的工程实践中不断改进。

(4)随着城市化的发展,为减少土地占用和加快施工速度,顶管的施工方法将在许多城市的地下管线工程中得到运用,有着广阔的发展前景。

参 考 文 献

1 翁家杰. 地下工程. 北京:煤炭工业出版社,1995
2 邓贤初,张高才. 广州南洲水厂输水管顶管施工,工程论坛,2005 年第 16 期

8 注浆加固施工技术

注浆是一项用于加固软弱地基、减小沉降、提高承载力、填充混凝土板底脱空、防止边坡滑塌、防止路基滑坡、纠正结构物基础偏斜、填充天然地基穴洞以及混凝土砌体缝隙的技术措施。注浆方法有压力注浆、高压旋喷注浆、锚固注浆。注浆有效深度视其方法而异。压力注浆为6m左右，旋喷注浆8m以下，锚固注浆随杆长而定，可大于8m。注浆孔位呈矩形、梅花形，其间距与孔密度视岩、土、基础形态而定，通常不小于1.5m。注浆的关键技术在于对注浆深度的无损连续检测和浆液稠度，以及视岩土介质性态、密度确定合理的压力。锚固注浆还取决于锚杆钻头注浆后的拉拔效应。注浆方案应专门设计并通过现场实验后确定。注浆效果应用无损检验法对注浆面积和深度进行测定，以及必要的沉降观测和对复合地基承载力的测算。锚杆注浆是防止滑坡的有效方案。

聚合物注浆是修补混凝土裂缝（隙）的新方法新技术。对于桥梁裂缝和混凝土裂纹的填补是一项现代岩土工程地质复杂多变、单一工程措施往往解决不了施工中的特殊问题。注浆技术是将有一定稠度的水泥浆液，通过机械成孔注入天然地基中的加固措施。按其施工工艺方法的不同，分为注浆和旋喷注浆两种。前者是使水泥浆沿天然地基中的空隙渗透、填充，起到加固地基的作用；后者是使水泥浆沿导管注入孔中，形成柱状体，以挤压土体构成复合地基，提高地基承载力。此外，还有将钻孔导管作为骨架，将其贯穿岩体裂缝进入基岩后，经过钻杆导孔向注浆的锚固桩注浆。锚固桩多用于防治山体滑坡、路基岩体滑坡和隧道内的衬砌工程。而注浆则只是为了加固天然地基。也有将两者结合，岩体或土体钻入钻杆注浆后表面喷洒水泥砂浆，此工法称喷锚加固或称土钉墙。采用高分子聚合物液体注入桥梁裂缝或者是混凝土缝隙的修补，以弥补工程缺陷。注浆法按注浆机理可分为如下几种方式。

8.1 压力注浆

8.1.1 压力注浆法加固地基机理

压力注浆法是利用液压或气压把能凝固的浆液均匀地注入岩土层中，以填充、渗透和挤密等方式，驱走岩石裂隙中或土颗粒间的水分和气体，并填充其位置，硬化后将岩土胶结成一个整体，从而使地基得到加固，防止或减少渗漏和不均匀的沉降。

压力注浆法处理地基的目的归纳起来有以下几点：

（1）防渗。降低渗透性，减少渗流量，提高抗渗能力，降低孔隙压力；

（2）堵漏。截断渗透水流；

（3）加固。提高岩体或土体的力学强度和变形模量；

（4）对已变形的建筑物、构造物纠偏，使已发生不均匀沉降的建筑物、构造物恢复原位或将其控制在一定的沉降变形范围内。

压力注浆的机理主要有渗入注浆、劈裂注浆和压密注浆三种。渗入注浆假定地层天然结构基本上不受扰动和破坏,在一定的注浆压力作用下,克服浆液流动的各种阻力,渗入地层的孔隙或裂隙中去并填充密实,同时对四周岩土还起一定压密作用,使岩土胶结成为一整体,从而减小孔隙率,提高岩体强度,降低压缩性和透水性,防止不均匀沉降。

劈裂注浆是在灌浆压力作用下,浆液克服地层的初始应力和抗拉强度,引起岩体或土体结构破坏和扰动,使其沿垂直小于主应力的平面上发生劈裂,使地层中的裂隙或孔隙张开,形成新的裂隙,浆液在压力作用下的可灌性和扩散距离增大。

压密注浆是用较高的压力灌入液浆,使黏性土体变形后的注浆管端部附近形成"浆仓",并因浆液的挤压作用而产生辐射状上抬力,从而引起地层的局部隆起。这种方法可用于非饱和的土体加固、控制不均匀沉降和进行基础托换等。

压力注浆法引入软弱岩体中,可以加固软弱土层,提高土体的力学强度和变形模量,减少总的沉降量。该方法的优点是能与土体结合形成强度高、渗透性小的结石体;取材容易,配方简单,操作易于掌握;无环境污染,价格便宜等。本方法对地下水、承压水头和地下水流速大于80m/d 的情况下应慎用。

8.1.2 压力注浆法的分类

目前对注浆法分类,归纳起来一般有下列方法:

1. 按注浆施工时间分类

(1)预注浆。在修筑构造物或开挖隧道、凿井之前对地基进行注浆处理,以加固地基,防止施工过程中漏水、坍塌等。

(2)后灌浆。在修筑构造物或开挖隧道、凿井之后进行注浆工程。

2. 按注浆采用的浆液主材料分类

(1)水泥注浆。注浆材料中水泥含量大于50%。

(2)黏土注浆。注浆材料中黏土含量大于50%。

(3)化学注浆。注浆材料中化学药液含量大于50%。

3. 按注浆工艺流程分类

(1)单液注浆。采用一台注浆泵和一套输浆系统完成注浆工作。

(2)堵水防渗注浆。主要是堵水或防渗。

4. 以注浆工程的地质条件及注浆工艺为依据的理论分类

(1)充填注浆。在灌浆压力作用下,浆液克服各种阻力,不破坏或不扰动地层结构的原则下,用浆液充填裂隙的注浆属于充填注浆。

(2)渗入性注浆。在注浆压力作用下,浆液克服各种阻力,不破坏或不扰动地层结构,渗入颗粒之间和裂隙中,将松散岩层或土层胶结起来。

(3)劈裂式注浆。在注浆压力的作用下,浆液克服地层的初始应力和抗拉强度,引起岩体或土体结构破坏和扰动,使其沿垂直小于应力的平面上发生劈裂,使地层原有的裂隙或孔隙张开,形成新的裂隙或孔隙,浆液在压力作用下注入,使岩体或土体胶结在一起。

(4)压密式注浆。用较高的压力注放液浆,在注浆管前端部位开成"浆仓",并因浆液的挤压作用而产生辐射状上抬力,从而引起地层的局部隆起。

在软弱岩体的注浆处理中,对于强度很低的淤泥层采用压密注浆;对于较硬的亚黏土采用劈裂注浆;对砂砾层采用渗透注浆。注浆可以单一类型发生,也可能两种、三种类型同时发生,一般都以劈裂注浆为主,彼此相辅相成,从而构成渗透—劈裂—充填—置换—压密—复合的作用。

软弱岩土在垂直地层层理方向的强度最大,土体不易被劈裂;平行地层层理方向的强度最小,土体容易沿层理面产生张性劈裂,特别是不同岩性的地层分界面更容易被压裂;斜交地层层理方向强度居中,可开裂成次生脉。因地层层理之间也存在一定的差别,所以,软弱土层仅有部分层理发生张性劈裂,并充填浆液,形成与地层产状基本一致的浆脉固结体,构成土体的骨架,其后注浆继续进行,土体吃浆量和进浆速度逐渐减少,说明土体内空隙趋向填满。由于浆液对周围土层的连续扰动、压缩,使土颗粒移动,重新排列,浆液中的水泥颗粒又慢慢地吸收周围的水分,更有利于土体排水脱水,形成复合地基并伴生一种向上传递的辐射状应力。这样,注浆加固了软弱土层,并能纠正构造物的不均匀沉降。

8.1.3 压力注浆方案选择

注浆方案选择是进行注浆施工首先解决的问题。一般把注浆方法和注浆材料的选择放在首要位置,同时还应考虑工程地质条件、工程本身性质等,借助工程实践经验。注浆方案选择一般应遵循以下原则:

1. 下伏软弱地基的加固注浆,一般采用水泥浆液或水泥粉煤灰浆液。

2. 当软弱土层上部有硬壳存在时,要将它作为封压层;当无这种硬壳或不发育时,先做一黏土垫层,厚约 0.5m,以此垫层作为封压层,或在地基碾压后形成封压层。

3. 对于上部砂砾层较多的软弱土层,一般宜用分段式自上而下注浆。对于上部砂砾层少或没有软弱土层时,一般宜用分段式自下而上注浆。

4. 注浆采用直接打入式,即采用 $\Phi43mm$ 花管直接打入,孔口采用三角形止浆塞止浆。

8.1.4 压力注浆边界范围

确定注浆范围包括在平面上确定处理的长度(沿公路中轴线方向)和宽度(垂直公路轴线方向),在纵向上确定注浆深度和注浆段浇的高度。在宣大线软弱地基注浆处理中,以承载力(小于 200kPa)或沉降量(大于 30cm)为标准,确定公路中轴线方向上的长度;横向上以路堤底部宽度作为处理宽度,即宽度为 40~50m。注浆深度的确定应结合软弱地基的特点、路基或构造物的荷载要求诸因素综合确定。根据对软弱地基的研究,应把注浆深度的标高放在硬层(持力层)的深度或压缩层下限处附加应力约为自重应力的 0.3 倍处,在零填方和挖方路段,基本加大深度应为 3.5m,在填方路段基本与上覆路基高度呈影像关系。同时,在注浆时应最大限度地保护软弱地基工程层的硬壳层。

8.1.5 压力注浆材料选择

1. 注浆材料分类

注浆材料通常分为粒状浆材和化学浆材两大类,然后再按浆材的特点、物化性能进一步分为稳定的粒状浆材、不稳定的粒状浆材、无机化学浆材和有机化学浆材等,如图8.1所示。

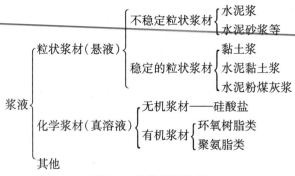

图 8.1 注浆材料分类

两种不同种类的浆材,其性能和使用范围也有差异。粒状浆材主要以硅酸水泥、黏土、粉煤灰等构成,来源丰富,价格低廉,操作工艺简单,广泛用于地基加固注浆中。但因其粒径大、可注性差,不宜用于防渗、堵水注浆工程中。化学浆材料呈溶液状态,可注性好,只要能注水的细小裂隙或孔隙,化学浆材一般都注入,浆材主要用于防渗、堵漏加固工程,其价格较贵,施工困难。

高等级公路下伏软弱地基注浆处理一般宜采用粒状浆材,不宜采用化学浆材。高速公路软弱地基注浆加固工程中采用水泥浆加固,采用水泥粉煤灰浆加固桥头与路基衔接部位及高边坡。

2. 水泥浆

水泥浆是以水泥为主加水配制成的浆液,根据工程需要加入一定的外加剂(速凝剂、早强剂、悬溶剂等)改变浆液性能。水泥浆所用水泥主要为硅酸盐水泥、矿渣水泥等,其来源丰富、价格低廉,浆液结石强度高、抗渗性能好,制浆工艺简单、操作方便。但是,水泥颗粒细度较粗,可灌性差,在渗入注浆时,难注入细料(小于 0.25mm)粉砂层及岩层中细小的裂隙中,而且析水性大,稳定性较差。

3. 水泥粉煤灰浆

水泥粉煤灰浆主要材料由水泥、粉煤灰组成。粉煤灰掺入普通水泥中作为注浆材料使用,其主要作用在于节约水泥降低成本。粉煤灰水泥浆材的突出优点还在于粉煤灰能使浆液中的酸性氧化物(Al_2O_3 和 SiO_2 等)含量增加,它们能与水泥水化析出的部分氢氧化钙发生二次反应而生成水化硅酸钙和水化铝酸钙等较稳定的低钙水化物,从而使浆液结合的抗溶浊能力和防渗帷幕的耐久性提高。一般情况下,粉煤灰中的 SiO_2、Al_2O_3、Fe_2O_3 和 CaO 等含量应大于 85% ~ 95%,烧失量较低,不宜大于 4% ~ 8%;否则,会对注浆将产生不良后果。

粉煤灰在浆液中含量增大,其结石体的强度将大大降低。

4. 材料配比

根据软土地基注浆工程实践和已有的研究资料,建议采用水灰比为 0.8:1 ~ 1:1 配合比的浆液,对于水泥粉煤灰浆也采用 0.8:1 ~ 1.1:1 配合比,粉煤灰的含量可占固相比的 0 ~ 30%。注浆施工过程中,宜先注入少量稀浆(水灰比在 4:1 ~ 1:1 之间),后注入稠浆(水灰比为 0.8:1 ~ 1:1)。当地下砂砾层孔隙较大,水灰比可提高到 0.5:1 ~ 1:1。

8.1.6 压力注浆参数的确定

注浆参数包括确定浆液扩散半径 r、容许注浆压力、注浆孔布置方式等,这些参数相互联系与地基土体渗透性等因素相关,计算选用比较困难。因此,工程施工前应通过小规模试验确定注浆参数。

1. 浆液扩散半径

浆液扩散半径 r 是一个重要的参数,r 值可进行理论公式估算。如选用参数接近于实际条件,则计算值具有一定的参考价值,当地基条件较复杂或计算参数不易选准时,就应通过现场注浆试验来确定。对于黏性土层,由于地层孔隙很小,浆液无法渗入,只能通过劈裂作用注放浆液,浆液扩散具有规律性,注浆设计施工中可用"注浆有效半径"来表示浆液扩散范围。

对于砂性土层,由于地层孔隙较大,浆液以充填固结为主,其扩散半径远大于黏性土中的扩散半径。

浆液有效扩散应根据现场试验确定。根据以往工程资料,对于黏土层有效扩散半径为 $0.3 \sim 0.8$m。

注浆施工时,可通过对注浆压力、注浆胶凝时间、注浆量、浆液浓度等参数进行控制、调整,起到控制浆液扩散半径的目的。

由于软弱土层是各向异性而非均质体,实际上扩散半径 r 值变化较大。在宣大线较弱地基注浆工程中取得了可以借鉴的工程经验。在 K51 + 300 ~ K395 段、K51 + 421 ~ K + 500 段软弱土层中含有较厚的砂卵石层,渗透系数较大,其间距为 5m × 5m,扩散半径为 2.5m; K51 + 60 ~ K + 70 段软弱土层中含有较薄的砂粒,主要以饱和黏土为主,渗透系数较小,其间距为 2.5m × 2.5m,扩散半径为 1.25m; K51 + 964 ~ K52 + 002 段软弱土层中含有薄的砂层,故选用 3m × 3m 间距,扩散半径为 1.5m。经质量检验,选择的扩散半径 r 值,比较符合实际情况。

通过综合分析,依据工程地质条件提出扩散半径 r 值的推荐值(如表 8.1 所示)。

表8.1　注浆扩散半径推荐值

工程地质条件	软弱土层中含砂量(砂卵层)且垂向上分层多,含砂层厚度占受注层总厚度 50% ~100%	软弱上层中含砂层,且垂向上分层较多(含砂层厚度占注层总厚度 20% ~50%)	软弱土层中含砂层薄或无,垂向上分层少(含砂层厚度占受注层总厚度小于 20%)
r(m)	2 ~3	1.5 ~2.5	1 ~2

当进行一般路段治理时,扩散半径可取大值;当进行中、小型构造物路段治理时,扩散半径可取小值。

2. 注浆压力

注浆压力是给予浆液扩散充填、压实的能量,在保证注浆质量的前提下,压力大,扩散距离大,有助于提高土体强度;但当压力超过受注地层的自重和强度时,可能导致地基及其上部结构的破坏。所以在施工中,一般都以不使地层结构破坏或仅发生局部和少量的破坏作为确定地基允许注浆压力的基本原则。

注浆压力值与地层的结构、初始注浆的位置和注浆次序、方式等因素有关,有些因素较难准确地获取,所以在地基注浆处理前宜通过现场注浆试验来确定,以取得施工所需的参数。

进行注浆试验,一般是采用逐步提高压力办法,求得注浆压力与注浆量关系曲线,当压力升至某一数值,而注浆量突然增大时表明地层结构发生破坏或孔隙尺寸已被扩大,因而可把此时的压力值作为确定容许注浆压力的依据。

当缺乏试验资料可用理论公式或经验数值确定容许注浆压力。据已有资料,可用砂砾地基经验公式确定:

$$[P_e] = C(0.75T + K\lambda h) \tag{8-1}$$

式中　$[P_e]$——容许注浆压力($\times 10^5$Pa);

　　　C——与注浆期次有关的系数。第一期孔 $C=1$;第二期孔 $C=1.25$;第三期孔 $C=1.5$;

　　　T——地基覆盖厚度(m);

　　　K——与注浆方式有关的系数。自上而下灌注时,$K=0.8$;自下而上时,$K=0.6$;

　　　λ——与地层性能有关的系数。可在 $0.5 \sim 1.5$ 之间选择,结构疏松、渗透性强的地层取低值;结构紧密、渗透性弱的地层取高值;

　　　h——地面到注浆段的深度(m)。

宣大线软弱地基注浆处理前,对容许注浆压力进行了试验,当容许注浆压力 $[P_e] > 1$MPa 时,地表面产生隆起或地面跑浆现象,故确定容许注浆压力在 $0.2 \sim 1.0$MPa 范围。

假定注浆孔为第一期孔,注浆长度为 4.5m,每个注浆段长度为 1.5m,则 $C=1$、$T=3$、$K_1=0.8$、$K_2=0.6$、$\lambda=1$、$h=7.5$m,那么自上而下注浆估算值为:

$$[P_e] = 1 \times (0.75 \times 3 + 0.8 \times 1 \times 7.5) = 8.25 \times 10^5$$
$$[P_e] = 1 \times (0.75 \times 3 + 0.6 \times 1 \times 7.5) = 6.75 \times 10^5$$

从上式计算结果来看,与现场试验结果基本吻合。考虑注浆压力随深度变浅而降低,在 10m 深度范围内取 $0.2 \sim 1.0$MPa 较为合理。

对于劈裂注浆,在浆液注浆范围内应尽量减少注浆压力。注浆压力的选取应根据土层的性质及其埋深确定。在黏性土中的经验数值是 $0.2 \sim 0.3$MPa,注浆压力因地基条件、环境条件和注浆目的等不同而不能确定时,可参考类似条件下的成功工程实例决定。根据工程经验,对于宣大高速公路 K51 $\sim$ K52 注浆段,考虑到地基条件及注浆目的,取 $0.2 \sim 1.0$MPa 的注浆压力。

3. 注浆量的确定

在正常情况下理论上注入的耗浆量,应充填到颗粒之间的孔隙中,或沿层理或裂隙劈裂式注入。每孔(段)浆液注入量可用下式计算:

$$Q = A\pi R^2 Hk\beta \tag{8-2}$$

式中　Q——每孔(段)注入量(m^3);

　　　A——浆液的损耗系数,一般取 $A=1$;

　　　R——浆液有效扩散半径(m^3);

　　　H——注浆孔(段)深(m);

　　　k——孔隙率;

　　　β——浆液充填系数。

宣大线 K51 + 300 $\sim$ K52 + 010 段注浆工程依据其工程地质条件的不同,采用不同的注浆分段定量注浆(表8.2)。当浆液的损耗系数为1.2、土体的孔隙率为35%时,则浆液充填系数值在0.12～0.25之间。

表8.2　宣大线 K51+300～K52+010 段注浆工程一览表

桩　号	注　浆　量			压浆总量 (m³)	水灰比	扩散半径 (m)	注浆压力 (MPa)	注浆方式	浆液充填 系数 β
	分段注浆量(m³)								
K51+300～ K51+395	2.0～3.5	3.5～5.0	5.0～6.5	4.5	1:1	2.5	0.4～0.6	自上而下	0.12
	3.0	1.0	0.5						
K51+421～ K51+500	1.5～3.0	3.0～4.5	4.5～6.0	6.0	1:1	2.5	0.2～1.0	自上而下	0.16
	2.5	2.0	1.5						

桩　号	注　浆　量			压浆总量 (m³)	水灰比	扩散半径 (m)	注浆压力 (MPa)	注浆方式	浆液充填 系数 β
	分段注浆量(m³)								
K51+600～ K51+700	3.0～4.5	4.5～6.0	6.0～7.5	1.5	0.8:1	1～1.25	0.2～0.4 0.6～0.8	自上而下	0.15～0.25
	0.35	0.27	0.88						
K51+940～ K52+010	3.0～4.5	4.5～6.0		1.2	0.8:1	1.5	0.2～0.6	自上而下	0.13
	0.9	0.3							

通过注浆治理后的质量检验,采用分段定量注浆的方法较为理想。一般在第一注浆段注浆量较大,占总注浆量的40%～60%;第二注浆段注浆量占总注浆量的20%～40%;第三注浆段占总注浆量的0～20%。

4. 注浆孔的布置方式

当注浆压力、浆液扩散半径(r)确定后,注浆孔孔距(L)取值范围也就确定了,其取值范围在 $r \leqslant L \leqslant 2r$ 之间。

软弱地基注浆设计一般为多排注浆孔,不同排上的注浆设计一般有两种布置方式:一种为矩形排列,即前排孔与后排孔沿公路轴线方向上平行;另一种为三角形排列,即前排孔的位置与后排孔的位置沿公路轴线方向上错开1/2的孔距,平面上呈梅花状。如图8.2所示。

图8.2　注浆孔布孔方式
(a)一般路段;(b)构造物段

在注浆孔距取值范围内,选择合理孔距对保证工程质量、降低造价很重要,在施工中应注意以下几点:

(1)孔距应根据土层性质和构造物来确定。当软弱地基中砂层较厚或层理较发育时,L取

117

$(1.5 \sim 2)r$ 之间；当软弱土层中砂层少或层理不发育时，L 取 $(1 \sim 1.5)r$ 之间；桥头、涵洞等构造物部位应考虑其上述两种工程地质条件，L 值取值应偏小一些。

（2）公路软弱土层注浆治理宜采用多排注浆孔，排距宜与孔距相等，布孔原则以三角形方式为主，矩形方式为辅。

8.1.7 注浆加固的地基与路基、构造物的关系

对于一般路段，其允许下沉量为 30cm，在注浆施工时，其浆液扩散半径可适当取稍大一些值。对于中、小型构造物路段，其允许下沉量在 10 ~ 20m 以内，在注浆施工时，其浆液扩散半径可适当测一些值，增加注浆孔数和注浆量，确保构造物的安全。

宣大线 K51 +600 ~ K51 +700 段设计有两个小型涵洞，采用 2m × 2m 间距布设注浆孔，而该段其他路段为 2.5m × 2.5m 间距，使注浆后土体的强度和允许下沉量满足构造物的需求。

8.1.8 压力注浆施工工艺

根据治理段软弱土层工程地质、水文地质条件和工程要求，通过试验或类比等方法确定注浆参数，选择注浆施工设备，组织施工力量，编制施工组织计划，进行压力注浆，使地基沉降变形量控制在容许的范围内。

注浆施工工艺流程如图 8.3 所示。

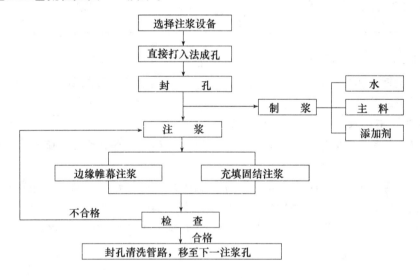

图 8.3　注浆施工工艺流程

1. 注浆孔成孔

注浆孔施工是注浆第一道工序，在施工中要做到以下几点：

（1）注浆花管直径宜采用 $\Phi 37mm \sim \Phi 42mm$，长度在 1.5 ~ 2m 左右；花管前端呈尖锥状，冲击管直接将花管打入受注层位。

（2）依据上述原则，选择适当的钻具及花管。

（3）钻机应准确到位，严格按施工序次布钻施工。钻机在施工过程中应尽量减少注浆的斜度。

2. 制　浆

根据材料试验确定配方选择浆材,进行制浆时要注意以下几点:

(1)按程序加料,准确计量,掌握浆液性能,用多少浆制多少浆。

(2)浆液应进行充分搅拌,坚持注浆前不断的搅拌,防止再次沉淀,影响浆液质量。

3. 注　浆

注浆是通过注浆设备、输浆管路,将浆液注入到目的层中,用于软弱土层处理工程中的方法有:

(1)自下而上式孔口封闭注浆法。这种工序一次成孔,孔口用三角楔止浆塞封口,分段自下而上注浆,注浆段高度在 1.5~2.0m 之间。该方法对于黏性土层较多或地层下部具有少量中粗粒砂土层的软弱土层较为适用。

(2)自上而下式孔口封闭注浆法。这种方法一次只钻成一段注浆孔,孔口用三角楔止浆塞封口,分段自上而下注浆,注浆段在 1.5~2.0m 之间。该方法对于地层中上部中粗粒砂土层较多的软弱土层较为适用。

在开始注浆前,应进行现场注浆试验,确定单孔注浆量,然后按照所采用的注浆工艺施工。在注浆顺序上,按序次施工,先施工边缘帷幕孔,再施工加固孔,宜采用工序施工,即先注第Ⅰ序次孔,再注第Ⅱ序次孔,其次注第Ⅲ序次孔。当注浆量达到设计要求时可终止注浆。边缘帷幕孔孔距应为一般注浆孔孔距的 1/2,以确保注浆工程的质量。

在边缘帷幕孔施工后,应根据治理段水文地质情况来确定是否施工排水孔。在地下水位较高地区,应在治理范围内用钻机钻成 1~3 个排水孔,排水孔孔径可在 103~150mm 之间,其目的是将边缘帷幕孔所围范围内的地下水随注浆施工排出,能够更有效地保证注浆质量。当排水孔周围注浆孔施工时,若排水孔内见到注浆浆液,则将该排水孔用注浆浆液灌实,并封孔。

在注浆面积小,地面隆起或地面有跑浆现象时,应停止注浆,分析其原因,对下一个注浆段宜减量注浆,并检查封孔装置、注浆设备等。如仍然有地面隆起或地面跑浆,应结束该孔注浆施工。

8.1.9　压力注浆效果及质量评价

1. 注浆效果评价

压力注浆工程属地下隐蔽工程,注浆施工严格按照规定进行,保证注浆工程的质量。软弱地基压力注浆要求达到的处理效果是治理后路基承载力应大于 300kPa,工后最大沉降应小于 30cm。注浆工程质量检查方法有开挖、钻探或载荷试验、沉降观测等综合方法。一方面要检查注浆工程本身的施工质量;另一方面就该施工工程所达到的效果作出综合评价。

2. 注浆质量检验内容及标准

(1)质量检验标准基本内容

压力注浆法质量检验基本内容:所需注浆材料要符合设计要求,整个施工过程要按设计规定执行;认真填写施工记录,原始记录资料要清楚、齐全、详实。

(2)质量检验方法

对于地基处理,有多种质量检验方法,适用于注浆施工质量检验的方法有:

1)开挖法。先取一个注浆区域,人工挖槽探或井探,非常直观地评价和检测注浆施工质量,绘制出槽探或井探剖面图,详细分析研究注浆的扩散半径、土体中的运动方式等内容,确定是否符合设计要求。根据需要对注浆浆液结构体进行岩体物理力学性质测试。该方法仅适用于地下浅处(地下最深达2.3m处)的质量检查。

在宣大线 K51+600~K600+700 段、K51+940~K52+010 段因修建构造物基础面开挖基坑,其深度分别在 1.5~2.0m、3~4m 之间。观察基坑壁上注浆浆液结石体的分布情况,其特征如下:①浆液结石体主要沿层理面或土层颗粒细小分层面分布;②纵向上在接近地表的土层部位,结石体形成的层状体或透镜体较厚,最厚达 5~10cm,最薄达 0.5~1cm。在土层较深处较薄,一般达 2~3cm 厚。③水平方向上接近地表的土层部位,浆液结石体分布较广,一般都可连接成为层状,似层状结石体。在土层深处一般分布较小,很少见到连接良好的层状。通常呈现似层状或透镜状。④在注浆孔附近,浆液结石体沿垂直方向呈现串球状,呈现近圆球状分布。在 0~0.5m 范围内,沿垂向劈裂现象明显。

综上所述,经开挖检验,注浆结石体在注浆孔附近形成似"根"状水泥结石体的结构体,整个注浆段内每个注浆孔的"根"状结构体连成一片,从而提高了整个土体的变形能力。

2)钻探法。钻探是一种最常用的质量检验方法,在治理范围内通过钻孔提取岩芯,然后对岩芯测试,取得土层物理力学参数,最终对工程质量进行综合评价。宣大高速公路 K51~K52 段软弱土层注浆治理工程钻探检验 12 个,表8.3 中给出其中 2 个钻孔检查结果,可说明该检查方法的适用性。

表8.3 压力注浆钻孔检查

序 号	桩 号	深度(m)	描 述
1	K51+322.5 (+2.5)	0.30	粗砂:杂色,稍湿,松散
		1.25	粉土:黄褐色,湿,可塑
		2.5	水泥薄层:青灰色,取芯碎,呈不规则状
		4.0	淤泥:灰黑色,很湿,含大量植物腐殖物
		4.5	粗砂:杂色,很湿,松散
		6.1	黏土:灰绿色,湿,可塑硬塑(未见底)
2	K51+611 (-13)	0.6	粗砂:杂色,稍湿,松散
		1.15	粉土:黄褐色,湿,可塑
		2.00	水泥薄层:青灰色,取芯碎,最大粒径为95mm,呈不规则状
		2.5	粗砂:杂色,很湿,松散
		2.95	水泥薄层:青灰色,取芯碎,最大粒径为13mm,呈不规则状
		4.40	粗砂:杂色,很湿,松散
		6.50	黏土:灰绿色,湿,可塑硬塑(未见底)

从表8.3 中可以看出,在钻机钻进过程中,注浆浆液的结石体易被磨碎,且不宜从孔内提出。因此,对注浆后土层力学性质难以进行准确评价。显然,注浆治理后,软弱土层的物理力学性质会得到一定的改善。

3)载荷试验法。载荷试验法是工程地质中原位测试方法的一种,用其试验数据,可以确定地基土承载力和计算地基土的变形模量。对于治理后的路段,宜采用 2~3 组载荷试验。如果有条件,在治理前应在相同地方进行载荷试验,取得有关数据,以便对治理前后进行分析对比,评价注浆施工质量。

在宣大线 K51 +300 处、K51 +624 处对注浆治理
工程进行了 2 组平板载荷试验,试验结果表明(图
8.4),注浆治理后的地基承载力分别达到 210kPa、
240kPa,满足了公路工程的要求。

4)物探方法。采用瑞雷波仪进行无损柱来确定地
基软弱土层中注浆的情况。

5)变形观测方法。上述几种方法主要用于进行注
浆处理施工质量检验,检查注浆治理是否达到施工设
计要求。地基处理的效果如何,是否达到公路工程的
要求,主要通过变形观测来评价。该方法直观、精度
高,但时间长。变形观测点的布设及操作规程按《工程
测量规范》(GB 50026—93)中有关规定执行,对观测结

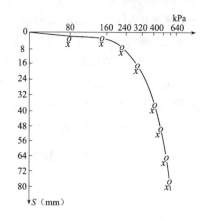

图 8.4 宣大公路注浆后承载力试验曲线
(o—K51 +300;x—K51 +624)

果进行分析、整理并与治理设计标准对比,对处理效果作出评价。变形观测要求的时间从治理
工程结束起至公路运营一年止,其工后沉降不超过设计值。而经实地观测,宣大路所有注浆处
理路段,基本没有出现工后沉降。

(3)注浆治理后地基承载力的估算

到目前为止,国内外尚没有注浆治理后地基的承载力计算公式,注浆治理后的地基承载力
可近似地用下式计算:

$$f_{注浆} = \alpha[0.5Q_u \times \beta + (1 - \beta) \times f] \qquad (8\text{-}3)$$

式中　Q_u——水泥浆液结石体的无侧限抗压强度(kPa);

　　　β——水泥浆液的充填率;

　　　f——注浆治理前地基承载力;

　　　α——修正系数,其值与 β 和孔距 L 有关,其值为

$$\alpha = \frac{1}{\sqrt{C \cdot \beta L}} \qquad (8\text{-}4)$$

对于黏性土来说,C 值应取 30 ~ 50 之间;对于砂性土来说,C 值应取 10 ~ 30 之间。

宣大线 K51 ~ K52 段注浆后地基承载力计算如下:水泥结石体无侧限抗压强度按 10MPa
考虑,治理前地基承载力为 120 ~ 150kPa,C 值取 20、45,则各段地基承载力为

K51 +300 ~ K51 +395 段:$\beta = 0.12$,$L = 5$,$f_{注浆后} = 211 \sim 204$MPa

K51 +421 ~ K51 +500 段:$\beta = 0.16$,$L = 5$,$f_{注浆后} = 232 \sim 255$MPa

K51 +600 ~ K51 +700 段:$\beta = 0.25$,$L = 5$,$f_{注浆后} = 287 \sim 282$MPa

　　　　　　　　$\beta = 0.15$,$L = 2.5$,$f_{注浆后} = 209 \sim 203$MPa

K51 +940 ~ K52 +010 段:$\beta = 0.13$,$L = 3$,$f_{注浆后} = 279 \sim 270$MPa

从计算结果来看,与静载试验结果基本吻合。

8.2　高压旋喷注浆法

旋喷法(又称高压旋喷)是用钻机钻孔至需要深度后,用高压脉冲泵,通过安装在钻机顶

端的喷嘴旋转向四周喷射化学浆液。同时旋转上提,用高压射流破坏土体结构并使破坏的土体与化学浆液混合、胶结硬化形成上下直径大致相同的,具有一定强度的圆柱体。

高压旋喷法用途较广,不仅可以用于深基坑开挖,也可以做成连续墙用于防渗截水,以提高地基抗剪强度,加固地基、改善土的变形性质、稳定边坡等。

旋喷法所用高压泵为往复式活塞泵,工作压力在 20~25MPa 以上,喷嘴用耐磨钨钴合金制成,喷出口径为 2~3mm,化学浆液目前常采用水泥浆液加速凝剂,旋喷柱的直径可以达到 50cm 左右,柱体的极限强度 3~5MPa。

8.2.1 高压旋喷桩加固地基机理

所谓高压旋喷桩,就是利用钻机把带有喷嘴的注浆管钻至土层的预定位置后,以高压设备使浆液或水成为 20MPa 左右的高压流从喷嘴中喷射出来,冲击破坏土体。当能量大、速度快和呈脉动状的喷射流的动压超过土体结构强度时,土粒便从土体剥落下来。一部分细小的土粒随着浆液冒出水面,其余土粒在喷射流的冲击力、离心力和重力等作用下,与浆液搅拌混合,并按一定的浆土比例和质量大小有规律地重新排列。浆液凝固后,便在土中形成一个固结体。

固结体的形态和喷射流的方向有关。一般分为旋转喷射(简称旋喷)和定向喷射(简称定喷)两种注浆形式。旋喷时,喷嘴一面喷射一面旋转和提升,固结体呈圆柱状,主要用于加固地基,提高地基的抗剪强度、改善土的变形性质,使其在上部结构荷载直接作用下,不产生破坏或过大的变形;也可以组成闭合的帷幕,用于截阻地表流砂和治理流砂。定喷时,喷嘴一面喷射一面提升,喷射的方向固定不变,固结体形如壁状,通常用于基础防渗、改善地基土的水流性质和稳定边坡等工程。

作为地基加固,通常采用旋喷注浆式,使加固体在土中成为均匀的圆柱体或异形圆柱体。高压旋喷法基本种类有单管法、二重管法、三重管法和多重管法四种。

高压旋喷法通过在软弱土层中形成水泥固结体与桩间土一起形成复合地基,从而提高地基的承载力,减少地基的沉降变形,达到地基加固目的。加固后的地基承载力与旋喷桩的强度、桩间土的性质和面积置换率等因素有关,通常采用下式来计算复合地基的承载力:

$$f_{spk} = [R_k^d + \beta f_{e \cdot k}(A_e - A_p)]/A_e \qquad (8-5)$$

式中　f_{spk}——复合地基承载力特征值(kPa);

　　　$f_{e \cdot k}$——桩间土地基承载力特征值(kPa);

　　　A_e——单根桩承担的处理面积(m^2);

　　　A_p——桩的平均截面积(m^2);

　　　β——桩间地基承载力折减系数,一般取 0~1;

　　　R_k^d——单桩竖向承载力标准值(kN),通过现场载荷试验确定,也可按有关公式计算。

到目前为止,国内外对桩间土承载力提高的机理尚没有进行系统研究,通过宣大线和京秦线高压旋喷注浆工程实践,认为其机理有以下三个方面:

(1)因旋喷桩的存在,使得软弱土层在荷载作用下,由原来的无侧限状态转变为有一定的边界条件的应力状态,从而提高了桩间土的强度;

(2)由于旋喷桩在自重作用下对桩周围有一定的挤密压实作用,即桩的侧壁摩擦阻力,也使得桩周围的软弱土层承载力提高;

（3）旋喷结束后,当水泥土混合浆液尚未凝结时,这种浆液将产生挤压力,对四周土有压密作用,并使部分浆液进入土粒之间的孔隙中,形成"脉"状、"板"状水泥结石体,这种情况在开挖检查中比较明显。

根据喷射理论,喷嘴出口处压力可用下列公式计算:

$$P_0 = \frac{\gamma v_0^2}{2g} \tag{8-6}$$

式中　P_0——喷嘴出口压力;

　　　γ——水的重度,一般取 9800N/m³;

　　　v_0——喷嘴出口流速,一般取 160m/s;

　　　g——重力加速度,一般取 9.8m/s²。

将上述数值代入,有:

$$P_0 = 9800 \times 160^2/(2 \times 9.8) = 12.8 \times 10^6 \text{Pa}$$

喷流在介质中喷射时,压力衰减的规律可近似地采用下式计算:

$$H_L = 0.16 d^{\frac{1}{2}} H_0 / L^{2.4} \tag{8-7}$$

式中　H_0——喷嘴出口的压力水头(m);

　　　H_L——距离为 L 时,轴流压力的水头(m);

　　　d——喷嘴直径,一般为 0.28cm。

对于宣大高速公路旋喷桩直径为 0.70m,对于京秦高速公路旋喷桩直径为 0.80m,在桩与桩间土处的位置上喷射压力分别为

$$H_L = 0.16 \times (0.28 \times 10^{-2}) \times 1280/(0.35)^{2.4} = 135.46\text{m}$$

$$H_L = 0.16 \times (0.28 \times 10^{-2}) \times 1280/(0.40)^{2.4} = 98.54\text{m}$$

式中的 H_0 值由上式计算值 P_0 换算求出;喷嘴直径 d 为 0.28cm;桩与桩间土的界面到桩心的距离 L 为 0.35m 与 0.40m。

计算结果表明:在桩体边缘,由喷射所产生的压力为 0.98MPa 与 0.71MPa。除此之外,当水泥土混合浆液尚未凝结时,仍处于流体状态,则一根 8m 长的旋喷桩的底部压力为

$$p = \gamma \cdot H \tag{8-8}$$

式中　γ——水泥土混合浆液的密度,取 15kN/m³;

　　　H——桩长,取 8m。

则　　　　　　　　　　$p = 15 \times 8 = 120\text{kPa} = 0.12\text{MPa}$

8.2.2　旋喷注浆复合地基的力学特征

1. 旋喷桩应力-应变特征

在桩基工程中,混凝土被视为弹性体,由于土和水泥组成的加固体强度通常比混凝土低很多,其应力-应变特征有其自身的特征。

试验资料表明,水泥土的应力-应变关系接近于双曲线,呈现出明显的非线性关系。喷射注浆加固体的强度变化幅度是很大的,可由 1MPa 直到约 10MPa。应力-应变特性也存在差别,试验表明水泥含量低(5%)的情况下,试样达到很大应变值之后才出现破坏强度的峰值,而且曲线比较平缓;反之,当水泥含量较高(25%)时,试样应变在很小的情况下,强度就达到峰值,

并且曲线骤然下降,呈现脆性特性的明显增长。

2. 复合地基破坏特性及荷载分担比

旋喷桩的承载力取决于桩体的强度和地基土对桩的承载力,因此,桩的破坏形式可以划分成两种类型,即桩身破坏和桩-土体系的破坏。在旋喷桩中,桩身强度成为决定桩承载力的决定因素。采用了几种不同水泥含量的土-水泥桩做试验,水泥含量低(5%、10%、15%)的桩的强度是桩承载力的控制条件,而水泥含量高(25%、30%)的桩,其承载力是由桩-土体系的强度决定的,即取决于桩侧摩擦力和桩尖反力。

旋喷桩的桩身易于破坏的原因,除桩身强度低之外,桩身强度不均是一个主要因素。在加载过程中,局部应力超过桩体剪切强度或抗压强度,开始导致破坏,进而会逐渐扩大。根据模型试验和有限元分析,桩头的剪切破坏区在桩头的3倍直径范围内。因此,保证这个范围内桩的强度及其均匀性对桩的承载力影响很大。

当桩身强度是承载力的决定因素时,增加桩的长度并不能提高承载力;当桩身强度较高时,增加长度能显著提高桩的承载力。

对于构造物路段,复合地基承载力取决于单桩承载力;对于一般路段,旋喷桩与桩间土之间所承受的荷载分担比约为2~4。

3. 复合地基桩身应力分布及应力场

一般来说,水泥-土桩沿轴线和桩侧的摩阻力分布规律与钢筋混凝土桩近似。但是在旋喷桩复合地基中,由于承台可能承受较大的荷载和发生较大的变形,因此,明显地改变了地基中的位移分布。

在复合地基中接近承台相当于承台宽度的深度范围内,其位移场与单桩有显著不同,出现了承台与桩同时沉降时组合的位移场。这种位移的变化,必然导致桩侧摩阻力和桩轴向应力的变化。由于地基的压缩,桩与土的相对位移在一定范围内有减少的趋势,即侧向摩阻力有所降低。实测的桩侧摩阻力证实了这种现象的存在。

值得一提的是,在承台下一定范围内的土体被明显压实,实测的轴向应力分担了部分桩荷载。

宣大和京秦高速公路软弱地基旋喷处理工程中,旋喷桩顶端承载力是以单桩式组成的桩群。很显然,桩在自重作用下,其桩侧的摩阻力对四周土层的压实挤密作用,造成了复合地基整体承载力的提高和沉降量的减小。除此之外,相邻的桩对于桩间土还起着一种有限边界的约束作用,使桩间土在受载荷作用的情况下,承载力明显提高。

4. 水泥土受压三轴力学性能

通过高速公路软弱地基处理工程的实践,就水泥土在三轴受压下的力学性质进行了研究,主要内容如下:

(1)通过128组水泥土的不固结、不排水常规三轴试验,探讨了水泥土在不同围压、不同掺合比下的应力-应变关系和破坏特征。

(2)研究探讨了考虑围压影响的桩基或复合地基设计的方法和思路。

1. 单向受压

在固体力学中,脆性材料在单向压缩时有两种破坏模式:一种是当受荷平面发生水平位移时,试件首先发生侧向倾斜变形,然后断裂;另一种是当受荷平面不发生水平位移时,试件先发生鼓形永久变形,然后断裂,这种破坏方式更接近实际情况。利用数值分析方法,采用20个结

点和参数单元,计算1/4试件,网格划分如图8.5所示,共分三个单元,44个结点,则有:

(1)试件发生鼓形变形后,此区域确有拉应力存在;

(2)各点最大拉应力方向,均大致通过该点的直径截面方向,即侧向张开的方向;

(3)轴向压载下,鼓形永久变形后的试件将产生侧张应力,压载加大,侧张应力也越来越大。当最大侧张应力达到拉应力 σ_t 时,试件将在该点首先开裂,生成裂纹;

(4)由于试件内含拉应力作用区的存在及裂纹尖端的奇异拉应力,裂纹线沿裂纹前缘较大的拉应力方向,在含拉应力区迅速扩展,最终破坏。

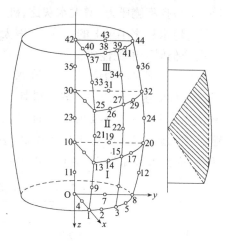

图8.5　有限元网络计算图示

从上述数值分析结果可以看出,水泥土在轴向压荷载作用下,在试件中下部首先产生侧张拉应力,形成裂纹,最终导致试件破坏。如果能限制或制约其横向变形,就能延缓水泥土在承压过程中,内部裂纹的产生、扩展及破坏,从而达到提高水泥土轴向承压能力的目的。

通过弹性力学分析和数值计算,可以得出结论:如果增大围压,从而限制或约束水泥土的横向变形,就可以延缓或防止水泥土受压时内部裂隙的产生、扩展或破坏,提高水泥土轴向承压的能力。

2. 水泥土三轴受压试验

本试验所用的试件为实心的圆柱状试件,试件直径为61.8m、高150m。所用水泥的强度等级为42.5普通硅酸盐水泥。水泥浆按水灰比(重量比)3:1、2:1、1.5:1、1:1、0.75:1和0.5:1配制,水泥浆和土体按1:1的体积比混合均匀,试件成型1天后脱模,水池中进行水中养护28天。测试仪器采用应变控制式常规三轴压缩仪,共128块试件。

3. 侧压力对纵向变形的影响

水泥土桩是在桩周土的围压作用下受荷,从桩顶到桩端的周围土压力是不同的。侧压力的大小不同,对纵向变形也有较大的影响。

根据三轴受压的试验结果,计算出水泥土的破坏应变值见表8.4。由于部分试件应力达到破坏值时读数误差的原因,为工程安全起见,以破坏荷载前一级荷载的读数为破坏变形。从该表中可以看出:

表8.4　不同水灰比、不同围压下水泥土的破坏应变

	侧压力(MPa)	0.05	0.15	0.30	0.50
破坏应变(%)	水灰比(3:1)	9.017	15.2	16.7	25.38
	水灰比(2:1)	12.67	13.132	17.8	21.37
	水灰比(1.5:1)	10.8	11.927	12.607	16.006
	水灰比(1:1)	6.329	8.32	11.17	17.95
	水灰比(0.75:1)	10.47	12.14	11.56	11.44
	水灰比(0.5:1)	14.36	13.0	12.34	10.66

（1）当水灰比为3:1、2:1、1.5:1和1:1时，破坏应变值随侧压力的增大而变化；

（2）提高侧压力，增大水灰比，破坏变形减小，桩体刚性增强；

（3）水灰比小于1的情况下，增大侧压力，则破坏应变增大，属于剪切破坏，说明旋喷桩的水泥土仍属于土的性质；

（4）相同侧压力情况下，提高水灰比，则旋喷桩破坏应变减小，说明承载力的提高。

各种侧压力情况下的轴向破坏应力值$(\sigma_1 - \sigma_3)_{max}$如表8.5所示。由此表可以看出，当水灰比为3:1、2:1、1.5:1和1:1时，侧压力的存在对破坏应力影响较大。水灰比为3:1时，平均强度增大近一倍；水灰比为2:1时，强度增加近60%；水灰比为1.5:1时，强度平均增加近30%；而当水灰比为0.75:1和0.5:1时，侧压力对水泥土强度的影响可以忽略不计。

表8.5　不同水灰比、不同围压下水泥土的破坏应力

围压(MPa)	破坏应力(MPa)					
	水灰比(3:1)	水灰比(2:1)	水灰比(1.5:1)	水灰比(1:1)	水灰比(0.75:1)	水灰比(0.5:1)
0	2.2	3.9	8.7	12.6	21.8	35.6
0.05	2.7317	5.1654	10.04	14.027	21.5	38.24
0.15	3.824	5.67	10.926	15.73	23.33	38.46
0.30	4.94	6.718	11.15	16.39	21.897	41.34
0.50	5.891	7.6	12.85	17.98	22.59	36.766

从受侧压力影响的水泥土试件中可以发现：随水灰比的增大，侧压力对强度的平均影响能力逐渐减弱。以上试验证实：施工中必须严格控制水泥质量和水灰比。

为进一步分析研究破坏时的强度与侧压力的关系，进行一元线性回归分析所得结果为：

水灰比为3:1时：$\sigma = 7.39[(\sigma_1 - \sigma_3)_{max} - \sigma_3] + 2.44$　$r = 0.99$　　　（8-9）

水灰比为2:1时：$\sigma = 6.75[(\sigma_1 - \sigma_3)_{max} - \sigma_3] + 4.48$　$r = 0.93$　　　（8-10）

水灰比为1.5:1时：$\sigma = 7.14[(\sigma_1 - \sigma_3)_{max} - \sigma_3] + 9.31$　$r = 0.90$　　　（8-11）

水灰比为1:1时：$\sigma = 9.83[(\sigma_1 - \sigma_3)_{max} - \sigma_3] + 13.38$　$r = 0.91$　　　（8-12）

为了扩大上述方程的使用范围，在选用回归方程进行预测时，可以根据工程实际所需的无侧压力时的强度，选择相应的公式，按桩体实际所受的侧压力，计算水泥土在侧压力作用下的强度控制范围。

8.2.3　高压旋喷注浆方案与施工工艺

高压旋喷法的旋喷管可以分为单管、二重管和三重管三种。单管旋喷法用单一的固化浆液射流进行工作，浆液从喷嘴喷出冲击破坏土体，借助旋转提升运动进行搅拌混合；二重管旋喷法，使用同轴双喷嘴。

1. 单管旋喷注浆法

单管旋喷注浆法是利用钻机等设备，把在底部侧面装有特殊喷嘴的注浆管（单管）植入土层预定的深度后，用高压泥浆泵等高压发生装置，以20MPa左右的压力，使浆液从喷嘴喷出，冲击破坏土体;同时借助注浆管的旋转和提升运动,使浆液与土体上崩落下来的土搅拌混合,经过一定的时间凝固,便在土中形成圆柱状的固结体(见图8.6)。

2. 二重管旋喷注浆法

二重管旋喷注浆法使用的是双通道二重注浆管。当二重管钻进到土层预定的深度后,通过在管底部侧面的一个同轴双喷嘴,同时喷出高压浆液和空气两种介质的喷射流冲击破坏土体。也就是用高压泥浆泵等高压发生装置,以20MPa左右的压力,使浆液从内喷嘴喷出,用0.7MPa左右的压力把压缩空气从外喷嘴喷出。在高压浆液流和它外圈环绕的气流共同作用下,破坏土体的能量显著增加。喷嘴一边喷射一边旋转和提升,最后在土体中形成圆柱体状固结体,其直径较单管明显的增大(见图8.7)。

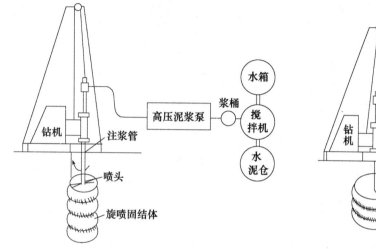

图8.6　单管旋喷注浆示意图

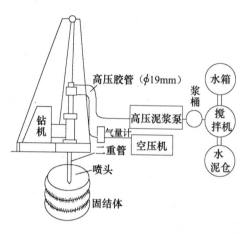

图8.7　二重管旋喷注浆示意图

3. 三重管旋喷注浆法

三重管旋喷注浆法使用输送水、气、浆液三种介质的三重注浆管。在以高压泵等高压发生装置产生以20MPa左右的高压水射流的周围,环绕一般0.7MPa左右的圆筒体气流,由高压射流和空气流共轴喷射冲切土体,形成较大的空隙,再另用注入压力为2～5MPa的泥浆充填。喷嘴一边喷射一边旋转提升,最后在土体中凝固为直径较大的圆柱状固结体(见图8.8)。

一般单管喷射的直径较小,高压泥浆泵磨损较大,但施工速度较快;三重管喷射的固结直径最大,但施工速度较慢;二重管则介于两者之间。

实践证明,在砂类土、黏类土、黄土及淤泥内都能用旋喷注浆法进行加固和堵水,一般效果较好,从而解决了小颗粒土体不易注浆的难题。但对于砾石直径过大,砾石含量过多及有大量纤维质的腐殖土,旋喷质量差,有时还不如静压注浆的效果。

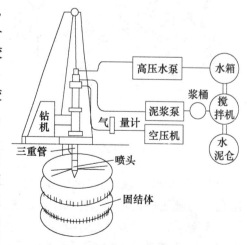

图8.8　三重管旋喷注浆示意图

127

1. 选择旋喷注浆机具

旋喷注浆机具主要包括钻机、高压泵、泥浆泵、空气压缩机、压浆管、喷嘴、流量计、输浆管和制浆机等。采用不同的注浆工艺类型,所需要的机具设备也不同。在这些机具中,有些是一般的施工单位常备的机械,只要适当选购和做少量加工即可配套。各种旋喷工艺常用的机具设备类型见表8.6。

表8.6 旋喷工艺常用的机具设备类型表

机具设备名称	规格	旋喷方法			机具设备制作
		单管法	二重管法	三重管法	
高压泥浆泵	SNC-H300 水泥车 Y-1 型液动泵	√	√		高压浆机或水射流
高压清浆泵	3XB 或 3W-6H、3W-7B 等			√	高压水射流
空气压缩机	YV-3/8 型		√	√	空气射流
泥浆机	BW-150 型、BW-250/5 型			√	钻孔旋喷
震动钻机	76 型或 70 型	√	√	√	坚硬岩层开孔
工程地质机	XJ-100 型	√	√		旋喷注浆
单旋喷管	φ50 地质管导流器及头	√			旋喷注浆
双旋喷管	TY-201 型		√		旋喷注浆
三旋喷管	TY-301 型			√	旋喷注浆
制浆机		√	√	√	制 浆

2. 施工顺序

施工顺序示意图见图8.9,具体介绍如下:

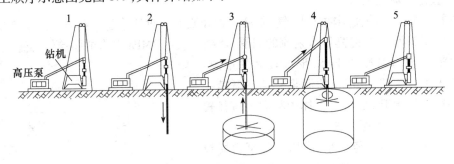

图8.9 旋喷注浆施工顺序示意图
1—钻机就位;2—钻机及插管;3—旋喷形状;4—旋喷终止;5—冲洗及移动机具

(1)钻机就位。钻机按设计孔位就位,重要的是保证钻孔的垂直度,为此必须做水平校正,使钻杆轴线垂直对准钻孔的中心位置。

(2)钻孔。标准贯入度小于40的砂类土和黏性土层,钻孔机具多采用70型或76型旋转震动钻机。比较坚硬的地层可用地质钻机钻孔。

(3)插管。当用70型或76型钻机时,插管与钻孔两道工序合二为一,钻孔完毕,插管作业即已完成。使用地质钻时,钻孔完毕,取出岩芯管将旋喷管换上,插入预定深度。为防止泥砂堵塞喷嘴,可边射水,边插管,水压力一般不超过 1MPa。

（4）旋喷作业。按设计配合比搅拌浆液,开始旋喷,旋转提升旋喷管,应时刻按设计要求检查注浆量、风量、压力、旋转提升速度,并做好记录,绘制作业过程曲线。

（5）冲洗。旋喷提升到设计标高,即施工完毕应及时用水代替浆液在地面把机具冲洗干净。

（6）移动机具。把钻机等设备移动到新孔位上。对于旋喷深层长桩,需要按照地质剖面等资料,在不同的深度,针对不同的土层调整旋喷参数以获得均匀密实的长固结柱体。

旋喷过程中,一定数量的土粒随部分注浆沿注浆管管壁流出地面,称为冒浆,根据经验,冒浆量小于注浆量的 20%,为正常现象,若超过 20% 或完全不冒浆,应查明原因并采用相应的措施。如因土层空隙较大引起不冒浆,可采取改变浆液配方、缩短固结时间的办法;若冒浆量过大,可采取提高喷浆压力、适当缩小喷嘴孔径或加快提升、旋转速度等措施。

3. 喷射工艺

（1）旋喷深层长桩形固结体

按地质剖面图和地下水情况等资料,针对不同深度和不同地层土质情况选用合适的旋喷参数。通常,对深层硬土,可采取增加压力和流量,或适当降低旋转和提升速度的途径来保证旋喷的质量。

（2）重复喷射

重复喷射是增大旋喷直径的手段之一。一般在发生浆液喷射不足,影响固结体质量时,或工程要求较大的喷射直径时,可在第一次喷射的位置进行第二次喷射。

（3）冒浆处理

旋喷过程中,浆液沿注浆管管壁冒出地面一部分是很正常的,这是由于细小的土粒被旋喷的浆液所置换的缘故。根据经验,冒浆量小于注浆量 20% 为正常,超过 20% 或者完全不冒浆时,应查明原因并采取相应的措施。

（4）消除固结体顶部的洞穴

旋喷水泥浆时,在浆土混合体固结过程中,由于析水作用,使固结体顶部出现一个凹穴。消除的办法有:对于新建工程的地基,当旋喷完成以后,开挖出固结体顶部,对凹穴灌注混凝土或直接从旋喷孔中注入浆液填平凹穴。对于已经建有构筑物的地层,当旋喷注浆结束后,在原旋喷孔位上进行第二次注浆,所用材料配方应不收缩或有膨胀性。

8.2.5 高压旋喷注浆材料

1. 浆液性质及类型

旋喷注浆是靠高压液流的冲击力破坏土层并与土体混合成新的固结体。因此,喷射注浆对浆液的材料种类、黏度与颗粒大小要求不像静压注浆那样严格。根据喷射工艺要求,浆液应具备以下特性:浆液具有良好的打喷性,有足够的稳定性,浆液中气体应少,能调整浆液的凝结时间,有良好的力学性能,无毒、无臭,结石率高。目前,我国基本上采用以水泥浆为主剂,掺入少量外加剂的喷射方法。

水灰比一般采用 1:1～1.5:1 就能保证浆液的喷射效果。京秦高速公路软弱地基高压旋喷注浆治理工程中采用水灰比为 1:1 的水泥浆液。宣大高速公路旋喷处理中选用 42.5 级普通硅酸盐水泥或 42.5 级矿渣硅酸盐水泥作为注浆主剂。因为冬季、春季施工,为了克服纯水泥初凝及终凝时间长、早期强度低、抗冻性差等缺陷,掺入外加剂的用量:工业盐 4% ~5%,三乙醇胺 2% ~4%。

2. 固结体强度

(1)固结体强度主要取决于下列因素:土质度,单位时间的注浆量。

(2)固结体强度设计规定按 28 天强度计算。试验证明,在黏性土中,由于水泥水化物与土矿物继续发生作用,放 28 天后强度交替继续增长,这种强度的增长作为安全储备。

(3)注浆材料为水泥时,1 天结体抗压强度的初步设计参考表 8.7。

表 8.7 固结体抗压强度变动范围

土质	固结体抗压强度(MPa)		
	单管法	二重管法	三重管法
砂性土	3 ~7	4 ~10	5 ~15
黏性土	1.5 ~5	1.5 ~5	1 ~5

(4)对于大型的或重要工程,应通过现场喷射试验后采样测试来确定固结体的强度等性质。

在宣大和京秦高速公路软弱地基治理设计中选用了 3MPa 固结体抗压强度。治理后经质量检验,其固结体抗压强度大于 5.4MPa。

8.2.6 高压旋喷参数

1. 旋喷机具参数的确定

(1)压力参数的选定

由公式 $F = \rho A V_m^2$ 得知,喷射流的破坏力与速度的平方成正比。一般情况下采用加大泵压力来增加其流量及流速,进而增大喷射力。由于压力的提高,必然加快各种设备磨耗。根据技术要求,一般载能介质泵都使用 20MPa 左右。宣大高速公路旋喷注浆治理过程中,压力选择为:0 ~3m 时,采用 25MPa;3m 以下时,采用 23MPa。

(2)旋转、提升参数的选定

旋转、提升的速度与喷流半径有关,而有效半径与喷嘴的几何尺寸和喷射角度又相互联系,并直接影响喷流的特性。在宣大和京秦高速公路软弱地基处理中,旋喷法提升速度选用 25cm/min,顶部 1m 选用 20 ~23cm/min,转速 n 选用 20r/min。根据工程实践,旋喷提升速度宜控制在 25 ~28cm/min 范围内,旋转速度宜控制在 20 ~28r/min 范围内。

(3)喷嘴直径

喷嘴安装在钻头侧面,是旋喷注浆的关键部分,喷嘴直径大小对喷射流速度影响很大。所以,喷嘴直径选择正确与否也是旋喷体质量好坏的一个因素。一般单管注浆中喷嘴直径选用 2.0 ~3.2mm。宣大、京秦高速公路软弱地基旋喷中喷嘴直径以 2.8mm 为主。

2. 旋喷注浆参数的确定

旋喷注浆参数是旋喷桩直径、布孔形式、孔距、单桩承载力及复合地基承载力。

(1)喷射直径的估计

旋喷后固结体尺寸主要取决于下列因素:①土的类别及密实程度;②高压喷射注浆方法(注浆管的类型);③喷射技术因素(包括喷射压力与流量、喷嘴直径与个数、压缩空气的压力、流量与喷嘴间隙、浆管的提升速度与旋转速度)。在无试验资料的情况下,对小型的或不太重要的工程可根据经验选用。对于大型的或重要的工程应通过现场喷射试验后开挖或钻孔采样确定。

根据我国使用水泥浆液,压力为 20MPa 左右、喷嘴孔径为 $2.0\text{mm} < d < 2.5\text{mm}$ 时,旋喷固结体直径 D 可按标贯次数 N 进行估计:

$$\text{黏性土(适用于 } 0 < N < 5) \qquad D = 0.65 - \frac{1}{154} \times N^2 \qquad (8\text{-}13)$$

$$\text{砂类土(适用于 } 5 < N < 15) \qquad D = \frac{1}{770}(350 + 10N - N^2) \qquad (8\text{-}14)$$

计算如下:

$$D = 0.65 - \frac{1}{154} \times N^2 = 0.65 - \frac{1}{154} \times (2.8)^2 = 0.60\text{m}$$

$$D = \frac{1}{770}(350 + 10 \times 7 - 7^2) = 0.48\text{m}$$

黏性土的标准贯入值为 $2 \sim 3$,则旋喷桩径计算为 $0.62 \sim 0.59\text{m}$。复喷一次后黏性土直径增大38%,砂类土直径增大50%左右,复喷后直径为:

宣大高速公路:$D = 0.6 \times (1 + 38\%) = 0.828\text{m}$(黏性土复喷)

$\qquad\qquad D = 0.48 \times (1 + 50\%) = 0.72\text{m}$(砂性土复喷)

京秦高速公路:$D = (0.62 \sim 0.59) \times (1 + 38\%) = 0.86 \sim 0.81\text{m}$(黏性土复喷)

(2)布孔形式

旋喷桩的平面布置需根据加固的目的给予具体考虑。作为地基加固的布孔形式有三角形式和矩形布置两种形式。京秦高速公路旋喷处理采用三角的布孔形式;但作为桥涵基础及桥背的加固,其平面布置形式又不同,一般沿构造物方向平行布置,并以此为对称布孔。

在构造物下布孔的原则是以平行构造物长轴方向进行布置。在非构造物路段,一般宜以三角形布孔形式为主,正方形布孔形式为辅,这样更好地使旋喷桩在软弱土层中对桩间土起束缚作用。

3. 地基变形计算

旋喷桩的沉降计算应为桩长范围内复合土层以及下卧层地基变形值之和。计算时应按《公路软土地基路堤设计与施工技术规范》(JTJ017—96)的有关规定进行。对于高速公路采用旋喷桩的目的是减小沉降量,计算仅供参考,最重要的是进行沉降观测,积累数据,分析它的效果。因为沉降来源于水泥土的收缩和地基的自然沉降。

由于旋喷桩迄今积累的沉降观测及分析资料很少,因此,复合地基变形计算模式均以土力学和混凝土材料性质的有关理论为基础。

对旋喷桩物理力学参数的研究,其旋喷桩水泥土的密度为 $1.7 \sim 2.15\text{g/cm}^3$,$\varphi$ 值为 $40.8° \sim 45.2°$,c 值为 $1.2 \sim 3.5\text{MPa}$,割线模量为 $4.11 \sim 20.7\text{MPa}$,平均模量为 $6.37 \sim 18.54\text{MPa}$,泊松比为 $0.28 \sim 0.35$。

通过软弱地基旋喷注浆后复合地基变形计算,取压缩模量 E_p 为 4MPa,对宣大、京秦高速公路其最终沉降量都可能小于 $10 \sim 15\text{cm}$。

8.2.7 高压旋喷注浆质量检测方法

1. 旋喷质量检查内容

旋喷固结体在地层中直接形成,属于隐蔽工程,不同于其他地基处理工程,因而不能直接观

察到旋喷桩体的质量,必须用科学的方法来鉴定其加固效果,质量检查内容主要有以下几点:

(1)固结体的整体性和均匀性;

(2)固结体的有效直径;

(3)固结体的垂直度;

(4)固结体的强度特性(包括桩的轴向压力、水平推力、抗酸碱性、抗冻性和抗渗性等);

(5)固结体的溶蚀和耐久性能等。

旋喷质量检查的性质可分为施工前检查和施工后的检查。施工前,对设计要求进行现场旋喷固结体试验。主要通过质量检查,了解设计采用的旋喷参数、浆液配方、选用外加剂材料是否合适,固结体质量能否达到设计要求。如某些指标达不到设计要求时,则可采取相应措施,使旋喷质量达到设计要求。

施工后的检查,是对旋喷施工质量的鉴定,一般在旋喷施工过程中或施工一段时间后进行。检查的数量通常为旋喷固结体数量的 2% ~ 5%,但每个加固工程至少检查 2 个,检查对象应选择地质条件较复杂的地区及旋喷时有异常现象的固结体。

凡检验不合格者,应在不合格的点位附近进行补喷或采取有效补救措施,然后再进行质量检验。

高压喷射注浆后形成的旋喷桩基强度较低,28 天的强度为 1 ~ 10MPa,强度增长速度较慢。检验时间应在喷射施工结束后 4 周进行,以防在固结强度不高时,因检验而受到破坏,影响检验的可靠性。

2. 旋喷质量检验

(1)开挖检查

旋喷完毕,待凝固具有一定强度后即可开挖。这种检查方法,因为开挖工作量很大,一般限于浅层。由于固结体完全暴露出来,因此能比较全面地检查旋喷固结体的质量,也是检查固结体垂直度和固结体形态的良好方法。

宣大高速公路旋喷桩开挖检查 20 个桩,从开挖出来的桩来看,旋喷桩垂直较好,固结体形态呈圆柱状,扩径与缩颈现象不明显,桩径 >700mm 的 6 根,占检查桩总数的 30%;桩径 >650mm 的 4 根,占检查桩总数的 20%;桩径 >200mm 的 10 根,占检查桩总数的 50%;桩径最大值为 780mm,最小值为 615mm,开挖检查结果符合设计要求(桩径≥700±100mm 和≥600±100mm)。基本特征如表 8.8 所示。

表 8.8　宣大线 K51 ~ K52 段部分旋喷桩开挖检查结果

桩　号	开挖深度 (m)	桩径 φ (mm)	特　征　描　述
K51 + 94 ~ 11	1.20	780	桩头完整,分布有少量气泡,气泡直径约为 3 ~ 8mm,分布不均匀,无裂隙
K51 + 88 ~ 06	1.50	710	桩头完整,无气泡,无裂隙
K51 + 94 ~ 02	1.60	623	桩头完整,无裂隙,分布有少量粉土团,直径约为 30 ~ 70mm,含少量气泡
K51 + 109 ~ 08	1.00	620	桩头完整,无裂隙,含少量气泡,气泡直径为 1 ~ 9mm,分布不均匀
K51 + 133 ~ 06	1.30	615	桩头完整,无裂隙,含少量气泡,气泡直径为 1 ~ 8mm,分布不均匀
K51 + 124 ~ 11	1.40	669	桩头完整,无裂隙,无气泡
K51 + 193.5 ~ 12	1.30	689	桩头完整,无裂隙,无气泡,桩头分布少量粉土团,直径约为 20 ~ 60mm
K51 + 284.5 ~ 4	1.40	789	桩头完整,无裂隙,含少量气泡,气泡直径为 1 ~ 8mm,分布不均匀

（2）钻孔检查

钻孔检查主要是钻取旋喷固结体的岩芯。通过在已旋喷好的固结体中钻取岩芯，观察判断其固结整体性和固结体的长度，并将所取岩芯做成标准试件进行室内物理力学性质试验，以求得治理工程的强度特性，或检查其施工质量，鉴定其是否符合设计要求。钻孔位置在旋喷桩半径的一半处。

在京秦高速公路治理工程中钻孔检查了 54 根旋喷桩，从所钻取岩芯观察，旋喷固结体整体性好，最好的岩芯长达 2m 多，其旋喷桩长度都达到设计要求。从表 8.9 中可以看出，旋喷桩固结体体态较好，桩长达到了设计要求。

表 8.9 12 号旋喷桩钻孔检查

钻孔钻进回次	进尺（m）	岩芯长（cm）	岩芯状态
1	0.0～0.5	40	较完整
2	0.5～1.0	40	较完整
3	1.0～1.3	30	完整
4	1.3～2.0	70	完整
5	2.0～2.3	30	完整
6	2.3～2.9	50	较完整
7	2.9～3.6	50	较完整
8	3.6～4.5	70	较完整
9	4.5～5.5	70	较完整
10	5.5～7.0	110	较完整
11	7.8～8.0	80	较完整
12	8.0～10.2	125	较完整
综合评价	（1）桩长 >10.20m（设计深度为 10m）； （2）桩体从岩芯看完整性较好		

（3）室内试验

在设计过程中，先进行现场地质调查，并取得现场地基土，以标准稠度求得理论喷固体的配合比，在室内制作标准试件，进行各种力学物理性能的试验，以求得设计所需的理论配合比。在施工完成后，对桩身强度进行室内试验，以得到相关性的参数。

对宣大高速公路中的旋喷桩，在室内制作了 3 组标准试件进行了无侧限抗压强度，其岩芯 28 天的无侧限抗压强度为 5.4～18.8MPa，合乎设计要求。除此之外，旋喷桩水泥土的密度为 1.7～2.15g/cm^3，φ 值为 40.8°～45.2°，c 值为 1.2～3.5MPa，割线模量为 4.11～20.7MPa，平均模量为 6.37～18.54MPa，泊松比为 0.28～0.35。

（4）载荷试验

载荷试验有平板静载荷试验和载荷板试验两种，一般都进行平板静载荷试验。在宣大高速公路软弱地基旋喷注浆治理工程中,进行了 2 组静载荷试验。检查结果:单桩承载力大于 280 ~ 320kN,桩间土的承载力大于 170 ~ 320kPa。

在京秦高速公路软弱地基旋喷注浆治理工程中进行了 6 组静载荷试验,检查结果:单桩承载力大于 750kN,桩间土的承载力在 150 ~ 180kPa 以上。

(5)旋喷桩无损检测

当桩长度远大于桩的直径时,可将桩看作一维杆,用反射波法检测桩基结构的完整性。目前,常用小应变法检测桩身质量和桩径、桩长,用大应变法检测桩身承载力。

在京秦高速公路软弱地基旋喷注浆工程质量检测过程中,采用了小应变法检测旋喷桩,桩的质量及桩径、桩长与混凝土灌注桩相比,其弹性波在 2000 ~ 3000m/s 左右波动,从波形图上分析,尚能反映出桩身的质量、桩径及桩长,但桩的边界不如灌注桩清楚。

在高速公路工程中,可参照相类似的加固土桩的规范,按桩总数的 5% ~ 10% 来抽查。如在京秦高速公路软弱地基旋喷注浆工程质量检测中,采用桩总数的 10% 来抽查,抽查结果是桩身喷灰均匀、完整,桩身强度、桩径和桩长均满足设计要求。

8.3 工程实例

8.3.1 注浆加固在软土中的应用

1. 工程概况

南岭隧道是京广铁路衡广复线的重点施工地段。隧道处于高度风化的石灰岩层内,要通过多裂隙地带及大溶洞区,裂隙及溶洞中有大量积水及黏土。现场的流塑性黏土的物理力学性质如表 8.10 所示。

表 8.10　现场流塑性黏土的物理力学性质

性 能 数 据		土样号			
		Ⅰ	Ⅱ	Ⅲ	Ⅳ
含水率(%)		43.7	44.1	60.0	55.0
湿密度 γ_m(g/cm^3)		1.595	1.780		1.595
干密度 γ_d(g/cm^3)		1.240	1.107		1.107
孔 隙 比 e		1.26	1.26		1.39
液限 W_L(%)		53.7	53.7	52.0	53.7
塑性指数 I_p(%)		28.9	28.9	24.5	24.8
塑限 W_p(%)		28.9	28.9	27.5	
颗粒组成(%)	0.1 ~ 0.05	3.5	9.3	4.0	9.3
	0.05 ~ 0.005	49.0	84.5	40.0	84.3
	<0.005	45.0	6.4	55.5	6.4

在施工过程中,发生过多次突水、突泥事故,使京广线铁路路基下陷,严重危及行车安全。最严重的一次是在 1984 年 11 月 26 日在隧道掘进时,突然发生了灾难性大突泥。总突泥量超过 8000m^3,埋没双线隧洞达 177m,洞内一切设施、设备均遭破坏,损失十分严重,迫使施工中

断达 7 个月之久。

2. 实施方案

论证认为本注浆加固为化学注浆,注浆加固设计方案如图 8.10 所示。

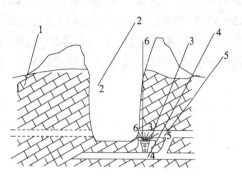

图 8.10　南岭隧道大突泥注浆加固设计方案
1—石灰岩;2—溶洞塑性黏土;3—注浆工作室;
4—平行道;5—突出塑性黏土;6—注浆区

(1)黏土厚 92m,溶洞水平长 85m,第一期注浆的目的是在突泥口(DK1935 + 475)T 处建立堵截墙,防止溶洞内黏土涌入隧道,以便顺利清理已突出来的黏土;然后再在溶洞与隧道交界处建立堵截墙(另处理)。首先在隧道的侧面修一条直达 DK1935 + 475 溶洞口的平行洞,建立面积为 8.0m × 4.0m 和 5.2m × 1.5m 的注浆工作室,工作室与突泥口之间留有一定厚度作为止浆挡土墙。

(2)为把注浆区变成阻挡溶洞流泥的大"塞子",采用了在注浆区南北端加筋的办法,在注浆到一定程度后,打入带有 Φ5 ~ 6mm 孔眼的花管(兼作套管使用),然后注入浆液,扫孔后,在花管内放入三根 Φ25mm 的钢筋,再继续注浆达设计标准为止。共钻注浆孔 91 个,分 11 排,孔深 12 ~ 15m,见图 8.11。

(3)分三轮注浆,第一轮注浆压力为 0.2 ~ 2.5MPa,第二轮注浆压力为 1.5 ~ 3.0MPa,第三轮注浆压力为 2.5 ~ 4.0MPa,注浆天数为 45 天。

3. 注浆结果

注浆结束后,立即清理黏土,原来可流动的黏土经过注浆压缩脱水后已固结成块,浆液固结体与泥块交织在

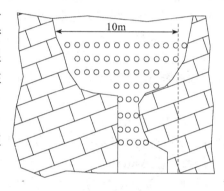

图 8.11　注浆孔分布图

一起,平均抗压强度达 0.2 ~ 4.5MPa。经上述处理后,在开挖注浆的过程中使用风镐及爆破作业,再没有出现突泥事故,注浆区完全起到大"塞子"作用,终于使隧道通过了最险峻的溶洞区。

8.3.2　地表深孔注浆在处理断层及塌方中的应用

1. 工程概况

老营盘隧道全长 2808m,是京九铁路吉赣龙段主要控制工程之一。根据工期要求和地质条件,设三个斜井,施工工期为 17 个月。在施工过程中,由于对断层带防护不力,于 1994 年 1 月 5 日在 3 号斜井进口方向 DK214 + 270 ~ + 290 处发生塌方。隧道通过地层主要为变质长石石英砂岩夹碳质板岩、泥质板岩,岩层产状变化大。尤其是碳质板岩、泥质板岩产状主要以倾向南东方向为主,风化极为严重,呈碎末状,有的与隧道中线近似平行。岩体构造破碎,节理和断层极为发育,在 DK214 + 250 ~ + 290 段为 40m 断层破碎带,断层构造呈碎石镶嵌结构,断层构造水丰富,涌水量为 45m³/h。

2. 方案的确定与实施

(1)方案的确定

通过现场测量和观察,结合图纸,进行认真的分析研究,认为该段的围岩主要为风化极严

重的碳质板岩夹泥质板岩,呈镶嵌结构。塌方段位于 319 国道旁,地表覆盖层厚度 120～150m。针对上述地质情况、环境条件、设计要求及塌方体的特点,经过多方案的比选,并在洞内作深孔注浆试验,由于塌方体块大、结构松散、空洞多,钻头多次脱杆,无论是注浆孔的位置设置还是孔的深度都难以达到设计要求,最后决定采用"地表深孔注浆"施工方案。

(2)方案实施

1)准备工作

①施工人员的技术培训:由段技术主管组织学习注浆技术操作要领、规范、规则,达到熟练掌握程度。

②平整场地,接通水电。

③备好主要机具:KD150 钻机、BW-250 型和 BW-50 型泥浆泵、拌和机、电焊机各 1 台,储浆桶 2 个,无缝钢管 5 吨。

④浆液材料的选择与试验。根据注浆材料选择的原则,在裂隙岩层中注浆一般采用纯水泥浆或在水泥中掺入少量的膨润土,故选择纯水泥浆液。根据试验,纯水泥浆液水灰比控制在 0.5～1.0 范围内,掌握最佳凝结时间。

⑤测量放样,精确布孔。由隧道导线网对断层及塌方段隧道中心线、标高进行了地表测量放样。根据洞外地形、洞内塌方的空洞部位和断层带的走向、倾角、浆液扩散半径等情况,确定孔位的布置,设置单排孔,孔位最大间距 10m,最小间距 2m,共布 2 孔,其中两孔为倾斜孔,钻孔直径为 ϕ110mm。

⑥洞内设置止浆墙。为了防止洞内跑浆,将塌方掌子面进行了修整形成 60°的斜坡,沿坡面灌注 250 号混凝土,厚度 1m,从现场开挖的地面下挖 0.8m 作为基础。止浆墙施工时,埋入小导管,管径 ϕ40mm,长 3.5～6m,按梅花形布置。间距 1～2m,小导管预先钻成梅花眼,孔径 ϕ8mm,间距 0.2m。

2)钻孔,下套管

钻孔采用 KD150 钻机,钻头为 ϕ110mm 空心合金钻,利用水压浮碴。钻机就位时必须准确放样,控制钻机支座倾斜角度。边钻进边测量,对钻孔进行了有效控制,对超标的斜孔及时纠偏,以防偏离隧道中线太远,4 个钻孔的情况见表 8.11。

表 8.11　注浆孔情况表

孔　号	地面里程	拱顶里程	倾斜角	设计孔深
1	DK214+287	DK214+283.3	2°27′56″	121.1m
2	DK214+277	DK214+277	—	132.1m
3	DK214+271	DK214+271	—	143.3m
4	DK214+269	DK214+265	1°35′56″	143.4m

套管采用 ϕ60mm 无缝钢管,比钻孔孔径小一半,主要是为了防止钻孔偏斜,套管下不去。每节管采用焊接方法进行连接,套管安放好后,才能起钻。

3)压水试验

套管下好,起钻后,封闭注浆管与孔壁间隙,进行压水试验。经过压水试验,压力为零,确认孔眼畅通,即可进行注浆施工。

(3)注浆参数确定

1)注浆压力

注浆压力是浆液扩散充塞的能量。为简化计算,本设计采用常用的地面注浆经验公式计算。

①注浆初压力和终压力

初压力 $P = (1.1 \sim 1.5) H \cdot \gamma / 10 \quad (10 \times N/cm^2)$ (8-15)

终压力 $P = (2 \sim 3) H \cdot \gamma / 10 \quad (10 \times N/cm^2)$ (8-16)

式中 H——受注点到静水位的水柱高度;

γ——水的重度。

第1孔和第2孔为塌方体区段,初压系数取1.1,终压系数取2,则初压力 $P_{01} = 1.3$MPa, $P_{02} = 1.4$MPa;终压力 $P_{11} = 2.4$MPa, $P_{12} = 2.6$MPa。

第3孔在塌方体与断层交界处,初压力系数取1.2,终压系数取2.5,则初压力 $P_{03} = 1.7$MPa,终压力 $P_{13} = 3.6$MPa。

第4孔在断层内,初压系数取1.5,终压系数取3,则初压力 $P_{04} = 2.2$MPa,终压力 $P_{14} = 4.4$MPa。

②浆液自重力

设计时按下式近似地计算出浆液的自重压力值,即

$$P_{自重} = [h \cdot \gamma + L(\gamma - 1)]/10$$ (8-17)

式中 γ——浆液的重度,取1.6;

h——压力表处至地下水位间浆柱高度,压力表距注浆口高度按2m计。根据地质资料,地下水位在地面以下55m处,故计算采用57;

L——注浆层至地下水位间高差。

为偏于安全计算,从注浆层最低处起算,所以 $L_1 = 71.2$m, $L_2 = 82.1$m, $L_3 = 93.3$m, $L_4 = 93.4$m,所以得:$P_{自重1} = 1.3$MPa, $P_{自重2} = 1.4$MPa, $P_{自重3} = 1.5$MPa, $P_{自重4} = 1.5$MPa。

③注浆压力

在①计算的注浆初压力和终压力是指作用在注浆段上的浆液实际压力值,这两种压力值均应包括三部分压力值,即

$$P = P_{泵} + P_{自} - P_{损}$$ (8-18)

式中 P——注浆段上受注点上的实际压力值;

$P_{泵}$——注浆泵上压力表指示的压力值;

$P_{自}$——浆液自重压力值;

$P_{损}$——压力损失值(据经验,在一般情况下很小,忽略不计)。

各孔压力值和施工泵压力值见表8.12。

表8.12 各孔压力值和施工泵压力值

孔 号	注浆设计压力(MPa)		注浆泵压力(MPa)	
	初 压	终 压	初 压	终 压
1	1.3	2.4	0	1.1
2	1.4	2.6	0	1.2
3	1.7	3.6	0.2	2.1
4	2.2	4.4	0.7	2.9

④检算极限压力值

采用计算公式为

$$P_{极} = \frac{m \cdot \gamma_n \cdot h_0}{10}$$ (8-19)

式中 γ_n——地表岩层密度；

h_0——受注点至地面高度；

m——浆液沿裂隙及孔隙流动的阻力系数，取0.4。

用以上公式验算结果表明：设计采用的注浆终压力小于极限压力值。

2）浆液的设计注入量和浆液扩散半径的确定

①扩散半径的确定

根据柱形扩散理论，当牛顿流体作柱形扩散时，可采用下述公式计算浆液扩散半径：

$$r_1 = \sqrt{\frac{2k_g h_1 t}{n \ln(r_i/r_0)}}$$ (8-20)

式中 k_g——浆液在地层中的渗透系数（cm/s）；

h_1——注浆压力（厘米水头）；

t——注浆时间；

n——地层的空隙率；

r_0——注浆管半径（cm）。

计算得扩散半径分别为：$r_{11} = 5.6\text{m}$，$r_{12} = 4.8\text{m}$，$r_{13} = 3.5\text{m}$，$r_{14} = 2.6\text{m}$。

②注浆量计算

计算公式为

$$Q = \lambda \pi r_1 H_1 \eta \beta / m$$ (8-21)

式中 r_1——注浆扩散半径；

H_1——注浆段高；

η——岩体空洞率；

β——浆液在岩体裂隙空洞内的有效充填系数；

m——浆液结石率，取0.8；

λ——浆液损失系数，取1.5。

由上式，分别计算出各孔注浆量为：$Q_1 = 1241\text{m}^3$，$Q_2 = 570\text{m}^3$，$Q_3 = 450\text{m}^3$，$Q_4 = 203\text{m}^3$。

（4）工艺流程及操作要点

注浆工艺流程图见图8.12。

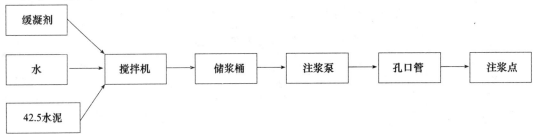

图8.12 注浆工艺流程图

注浆操作要点如下：

1）注浆顺序采用 1 号、2 号、3 号、4 号由外向内顺序进行，这样可以使塌方体形成一个"封闭圈"，对断层注浆时起止浆作用。

2）根据注浆过程的情况及时调整浆液的水灰比。一般在注浆量较大，注浆压力较低时，浆液的浓度应调高，胶凝时间应缩短，以控制浆液扩散半径和注浆量。注浆量较小，注浆压力较高时，浆液的浓度应适当降低，胶凝时间也适当延长，这样才能使浆液得到充分扩散，保证注浆质量。

3）在注浆过程中，如遇到停电、注浆机出现故障时，必须注水冲刷，以防堵管导致注浆孔报废。

4）在注浆过程中如发生窜浆，则将窜浆孔堵住，继续注浆使浆量达到注浆孔与窜浆孔浆量之和时停止注浆，绝对不可因窜浆而中途停止注浆，因为那样很容易报废注浆孔和影响注浆质量。

（5）注浆结束标准及检查

1）注浆结束标准

在正常情况下，每次注浆中，注浆压力由小逐渐增大，注浆流量由大到小。注浆压力达到设计终压时，其注浆终量为 50 ~ 60t/min，稳定 20 ~ 30 分钟即可结束。在遇到大裂隙，压力上不去，进浆量很大的情况下，经过浆液浓度的调整，仍达不到终压与终量标准时，可采用间歇注浆办法，待养护 24 小时再注浆来控制设计的注入量和终压。

2）检查

首先观察洞内设置的止浆墙上的小导管，当浆液由管底流出时，及时堵塞，直至拱顶导管浆液流出，说明浆液已注满拱顶以下塌方体。当达到终压和终量后，在距注浆孔口 2m 处钻孔取岩芯，观测岩石裂隙的浆液充填情况，要求岩芯样的裂隙应被浆液充填饱满，视其浆液充填情况调整注浆参数，若没有达到要求，即在检查孔下套管继续注浆充填。

（6）施工效果

注浆结束后，按设计要求钻孔取样对加固效果进行分析。取样分析表明，整个塌方体松散体得到固结。其中，在开挖轮廓内及拱顶 5m 以内塌体，浆液较充分且集中，形成强度较高的结石。在断层带，浆液较均匀，呈清晰的树枝网状，加固效果良好。

注浆加固后，采用留核心土环形开挖，架格栅、挂网、喷混凝土，加强衬砌，顺利通过塌方段和断层带。

8.3.3 管棚注浆固结法的工程应用

1. 工程概况

某工程位于砂砾岩中，山体中有许多断层，节理裂隙发育，整体性极差。按照国防工程锚喷支护技术暂行规定，属于Ⅳ类以下不稳定围岩。在该工程的二口通道与电站机房变断面地段发生了严重塌方，塌碴将该处通道和房间全部堵死。塌方长 14.5m、宽 10.3m，塌穴高度距拱顶 17m 以上，塌碴量约 1400m³，塌碴最大块石 60m³。

为了处理好这次塌方，采用"管棚注浆固结法"进行处理，共打棚管 639m，注入砂浆 924m³，除碴 892m³，衬砌混凝土 102m³，完工后，此工程安全顺利地通过了塌方段。

2. 方案的实施

（1）加固塌方段两端，防止塌方延伸在塌方段靠二口通道一端，采用锚网喷支护加固纵长

20m,支护参数为:锚杆直径20mm,长度3m,间距200m×600mm梅花形布置,挂网纵向钢筋直径8mm,横向钢筋直径12mm,网格为200m×300mm,喷射混凝土为200号,喷层厚度为200mm。

在塌方段靠近电站机房一端,对已衬砌的钢筋混凝土拱顶上部纵长5米内,采用混凝土满灌回填,从而稳固了拱顶上部的围岩,防止塌方扩展。

(2)砌筑碴堆挡墙

在塌方段两端用混凝土预制块,沿碴堆坡度砌筑了一道0.5m厚的封闭挡墙(如图8.13所示)。砌筑挡墙时,随着挡墙的升高,边砌筑边往碴堆内灌砂浇水,使砂填满设计范围内的塌碴空隙。砌筑挡墙的作用,一是防止管棚钻孔作业时碴堆下滑;二是防止注浆时浆体流进碴堆内,给清除石碴作业带来困难。

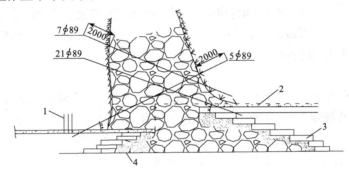

图8.13 注浆方案示意图
1—锚杆;2—满灌混凝土;3—挡墙;4—灌砂

(3)管棚作业

在两端加固处理和挡墙砌筑的基础上,首先把已加固好的二口通道顶部稳定围岩和电站机房衬砌拱圈作为管棚的两个稳定支点;然后从靠电站机房一侧布置两排棚管:第一排距衬砌端头3m处施钻,设置棚管21根,管与管间距0.45m,钻孔深度15.6m,仰角16.3°,钻到塌穴另一端基岩内2m以上;第二排管比第一排管高2m(垂直距离),两排管保持平行,管与管间距1.2~1.5m,数量7根,每根长21.3m。第二排主要用作注浆,但也起管棚作用。靠二口通道一侧,布置一排辅助管棚,距加固通道端头5m处施钻,数量5根,开孔处间距为0.7m,仰角17.4°,钻深17m,扇形穿到电站机房一侧基岩内2m以上,管棚设置见图8.13。管棚的棚管选用φ89mm×4.5mm的钢管制成。为便于安装,每根长2.5m。由于要利用其注浆,在管壁上钻有三排直径12mm的圆孔,孔距300mm,钻孔位置如图8.14所示。这样,在保证注浆效果的情况下,可以使拱顶衬砌范围外的碴体,形成厚4m的水泥砂浆固结拱壳,与管棚共同作用。

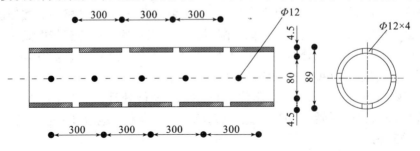

图8.14 注浆钻孔位置布置

钻孔与安装管棚分别进行,钻孔时用的钢管称岩心管,选用规格与棚管相同。但因钻孔作业需用泥浆泵注水冷却,故这种岩心管壁上没有孔。钻孔作业采用 TXV-75 型地质钻机。每钻进一根岩心管长度,就要停机,接上一根岩心管再钻孔,直至钻到设计孔深,然后再一节节退出,取出岩芯,待岩心管全部退出后,换上棚管,按照钻孔的程序,用人工推进的办法,一节节地送到孔内。当遇到堵孔,人工推进困难时,再开动钻机通过堵孔。按照设计要求,棚管一端必须深入基岩 2m 以上,另一端要露出孔外 0.5 ~ 1m,以便连接注浆管,待全部棚管按设计要求送到钻孔内,棚管安装方告完毕。此时,注浆中孔应朝上,另两注浆孔略呈水平状态。

(4)注浆固结

棚管安装完后即可注浆,注浆设备采用 HB-3 型灰浆泵,输浆量 $3m^3/h$,额定工作压力 1.5MPa。注浆材料:水泥 42.5 级普通硅酸盐水泥,砂为细砂。使用前要过筛,水泥砂浆配料比为:第一排管 1:1 ~ 1:1.5;第二排管(包括二口通道一侧设置的管棚)1:1.5 ~ 1:2,水灰比均为 0.4 ~ 0.6。注浆前从上至下,先往管内注水,清洗管壁和疏通管壁注浆孔。为了增加管棚强度,注浆前在每根管内插入一根 $\phi22mm$ 钢筋。注浆时,从两拱角开始,由下而上逐管进行,并随时观察工作压力。当压力表稳定在一定压力(1.5MPa)或其他棚管往外跑浆时,即为该管注浆完毕,立即封堵管口,进行另一个棚管注浆,注浆要连续进行。此塌方段注浆进行了 8 天,各管注浆量见表 8.13。

表 8.13　注浆统计表

孔号	注浆量（m^3）	孔号	注浆量（m^3）	孔号	注浆量（m^3）	孔号	注浆量（m^3）	孔号	注浆量（m^3）
1	4	8	23	15	70	22	20	29	5
2	2.7	9	18	16	35	23	34	30	7
3	7	10	10	17	23	24	60	31	6
4	6	11	21	18	11.5	25	46	32	3.4
5	6.4	12	27	19	7	26	33	33	5
6	14	13	210	20	8.5	27	37		
7	15.9	14	83.6	21	4	28	10	合计	924

8.3.4　高压旋喷注浆在小浪底基础工程中的应用

小浪底工程的高压旋喷注浆由意大利"SGF"公司施工,采用了国际先进的施工设备和大压力、大流量的二重管法注浆技术,创建了单排桩建造地下连续墙的施工技术,并使高压旋喷注浆技术在小浪底主坝基础处理工程中得到了广泛的应用。

1. 小浪底工程采用的高压旋喷注浆技术

（1）地层条件

小浪底河床覆盖层主要为冲积砂砾石组成，有少量的洪积层和块石夹在其中，覆盖层深厚，最深处达80余米，颗粒级配不良，小颗粒和大粒径卵石较多，缺少中间颗粒，局部地段大粒径漂石也有分布。地质资料表明：个别地区在勘探时漏水、漏浆等现象严重，地层渗透性约为36~200m/d，渗透系数大于3~10cm/s。

（2）采用二重管注浆法

小浪底工程采用的是二重管注浆法。其主要特点是浆气同轴，在高压的浆液喷射流与其外部环绕的压缩空气喷射流组成的复合式高压喷射流，可减缓高压喷射流的动压衰减，使有效喷射距增加；其次是直接利用高压浆流破坏土体，能使浆液扩散范围加大，从而增加固结体的直径。

（3）主要施工设备

1）钻机：采用CaSagrandeC8型钻机。该机为冲击回转钻，履带自行式，可自动拆装钻杆、安装偏心钻头，能套管跟进作业，配有自动化测量仪接口，可对钻进过程中钻机的参数和孔内各参数进行自动记录和显示，对地层适用性强。钻杆长固定为3m。

2）高压喷射注浆机SIRIO2SC型。该机为履带自行式，配有高46m可拆卸支架，对钻孔深在45m以内的可一次完成喷射注浆，不用加接喷射钻杆；配有LUTZCL88自动记录仪，可实时显示和打印孔深、浆压、气压、流量、转速和提升速度等参数。

3）钻机测斜仪SISGEOC6004型和C800U型。该仪器能在钻杆和套管内进行多点测斜，测出不同深度，各点的相对方位角和偏斜距。

4）高压注浆泵7T-450型。最大输出浆压可达100MPa，当输出浆压在50MPa时，最大输出流量达458L/min。

5）制浆站。配有两台搅拌能力为12m³/h和24m³/h的搅拌机，分别对膨润土浆液和水泥浆液进行搅拌和混合。

（4）高压旋喷注浆的主要参数

1）注浆压力：45MPa；

2）注浆流量：225L/min；

3）喷嘴直径：3mm的双喷嘴；

4）提升速度：根据不同要求和孔深选择在10~27cm/min之间。

（5）浆液

一般采用添加专用优质膨润土（澳大利亚产）的稳定浆液，根据对工程的不同要求，增减膨润土用量，2小时析水率均控制在7%以内。老虎嘴封堵工程由于是在主坝防渗墙上，要求凝结体强度高，所以采用纯水泥浆液注浆。

2. 高压旋喷注浆技术在小浪底大坝标工程中的应用

（1）防渗

1）上游围堰为上游坝体的一部分，其高压旋喷防渗墙是为工程截流后拦挡上游渗水，保证大坝基坑的施工；同时亦可作为大坝基础永久防渗的第一道防线。高压旋喷防渗墙全长401m，左岸168m位于主河道。右岸滩地长233m，最深的孔达51m。按Ⅰ、Ⅱ、Ⅲ序逐孔加密法施工，每孔测斜、钻孔的偏斜率控制在1.1%以内，实际偏斜率≤0.5%的占61%，≤1.1%为97.3%，基本满足要求，确保了墙体的连续性。该工程共完成钻孔累计进尺11562m，累计旋喷注浆进尺 10075m,成墙面积 9897m²（见图 8.15）。

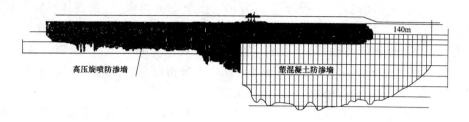

图 8.15　上游枯水围堰防渗墙

2）主坝槽孔防渗墙老虎嘴封堵。老虎嘴位于主坝防渗墙 DW5 号槽孔下部基岩内,为一凹向岩石的孔洞,原计划沿 DW5 号槽向下将岩石开挖掉,建造防渗墙。由于岩石开挖工程量太大,施工特别困难,将占用大量的大坝施工直线工期,影响大坝施工和 1999 年的防洪,为此采用高压旋喷注浆法进行封堵。在防渗墙轴线和上、下游间距 0.9m 各布一排孔,孔距 1m,形成厚 2.4m 的高压旋喷连续墙,将老虎嘴严密封堵（见图 8.16）。

（2）加固基础、提高承载力

主坝心墙区左岸岸坡的坡脚为一直立的高 20m 的陡崖,直插河床砂卵砾石层中,该陡崖长 140m,横贯心墙区,若以此作为心墙基础不满足规范芯墙土料与岸坡联结 1:0.7 坡比的要求,在主坝建成后,可能会使芯墙内或芯墙土料与岸坡基础间产生裂缝。为此在陡崖下部的砂卵砾石基础中,采用网格法,布置了 551 个高压旋喷桩,使地基的承载力提高

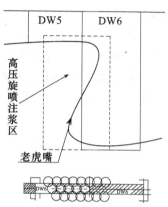

图 8.16　老虎嘴高压旋喷注浆处理示意图

了 2~6 倍。在砂卵石基础面上用 5 区混合不透水料补坡与加固后的基础一起,形成一个与左岸岸坡一致的 1:1 的人工边坡。该工程完成桩柱累计总长 6036.0m,钻孔 8225m,历 72 天。

（3）挡土、固壁和堵漏

1）施工中挡土、固壁。主坝右岸槽孔防渗墙在开工前期已经建成,其中 1 号槽孔（DW23号）在施工过程中多次塌方,有段墙体的上部 7m 未完成,撤出时进行了掩埋,由国际承包商进行接高。因为土体已经过扰动,在其上进行施工开挖,势必塌孔,采用大开挖方法工程量太大且工期不允许,为此在此槽孔两侧用高压旋喷注浆法,形成两侧固壁墙,挡住近 7m 高的土压力和渗水,然后进行人工或机械开挖,接高墙体,取得了较好的效果。

2）堵漏。右岸槽孔防渗墙前期由国内承包商按国内传统 YKC 钻机造孔修建,在河床开挖中发现有多个墙段接头中间的泥皮较厚,出露后不久即产生干裂漏水。为防止今后运行中接头漏水,在该区域内所有墙体接缝的上游侧,用高压旋喷注浆法将接缝封堵到一定深度（见图8.17）,效果明显。

3. 特点与分析

（1）先进的旋喷注浆设备

小浪底全套旋喷注浆设备来自意大

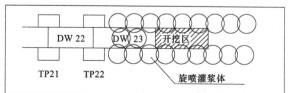

图 8.17　接缝堵漏高压旋喷注浆法示意图

利,其设备完好率和工时利用率均较高。经过统计分析,高压旋喷注浆机工效:该机每天工作20小时,平均工效为63(孔深20~50m)~84m/d(孔深20m以内)。最高日产量为喷灌10个桩,累计进尺160m。C8型钻机,在小浪底这种地层,采用偏心钻头钻进,跟套管作业,按纯钻进时间统计,不包括搬迁和检修,当孔深20m时,工效9.45m/h;当孔深20~30m时,工效6.16m/h;当孔深30~50m时,工效4.87m/h。从以上分析可看出,该套设备的工效是很高的。

(2)大流量、大压力和稳定性浆液的注浆方法

小浪底高压旋喷注浆,其浆压达45MPa,流量225L/min,这在国内尚无先例,由于灌注的流量大,压力大,浆液喷射流直接破坏土体,其影响范围远比国内三管法用高压水流破坏土体用0.5~1.0MPa的压力注浆范围要大,浆液的扩散半径、最终凝结体的半径也就相应要大。由于采用稳定性浆液注浆,流动性和可灌性好,析水慢,不易沉淀,渗透性好,注浆时不会造成管路堵塞。

(3)高压旋喷注浆技术得到广泛的应用

高压旋喷注浆技术,由于施工简便,占用施工场地小,料源广阔、价廉,设备简单,适用性强等特点,在小浪底的基础防渗、提高基础承载力、固壁、堵漏等工程中得到了应用,取得较好的效果,有些项目在我国大型水利水电工程施工中也是第一次尝试。

参 考 文 献

1　刘玉卓. 公路工程软基处理. 北京:人民交通出版社,2001:154~174
2　彭建勋,蒋开贵,虞明等. 注浆加固软土的研究及工程实例. 岩石力学与工程学报,1992,11(2):170~177
3　黄立断,马栋,韦昌云. 隧道地表深孔注浆处理断层及塌方施工技术. 西部探矿工程,1997,9(3):48~51
4　李万山. 采用管棚注浆固结法通过塌方段. 岩石力学与工程学报,1988,7(2):108~111

9 冻结法施工技术

9.1 概 述

冻结法是地下工程施工方法中的一种辅助方法。当遇到涌水、流砂淤泥等复杂不稳定地质条件时,通过技术经济分析比较,可以采用技术可靠的冻结法进行施工,以保证安全穿过该段地层。

源于自然现象的冻结法作为土木工程施工技术,早在1862年英国的威尔士基础工程中就出现了,但冻结法施工技术真正实现规模发展是在凿井工程中。德国采矿工程师 F. H. Poetsch 探索不稳定地层凿井技术,于1880年提出了冻结法凿井原理,1883年首次应用冻结法开凿了阿尔挈巴得褐煤矿区的 IV 号井,并获得成功。同年12月获得发明专利,其基本方法是:在要开凿的井筒周围布置冻结器(当时用钢管等材料制作),采用机械压缩方法制冷,通过低温盐水在冻结器内循环,吸收松散含水地层的热量,使得地层冰凉,逐渐形成一个封闭的能够抵挡水土压力的人工冻结岩体壁。

目前,冻结法施工技术基本延用了上述方法,但在制冷设备和钻孔设备方面有很大进步。施工规模逐渐增大,技术不断成熟和可靠。我国1955年开始采用冻结法施工井筒,至今最大冻结深度达435m,穿过的最大表土深度为374.5m。

随着岩土工程的发展,冻结法施工技术的应用也正在兴起。在日本及欧洲各国,城市地铁等市政工程中都有广泛应用。我国20世纪70年代在所建北京地铁时局部采用了冻结法施工技术。冻结长度90m,深28m,采用明槽开挖。1975年沈阳地铁2号井净直径7m,冻结深度51m。80年代,冻结法应用于东海海拉尔水泥厂上料厂基坑及南通市钢厂沉淀池、风台淮河大桥主桥墩基础施工中;90年代,有上海市政建设如地铁1号线中的1个泵站和3个旁通道施工,杨树浦水厂泵站基坑施工等。

冻结法作为一种特殊的施工技术,防水和加固地层能力强,又不污染水质,特别适用于在松散含水表土地层的土木工程施工。冻土结构物形状设计灵活,并可以与其他方法联合使用。除了常规盐水冻结外,在国外,20世纪60年代开始采用液氮制冷冻结地层。我国70年代和90年代分别进行了液氮冻结和干冰冻结试验,开辟了地层快速冻结的新途径。

9.2 地层冻结施工技术应用现状

9.2.1 应用分类

分析国内外应用现状,人工地层冻结施工技术在土木工程中的应用,主要有以下几方面:
(1)软土隧道及地铁;(2)在河下、铁道和其他建筑下的隧道;(3)桥墩基础;(4)地基托换;(5)矿山及地下工程;(6)大直径围岩;(7)市政工程中的上下管道及其他。

1. 国外应用现状

近十几年来,国外大量报道了采用人工地层冻结施工技术的土木工程实例。图 9.1 为日本 23 年间冻结工程实例数目和每年冻结的土体总量,平均每年约 8 个工程项目,按其百分比分列如下:

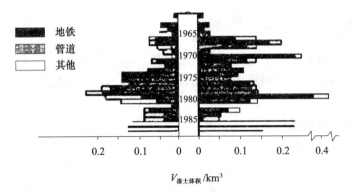

图 9.1　日本近年来冻结工程统计

(1)在河下、铁道下和其他结构物下的隧道建筑;
(2)河下、铁道及高速公路下压入法施工的项目;
(3)辅助地面开挖而进行的墙体建筑,如地铁车站等;
(4)与盾构法隧道施工有关的工程;
(5)其他。

由于冻结加固体的强度高并能有效地隔水,因而被广泛应用于隧道施工的辅助加固中。表 9.1 列出了从 1979 年到 1988 年间,世界各国应用人工冻结法加固隧道围岩的工程实例。

表 9.1　国外应用冻结法施工隧道部分实例

地　点	直径(m)	面积(m²)	长度(m)	H/V	B/LH	完成时间	报告时间
Michbuck	14.4	8	12×(34/45)	H	B	1979	Mettier,1985
Gascoigne	6	180	2×105	V	B	1980	Mid&Forrest,1982
Runcorn	6	15	2×3	H	B/LH	1980	Harrs&Norie,1981
Oslo			26	H	B	1981	Jodang,1981
Antwerp	1.7	6	210＋400	H	B	1982	Gonze,1985
Brussels		3		H	B	1982	Gonze,1985
Du Toitsloof	12.7	10/42	5×32	H&V	B	1984	Funken,1985
lver	2.8	30	52	V	LN	1984	Hieatt&Draper,1985
Munobiki	11	70	50	H	B	1985	Murayama,1985
Keihin	9.7	15	2	H	B	1985	Numaza,1988

地 点	直径(m)	面积(m²)	长度(m)	H/V	B/LH	完成时间	报告时间
Tokyo	9.7	37		H	B	1986	Mmurayama,1988
Stonehouse	2	10	10	V	LN	1986	Hrris,1987
Agri Sauro	4	150	24	H	I.N	1986	Restelli,1988
Vienna a	7	1.6	65	H	B	1987	Deix&Braun,1988
Vienna b	6.5	3	2×35	H	B	1987	Martak,1988

注:表中 H 为水平冻结;V 为垂直冻结;B 为盐水冻结;LN 为液氮冻结。

人工地层冻结法在隧道中的应用,主要有盾构出洞、进洞的土体加固;盾构隧道地下或海底对接土体的稳定;盾构隧道涌水、塌陷事故的修复等几方面。在美国和德国,冻结法多用于大直径明挖土围岩工程,诸如泵站、烟囱之类。施工时,常采用椭圆形平面的冻结壁,以起到支承墙和不透水层的作用。图 9.2 为一典型的用于修筑土围岩的冻结管布置方案。

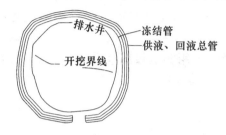

图9.2　修筑土围岩典型冻结管布置方案

Braun(1978)论述了靠近大西洋潮汐支流的美国新泽西洲两个泵站开挖的冻结情况。德国 Herne—Ost 有一个污水泵站的挖掘也采用了冻结法施工。西班牙 Burgos 市 CajadeAhorros 公司,在修复古老 CasadelCordon 建筑物作为其总部办公室时,为了开挖一个 11.5m 深的三层地下室,应用冻结技术。在该建筑物正门之下,成功地修筑了用作周边挡土墙的连续墩式基础。

2. 国内应用现状

1975 年,沈阳地铁 2 号井采用冻结法施工。井筒净直径 7m,冲积层 31.4m,冻结深度 51m。80 年代,东海海拉尔水泥厂开挖上料仓基坑和南通市在建筑物旁开挖沉淀池施工中也应用了冻结法。90 年代,冻结施工技术在市政工程中的应用更为普遍,先后在上海地铁 1 号线旁通道、1 号线盾构进出洞工程以及泵站施工工程中应用了冻结法。1994 年 12 月 ~ 1996 年 4 月,在上海延安东路隧道南线进行盾构进洞软土加固工程。1997 ~ 1998 年,在北京地铁复—八线大北窑南隧道段、上海地铁 2 号线中央公园站至杨高路站旁通道工程中,均成功地应用了水平冻结加固技术。1998 年,中煤特殊工程公司将人工地层冻结技术应用于九江湖口大桥东塔桥墩桩基水下施工获得成功,为水下大口径桩基施工提供了一种新的技术手段。

9.2.3　冻结施工方案

目前,国内外冻结施工方案按照冻结管的安置方式,可分为以下三种:

1. 直立和倾斜冻结管交替冻结方案（见图 9.3）

如瑞士 Aarburg 附近的 Born 隧道长 130m,为一条双道高速运输隧道,它通过一座在隧道两端为不稳定的土壤沉积层

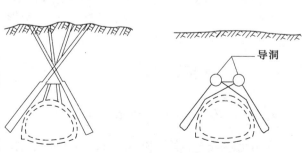

图 9.3　直立和倾斜冻结管交替冻结方案

山脉。为冻结隧道四周的土沉积物,形成一个嵌入岩石的冻结拱,采用了该冻结方案。

2. 直立冻结管冻结方案

如我国上海地铁金陵东路与江西路交汇附近,一段长37.0m地铁施工。

3. 水平布置冻结管方案(图9.4)

如Jones(1979年)报道了美国华盛顿市铁路线下的隧道工程成功地应用了这种技术;Wind(1978年)报道了芬兰把冻结管安装在隧道两端围岩里的方法,并在Helsinkl建筑了一段50m长的高速运输线。陈湘生、马玉峰(1999年)报道了在北京和上海地铁采用水平冻结法成功施工特殊地段隧道的工程实例。其中在北京地铁复一八线,采用隧道顶部水平冻结方法,共施工了40m隧道。

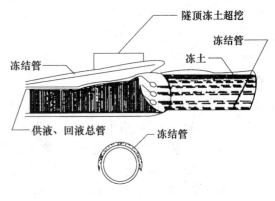

图9.4 水平布置冻结管方案

9.2.4 主要施工技术

1. 水平成孔

水平冻结孔存在的问题是机具、钻孔偏斜与测斜。目前,国内水平冻结孔施工多采用20世纪70年代技术制造的常规钻机,如煤科总院北京建井所在北京和上海地铁施工的两个冻结工程,采用的是常规的水平坑道钻机。使用这种钻机水平冻结孔可钻长度一般在50m左右,这对长距离水平冻结来说,就不得不多次重复钻孔和冻结,使得施工工序变化频繁,冻结时间也大大加长,造成工期长、成本高。另外,由于常规钻没有钻孔偏斜实时测控装置,不能有效地保证水平成孔的偏斜。

2. 冻胀、融沉的控制

冻胀、融沉是冻结法施工中不可避免的现象。如何有效地衰减冻胀、融沉量,减少对周围环境的影响,事关冻结法的推广与应用。目前,工程施工中衰减冻胀量的主要措施有:

(1)间歇冻结,人为控制冻结壁的发展;

(2)开挖卸压槽,减少水平冻胀力;

(3)把不需要的冻土体积减少到最低限;

(4)用真空泵抽取多余水分。

对于融沉,则多采用人为加速地层融化速度和地层注浆的方法减少融沉量。由于冻结工程的复杂性和多样性,加之,对冻胀、融沉控制措施的机理和控制量计算研究较少,主要靠经验来选择和实施措施,缺乏理论指导,往往收不到理想效果。

9.3 地层冻结原理

9.3.1 冻土的形成和组成土体

冻结土体是一个多相和多成分混合体系,由水、各种矿物和化合物颗粒、气体等组成。土中的水可有自由水、结合水、结晶水三种形态。当温度降到负值时,土体中的自由水结冰并将土体颗粒胶结在一起形成整体。冻土的形成是一个物理力学过程,土中水结冰的过程可划分为五个过程(图9.5)。

（1）冷却段:向上提供冷初期,土体逐渐降温到冰点。

（2）过冷段:土体降温到0℃以下时,自由水尚不结冰,呈现过冷现象。

（3）突变段:水过冷后,一旦结晶就立即放出结冰潜热,出现升温过程。

（4）冻结段:温度上升到接近0℃时固定下来,土体中的水便产生结冰过程,矿物颗粒胶结为一体形成冻土。

（5）冻土继续冷却,冻土的强度逐渐增大。

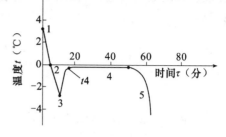

图9.5 土中水结冰过程曲线图

9.3.2 地下水对冻结的影响

1. 水质对冻结的影响

水中含有一定的盐分时,水溶液的结冰温度就要降低。当地层含盐或受到盐水侵害时都会降低结冰的冰点,其程度与溶解物质的数量成正比例关系。

盐水溶液在一定的浓度和温度下凝结成一种均匀的物质时,这种盐水溶液的浓度和温度称为低融冰盐共晶点。

常见的几种水溶液的低融冰盐共晶点和物理性质参见表9.2。

表9.2 几种水溶液的低融冰盐共晶点和物理性质

| 可溶物质 | | 分子量 | 可溶物在水中的含量(g/kL) | 低融冰盐共晶点(℃) | 低融冰盐共晶的成分 |
名 称	化学方程式				
氧化钙	CaO	56.07	2.7	−0.5	冰 + CaO · H_2O
硫酸钠	Na_2SO_4	142	40	−1.1	冰 + Na_2SO_4 · $10H_2O$
硫酸铜	$CuSO_4$	159.6	135	−1.32	冰 + $CuSO_4$ · $5H_2O$
碳酸钠	Na_2CO_3	106	63	−2.1	冰 + Na_2CO_3 · $10H_2O$
硝酸钾	KNO_3	101.11	126	−2.9	冰 + KNO_3
硫酸镁	$MgSO_4$	120	197	−3.9	冰 + $MgSO_4$ · $12H_2O$
硫酸锌	$ZnSO_4$	161.4	372	−6.5	冰 + $ZnSO_4$ · $7H_2O$
氯化钾	KCl	74.6	246	−10.6	冰 + KCl
氯化铵	NH_4Cl	53.5	245	−15.3	冰 + NH_4Cl
硝酸铵	NH_4NO_3	80	747	−16.7	冰 + NH_4NO_3
硫酸铵	$(NH_4)_2SO_4$	132	663	−18.3	冰 + $(NH_4)_2SO_4$
氯化钠	NaCl	58.5	290	−21.2	冰 + NaCl · $2H_2O$
氢氧化钠	NaOH	40	344	−27.5	冰 + NaOH · $7H_2O$

2. 水的性态对冻结的影响

土中水的性态与土质结构有关,土体有原状土和非原状土之分。原状土中砂层,砾卵石层

149

中水的渗透速度较大,非原状土如回填土要看回填土质和固结情况,较为复杂。

土中水流速度对土的冻结速度有较大影响,常规的土层冻结水流速度一般小于6m/d。水流速度与地层的渗透系数和压差成正比。地下水流速度要通过钻孔抽水试验测定,并按下式计算:

$$u = k \cdot \frac{h}{L} = k \cdot i \tag{9-1}$$

$$u_{max} = k i_{max} \frac{\sqrt{k}}{15} \tag{9-2}$$

式中　u——地下水流速度(m/d);

　　　u_{max}——进入钻孔的地下水最大流速(m/d);

　　　L——产生最大水头的水平距离(m);

　　　h——水压头(m);

　　　k——岩层的渗透系数,$i=1$时等于通过岩层的流速(m/d);

　　　i——水力坡度;

　　　i_{max}——最大水力坡度。

9.3.3　温度场和冻结速度

1. 冻结地层的温度场

地层冻结是通过一个个的冻结器向地层输送冷量的结果。这样在每个冻结器的周围形成以冻结管为中心的降温区,分为冻土区、融土降温区、常温土层区。地层中温度曲线呈对数曲线分布(见图9.6),可用下列公式表示:

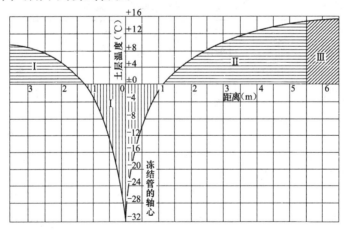

图9.6　冻结地层温度曲线图

(1)冻土区

$$t = \frac{t_y \ln \dfrac{r}{r_1}}{\ln \dfrac{r_2}{r_1}} \tag{9-3}$$

式中　t——土体中任一点温度;

150

t_y——盐水温度；

r——冻柱内任意一点距冻结孔距离；

r_2——冻结柱的半径；

r_1——冻结孔管的外半径。

（2）降温区

$$t = \frac{2t_0}{\sqrt{\pi}} \int_0^{\frac{x}{\sqrt{4\pi\tau}}} e^{-\frac{x^2}{4a\tau}} d\left(\frac{x}{\sqrt{4a\tau}}\right) \tag{9-4}$$

式中　t_0——土的初始温度；

x——距0℃面的距离；

a——导温系数；

τ——冻结时间。

2. 土的冻结速度

（1）冻结器间距是影响冻柱交圈和冻结壁扩展速度的主要因素,冻结器间距增大,交圈时间延长,冻结壁扩展速度减慢。

（2）冻土圆柱的相交初期:交圈界的厚度发展较快,很快能赶上其他部位厚度。

（3）冻结壁扩展速度随土层颗粒的变细而降低,砂层的冻结速度比黏土高。

（4）冻结器内的盐水温度和流动状态是影响冻土扩展速度的重要因素。盐水量降低,冻结速度提高,盐水由层流转向紊流时,冻结速度提高20%～30%。

（5）冻结圆柱的交圈时间与冻结器间距、盐水温度、盐水流量和流动状态、土层性质、冻结管直径、地层原始地温等有关,影响因素较多,解析理论计算较复杂,一般按经验公式推算。表9.3是我国煤矿井筒冻结的经验数据仅供参考。

表9.3　冻结壁交圈时间参考值

	冻结孔间距（m）	1.0	1.3	1.5	1.8	2.0	2.3	2.5	2.8	3.0	3.3	3.5	3.8	4.0
冻结壁交圈时间（天）	粉细砂	10	15	22	35	44	58	67	82	94	114	128	150	166
	细中砂	9.5	14	21	33	42	55	64	78	89	108	121	142.5	158
	粗砂	8.5	13	19	30	37	49	57	70	80	97	109	128	141
	砾石	8	12	18	28	35	46	54	66	75	91	102	120	133
	砂质黏土	10.5	16	23	37	46	61	70	86	99	120	134	158	174
	黏土	11.5	17	25	40	51	67	77	94	108	131	147	173	191
	钙质黏土	12	18	26	42	53	70	80	98	113	137	154	180	199

注:（1）盐水温度为-25℃;（2）冻结管直径为159mm;（3）当冻结管直径为d_i（mm）时,则冻结壁交圈时间$T_i = 159/d_i$乘以表中的数值。

9.3.4　冻胀和融沉

土体冻结时有时会出现冻胀现象,土体融化时会出现融沉现象,其原因是水结冰时体积要增大9.0%,并有水迁移现象。当土体变形受到约束时就要显现冻胀力。目前人们把土冻结膨胀的体积与冻结前体积之比称冻胀率。显然冻胀力和冻胀率与约束条件有关。把无约束情况下冻土的膨胀称"自由冻胀率",把不使冻土产生体积变形时的冻胀力称为"最大冻胀力"。

土的冻胀和土质、含水量及土质结构有密切的关系。不同土质的结合水含量不同，宏观上表现出来的起始冻胀含水量就不同（见表9.4）。我们把开始产生冻胀的最小含水量称为"临界冻胀含水量"。

表9.4　几种典型土的临界冻土含水量

土名	W_p（%）	<0.1mm 的颗粒含量（%）	<0.05mm 的颗粒含量（%）	临界冻胀含水量（%）
亚黏土	21.0	86.17	81.47	22.0
亚砂土	9.3	40.16	31.12	9.50
卵砾石		9.49	7.98	7.5
中　砂		8.35		10.0
粗　砂		2.0		9.0

像砂土、砾石这样的动水地层，一般不会出现冻胀现象。冻胀现象主要出现在黏性土质的冻结过程中。胀缩性黏土的冻胀量随含水量增加而迅速增加，表现出极大的敏感性。见表9.5。

表9.5　不同含水量的自由冻胀系数

含水量（W%）	17.6	19.5	23.8	28.4	31.5
自由冻胀系数 η（%）*	0.5	4.0	10.8	19.2	27.0

注：膨胀黏性土、塑限含水量 $W_p=22\%$。

9.4　人工冻土的力学特性

9.4.1　概　述

冻土是一种非弹性材料，在外荷载作用下，应力-应变关系随时间发生变化，其变化有明显的流变特性—蠕变：即在外荷载不变的情况下，冻土材料的变形随时间而发展；松弛：即维持一定的变形量所需要的应力随时间而减小；强度降低：即随着荷载作用时间的增加，材料抵抗破坏的能力降低。

试验表明冻土的应力-应变曲线是一系列随时间变化而彼此相似的曲线，不同时刻的应力应变曲线可以用幂函数方程表示，如图9.7所示。

$$\sigma = A_i \varepsilon^m \qquad (9-5)$$

式中　A_i——可变模量（MPa）；

　　　ε——随时间和温度变化的参数；

　　　m——强化系数，基本上随时间及温度变化。

冻土在不同的恒荷载作用下，变形随时间的发展而变化。典型蠕变曲线如图9.7所示。由

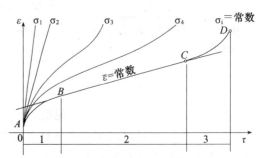

图9.7　冻土蠕变曲线图

此可以看出,当荷载作用时,首先产生初始的标准瞬时变形(OA 段);随后变形速率逐渐减小,进入非稳定的第一蠕变阶段(AB 段),在衰减的蠕变过程中,变形速率逐渐降到最小值,变成一常数而进入第二蠕变阶段,即稳定的蠕变阶段(BC 段),随着变形的发展,变形速率增加进入第三蠕变阶段,渐进流阶段(CD 段),最后以土体的破坏而告终。

当荷载较小时,变形的发展只出现到第二阶段,即变形的速率逐渐趋向于零。当荷载较大时,变形的发展将很快进入到第三阶段,并随即发生材料破坏。第一、第二蠕变阶段曲线用统一的方程式(9-6)式来描述:

$$\varepsilon = \varepsilon_0 + \varepsilon_c = \frac{\sigma}{E_0} + A\sigma^B t^C \tag{9-6}$$

式中 ε_0——瞬时变形(应变);

   ε_c——蠕变变形(应变);

   A——与温度有关的蠕变参数;

   B,C——与应力、时间有关的蠕变参数。

9.4.2   冻土强度

冻土是一种非均质、各向异性的非弹性材料,有其特殊的受力特征(如图9.8所示)。

冻土的破坏形式有塑性破坏和脆性破坏两种,其影响因素主要有:

1. 颗粒成分。一般来说,粗颗粒的冻土多呈脆性断裂,黏性冻土多呈塑性断裂。

2. 土温。土温高多呈塑性破坏,土温低多呈脆性破坏。

3. 含水量。对于典型冻土,随着含水量的增加通常由脆性破坏过渡到塑性破坏。含水量进一步增加时,则由塑性破坏过渡到脆性破坏。含土冰多呈脆性破坏。

4. 应变速率。应变速率低多呈塑性破坏,应变速率高多呈脆性破坏。

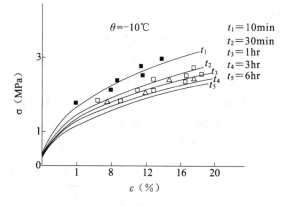

图9.8   冻土应力应变曲线图

评价冻土蠕变强度一般有两个有意义的强度指标:一是冻土的瞬时强度,即接近于最大值的强度,通常采用极限强度。它表征土体抗迅速破坏的能力,它有三个指标,即瞬时抗压强度、瞬时抗拉强度和瞬时剪切强度。二是冻土的长期强度极限(或称持久强度),即超过它才能发生蜕变破坏的最小应力,它包括持久抗压强度、持久抗拉强度和持久剪切强度。

1. 冻土单轴抗压强度

(1)温度是控制冻土强度的主要因素。无论是砂土或是黏土,强度都随温度的降低呈线性增大。冻土极限抗压强度 σ_c(MPa),按下列方程式确定:

中砂

$$\sigma_c = C_1 + C_2\sqrt{t} \tag{9-7}$$

粉砂和黏土

$$\sigma_c = C_1 + C_2 t \tag{9-8}$$

式中　C_1、C_2——根据土壤的孔隙率和温度选取的系数（见表9.6）；

t——冻结土壤的温度（℃）。

表9.6　系数 C_1、C_2 与土壤孔隙率、温度的关系

土　壤	孔隙率(%)	湿度(%)	$C_1 \times 10$	$C_2 \times 10$
中　砂	38	10.0	11.2	17.1
		16.7	21.9	21.5
		22.5	37.6	21.6
粉　砂	42	8.1	5.1	2.3
		15.0	8.6	2.3
		23.0	11.5	21.6
黏　土	40	8.0	5.9	2.3
		14.7	10.2	2.3
		24.0	15.7	5.2

（2）土质是影响冻土后变强度的重要因素之一。冻结砾、粗、中、细砂的抗压强度高于冻结黏土的抗压强度。土质的含黏性及矿物颗粒、风化都影响冻土强度。对于黏性土，塑性指标是制约强度的因素，冻结黏性土的抗压强度随其塑性指数的增大而减小。

（3）密度增大，冻土蠕变强度也增大；冻土的干密度增大，抗压强度也增大。

（4）冻土在较小含水量区间内，其抗压强度随含水量的增加而增加，当含水量继续增加，而土的密度明显减小时强度不再增加，甚至会降低。

（5）冻土持久抗压强度约为瞬时抗压强度的 $1/2.5 \sim 1/2$。

2. 冻土的单轴抗拉强度

砂土与黏土的抗拉强度见表9.7。

表9.7　冻土抗拉强度

岩性	含水量(%)	瞬时抗拉强度(MPa)			
		-10	-15	-20	-25
砂土	22~25	3.43	2.80	4.20	4.57
黏土	33~35	1.85	2.23	2.54	3.03

3. 冻土抗剪强度

试验表明，对于砂土和黏性土，无论是原状土还是重塑土，只要当应力小于9.8MPa，其冻结后的抗剪强度均可用库仑公式表示：

$$\tau = C + P\tan\varphi \tag{9-9}$$

式中　τ——抗剪强度；

P——正压力；

C——黏聚力；

φ——内摩擦角。

（1）温度是控制冻土抗剪强度的主要因素。无论是砂土或砂砾石土，一般可用下式表示：

154

$$C = C_0 |\theta|^n \qquad (\theta \leqslant -0.2℃) \qquad (9\text{-}10)$$

$$\varphi = \alpha + k|\theta| \qquad (\theta \leqslant -0.3℃) \qquad (9\text{-}11)$$

式中　C_0、α、k——实验参数。

（2）土质是影响冻土抗剪强度的重要因素之一。粗颗粒的冻土抗剪强度要比黏性土高。

（3）冻土持久抗剪强度一般为瞬时抗剪强度的 $1/6 \sim 1/3$。

4. 复杂条件的冻土蠕变强度

在实际过程中,受载的冻土体处在复杂受力状态。工程实践和科学试验都表明受载的冻土体是拉压异性材料,围压是冻土蠕变强度和蠕变规律的重要影响因素。

试验用土为兰州细砂,试验温度范围为 $-2 \sim -15℃$;围压范围是 $0 \sim 5\text{MPa}$;试样含水量为 20%;干密度为 $1.60 \sim 1.65\text{g/cm}^3$。由试验得出的三轴蠕变曲线如图 9.9 所示。

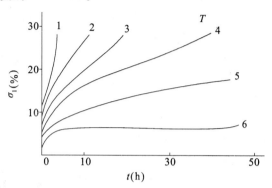

图 9.9　冻土三轴蠕变曲线

$T = -10℃$　$\sigma_3 = 1.5\text{MPa}$　1. $\sigma_1 \sim \sigma_3 = 9.0\text{MPa}$

2. $\sigma_1 \sim \sigma_3 = 8.0\text{MPa}$　3. $\sigma_1 \sim \sigma_3 = 7.5\text{MPa}$

4. $\sigma_1 \sim \sigma_3 = 7.0\text{MPa}$　5. $\sigma_1 \sim \sigma_3 = 6.5\text{MPa}$

6. $\sigma_1 \sim \sigma_3 = 5.0\text{MPa}$

（1）冻土的三轴蠕变过程和单轴蠕变过程一致,具有非常明显的三个阶段:即非稳定蠕变阶段、稳定蠕变阶段和渐进变阶段。第三阶段的出现与否仍然受制于某一极值,蠕变的前两个过程仍然可用统一的蠕变方程描述:

$$\gamma_i = A(\theta)\tau_i^B \cdot t^C \qquad (9\text{-}12)$$

式中　γ_i,τ_i——分别为剪应变强度和剪应力强度,$\gamma_i = \sqrt{2\sum_{i=1}^{3} e_i^2}$,$\tau_i = \sqrt{\dfrac{1}{2}\sum_{i=1}^{3} S_i^2}$;

$\quad e_i = \varepsilon_i - \varepsilon_m, S_i = \sigma_j - \sigma_m$

$\quad \varepsilon_m$——平均法向应变,$\varepsilon_m = \dfrac{1}{3}(\varepsilon_1 + \varepsilon_2 + \varepsilon_3)$;

$\quad \sigma_m$——平均法向应力,$\sigma_m = \dfrac{1}{3}(\sigma_1 + \sigma_2 + \sigma_3)$;

$\quad A(\theta)$——与温度有关的蠕变参数;

$\quad B,C$——分别为与应力和时间有关的蠕变参数。

轴对称三轴蠕变试验,一般认为是常体积变形,即 $\varepsilon_m = 0$,泊松比 $\mu = 0.5$。因此,$\gamma_i = \sqrt{3}\varepsilon_1$,$\tau_i = (\sigma_1 - \sigma_3)/\sqrt{3}$。对于参数 $A(\theta)$,根据试验,可用下式来确定:

$$A(\theta) = \frac{A_0}{(1 + |\theta|)a} \qquad (9\text{-}13)$$

式中　A_0 和 n 为试验参数。这样,方程式(9-12)可变为下面形式:

$$\varepsilon_1 = 3\frac{A+B}{3} \cdot A_0(1 + |\theta|^n)(\sigma_1 - \sigma_3)^B \cdot t^C \qquad (9\text{-}14)$$

（2）冻土的蠕变强度随围压的增加逐渐增大到某一最大值,而后随围压的继续增加出现下降趋势。

（3）单轴应力状态下的蠕变参数不能直接推算到复杂应力状态下的蠕变参数,必须将各种实验结果进行数据处理,以确定其参数。

9.5 常规盐水冻结

1. 常规冻结的施工工序

常规冻结的施工工序有冻结孔钻进、冻结器的安装、制冷站和供冷管路的安装、地层冻结试运转、地层冻结运转、维护和土木建筑施工。

(1)冻结孔钻进。根据设计要求,布置冻结孔。冻结孔可以是水平的、垂直的和倾斜的。目前竖井施工、隧道施工、基坑围护冻结施工主要采用垂直孔,其次是倾斜钻孔。冻结孔施工和一般的地质钻孔施工类似,开孔直径 80~180mm,钻孔过程中采用泥浆循环,并进行偏斜控制或定向控制。国内煤矿井筒施工一般采用千米钻和冻注钻机。市政工程及隧道内施工一般采用工程钻机或坑道钻机。

(2)冻结器的安装。包括冻结管和供液管的下放和安装。冻结管一般采用无缝钢管或焊管,通过焊接和螺纹连结。冻结管要进行内压试漏,使其达到设计要求;供液管一般使用塑料管或钢管。

(3)制冷站和供冷管路的安装。包括盐水循环系统管路与设备安装、制冷剂(氨、氟利昂)压缩循环系统管路与设备安装、清水循环系统管路和设备安装、供电和控制线路的安装、保温施工。

(4)地层冻结运转和维护。通过调试,使得设备达到正常运转指标。地层冻结分为积极冻结期和维护冻结期。积极冻结期要按设计最大制冷量运转,注重冻结壁形成的观测工作,及时预报冻结壁形成情况。冻结壁达到设计要求,进入土木工程施工阶段,即进入冻结维护期,此时适当减少供冷,控制冻结壁的进一步发展。

(5)土木建筑施工。包括土方挖掘和钢筋混凝土施工。施工前应使冻土墙的形成达到设计要求,具体的条件是:

1)各观测孔的数据达到设计要求;

2)制冷站有效冻结时间达到设计要求;

3)各土建工程准备就绪。

2. 冻土壁结构设计

冻结法施工首先要确定施工方案,根据土木施工要求、地质条件、技术、设备、经济条件,选择技术先进可靠、经济上合理、条件适宜的方案。而施工方案首先应根据施工需要选择冻结壁的形式。

(1)圆形和椭圆形帷幕。对煤矿井筒和隧道工程等一些圆形和近圆形结构,选用圆形和椭圆形帷幕,能充分利用冻土墙的抗压承载能力,具有最好的受力性能,经济也较合理。

(2)直墙和重力坝连续墙。直墙结构受力性能较差,冻土会出现拉应力,一般需要内支撑。重力坝墙在受力方面有改善,承载能力有所提高,但工程量相应较大,需要布置倾斜冻结孔。墙体结构要进行稳定性计算。

(3)连拱形冻土连续墙。为了克服冻土直墙的不利受力条件,将多个圈拱或扁拱排列起来组成冻土连续墙,这样可使岩体中主要出现压应力。同时还可利用未冻土体的自身拱形作用来改善受力情况。

3. 冻土壁参数设计

设计参数有冻土壁厚度、平均温度、布孔参数、冻结时间。上述参数的计算与整个费用优化、工期优化有关。

（1）根据冻结壁结构和打钻技术水平选取开孔距离，钻孔控制偏斜率；

（2）根据施工计划和制冷技术和装备水平，初选盐水温度和积极冻结时间；

（3）根据布孔参数、盐水温度、冻结时间进行温度场计算，得出冻结壁厚度和平均温度；

（4）根据土压力和冻结壁结构验算冻结壁厚度；

（5）若冻结壁厚度达不到技术要求的需要，则要调整上述冻结参数，反复计算直到技术可靠、费用和工期目标最优。

4. 制冷设计

（1）根据冻结孔数、冻结孔间距、盐水温度、盐水流量、管路保温条件，计算冻结需冷量；

（2）根据需冷量、设备新旧水平、工作条件，计算冻结站的装备制冷量。

5. 辅助系统设计

（1）盐水管路设计包括管材直径、壁厚、线路、阀门控制等；

（2）清水管路设计包括管材直径、壁厚、线路、阀门控制等；

（3）盐水管路的保温设计；

（4）地层冻结观测设计包括测温孔、水文孔布置、设备运行状态观测。

6. 施工计划和劳动组织

（1）工序分析及排队；

（2）工程量计算；

（3）工程网络分析；

（4）人员配备与劳动组织。

9.6 液氮冻结

9.6.1 原理与工艺

由于空间技术和炼钢等工业的发展，大量的制氧副产品——氮气经过液化得到的液氮作为一种深冷冷源已经广泛应用于医药、激光、超导、食品、生物等各工业生产和科研领域。20世纪60年代液氮制冷剂直接气化制冷修筑地下建筑工程，已成为一种新的土层冻结方法，为提高地层冻结速度开辟了新的途径。

液氮冻结的优点是设备简单，施工速度快，适用于局部特殊处理和快速抢险和快速施工。例如巴黎北郊区供水隧道，建于地下 3m 深，当前进至 70m 时，遇到流砂无法通过，采用液氮冻结，其工艺系统是液氮自地面槽车经管路输送到工作面。液氮在冻结器内汽化吸热后，气氮经管路排出地面释入大气，冻结时间仅用了 33 个小时，冻土速度达到 254m/昼夜，比常规盐水冻结快 10 倍（图 9.10）。其他液氮冻结如英国爱丁堡的下水道，伦敦邮政总局电线井，美国托马斯公司的表土施工，日本某地铁弯道工程以

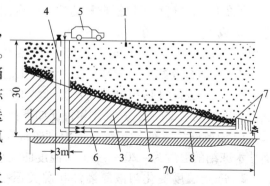

图 9.10　地下水道工作面冻结土壤
1—含水砂；2—不透水砂岩；3—泥灰岩；4—井管；
5—液氮罐槽车；6—液氮管路；7—冻结管；8—液氮汽化管路

157

及前苏联新科里洛格的试验施工。

液氮是一种比较理想的制冷剂,无色透明、稍轻于水、惰性强、无腐蚀、对震动、电火花是稳定的,一个大气压下,液氮的汽化温度为 -195.81℃,蒸发潜热为 47.9kcal/kg,表 9.8 和图 9.11、图 9.12 是液氮热物理性能和参数。

表9.8　液氮物理性能

项　目	参　数	项　目	参　数
分子量	28.016	密度	$1.2505 \times 10^{-3} kg/L$
沸点	1 个大气压下 -195.81℃	融点	-210.02
临界温度	-147.1	临界压力	-147.1
液氮比重	1 个大气压下　0.808　汽化	潜热	1 个大气压下　47.9kcal/kg
显热	0.25kcal/kg℃		

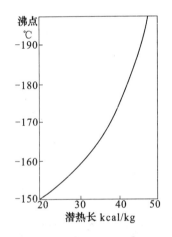

图 9.11　液氮汽化温度与潜热

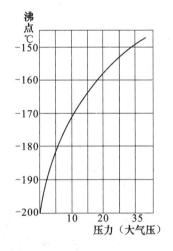

图 9.12　浓氮沸点与压力关系图

液氮的制冷过程可以根据氮的焓——压图来计算。如液氮的汽化压力是 0.12MPa,由液态汽化成气态的焓增加值为 47.6kcal/kg。汽化过程属等压吸热过程,相应汽化温度为 -193.92℃,之后氮气过热进一步制冷,显热为 0.25kcal/kg℃。若升温至 -60℃,则过热制冷 34kcal/kg,那么液氮在 0.12MPa 压力下汽化,至 -60℃,制冷量为 81.6kcal/kg。

图 9.13 是我国 1979 年进行液氮冻结地层试验绘制的温度场曲线;图 9.14 是日本鹿岛地层液氮冻结的数据曲线,其规律和特征如下:

1. 液氮冻结属深冷冻结,冻土温度较常规冻结低,梯度大,冻结器管壁温度达到 -180℃,而盐水冻结的温度为 -20 ～ -30℃,温度曲线呈对数曲线分布。

2. 冻土温度变化与液氮灌注状况关系很大。温度变化灵敏,液氮灌注量的微小变化会引起冻结管附近土温的急剧变化(或上升或下降),停冻后温度上升很快,维护冻结很必要。

3. 液氮冻结地层初期冻结速度极快,但随时间和冻土扩展半径的发展而逐渐下降,与常规冻结相比,在0.5m的冻土半径情况下,液氮冻结的速度能达到常规冻结的10倍以上。

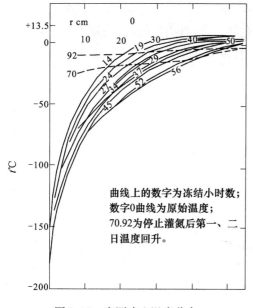

图9.13 实测冻土温度分布

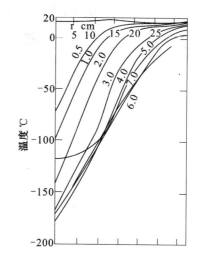

图9.14 鹿岛试验(s-3)冻土温度分布

冻土扩展半径公式可按下式计算

$$R = a\sqrt{t} \tag{9-15}$$

式中 R——冻土壁一侧厚度(m);

t——冻结时间(h);

a——冻结系数,与土的自然温度、土热参数、冻结管间距等有关,见表9.9。

表9.9 液氮冻结冻土扩展系数实验数据

国 家	土 性	含水率	系数 a
中 国	砂质黏土	25.1%	6.92
前苏联	黏 土	31%	7.1

9.6.2 工艺设计和技术经济

1. 液氮冻结冻结器的间距不宜过大,因为冻结速度妨碍冻土半径的增加,速度下降较快,一般0.5~0.8m。

2. 冻结系数与冻结器管壁、土的热物理参数、土的原始温度有关,在实际施工中与液氮灌注状况关系很大,一般可通过理论计算和经验两个方面取值。

3. 灌注状况主要指液氮流量和汽化压力,但它们最终以冻结器管壁温度变化显现出来,对冻结系数有很大影响。表9.10是几个施工工程液氮灌注压力参数。

表9.10 液氮灌注压力

实例	美国托马罗公司表土冻结	法国格勒诺布尔试验	苏联新科里沃洛格试验	我国试验
压力(MPa)	0.232	0.245~0.352	0.03~0.05 (水平管)	一般0.1~0.4 最大0.4

4. 冻结器的设计注重供液管和冻结管的匹配和再冷问题。在进行水平道路的顶部冻结时应防止液氮的回流。

5. 冻土的液氮消耗量是变化的，初期冻结单位冻土的消耗量较小，后期增大。我国液氮试验的初次冻结试验结果每方冻土520kg，国外一般为每方冻土500～900kg。

9.7 冻结法工程应用

9.7.1 南京地铁旁通道冻结应用

1. 工程概况

南京地铁 TA4 标盾构法区间隧道，北起钓鱼台工作井北侧，南至三山街车站面端头井，由左线（下行线）和右线（上行线）隧道组成。隧道外径 6.2m，内径 5.5m，每块管片宽为 1.2m，厚为 0.35m。旁通道位于两站区间隧道中间，隧道中心埋深 13.13m。旁通道及泵站采取合并建造模式，它既保证上、下行隧道间的联络作用和必要时乘客安全疏散的功能，又起到地铁运营中两车站之间的集、排水作用。工程结构由两个与隧道相交的喇叭口、通道以及集水井等组成。旁通道土体开挖前，必须对其周围土体进行加固，土体加固的方法常用的有深层搅拌法和冻结法。目前，冻结法在国内地铁建设中得到了广泛利用，积累了一定的成功经验。南京地铁一期工程 TA4 标旁通道采用了冻结施工，并取得了圆满成功。根据南京地铁旁通道的现场监测资料，分析研究了土体最佳开挖时间，并且获得了冻结盐水温度、冻土温度、地表变形以及隧道变形的变化规律，在此基础上提出了旁通冻结施工的建议。

旁通道工程地质资料如表 9.11 所示。地下水主要为孔隙潜水或弱承压水，埋藏浅，水位一般位于地下 1～2m。

表 9.11　土层物理力学参数

土 层 名 称	土层厚 (m)	含水量 $W(\%)$	天然重度 $\gamma(kN/m^3)$	压缩模量 $E_s(MPa)$	黏聚力 $c(kPa)$	内摩擦角 $\varphi(°)$	渗透系数 $k(10^{-6}cm/s)$
杂填土	3.5	34.7	18.0	4.36			12.7
粉 土	2.1	33.5	18.3	7.04	23	22.8	4.23～7.02
淤泥质粉质黏土	6.4	37.8	17.7	3.71	11	9.6	1.03～6.67
粉 砂	3.8	32.1	18.5	9.63	11	30.7	7.31～256
粉质黏土	4.5	28.0	19.1	7.06	61	9.1	2.6

2. 水平冻结设计

（1）冻结管的布置

从表 9.11 看出，土层平均渗透系数小，透水性差，并且含有粉砂层，比较有利于采用冻结法施工。经研究采用"隧道内钻孔冻结加固，矿山法暗挖构筑"的施工方案。根据冻结帷幕设计及旁通道的结构，冻结孔的倾角采用上仰、近水平、下俯三种角度布置。开孔间距为 0.6～

0.7m,冻结孔数 58 个。冻结孔的布置见图 9.15 所示。

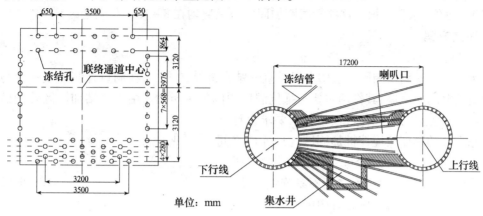

图 9.15 冻结孔布置

(a)冻结孔布置的横断面图;(b)冻结孔布置的纵断面图

（2）冻结参数

选用 YSLGF300Ⅱ型螺杆压缩机组一台套,设计制冷量为 20,833kJ/h,电机功率 110kW。地层冻结供冷工艺参数和指标为:积极冻结盐水温度为 −28 ~ −30℃;冻结孔单孔流量不小于 4m³/h;设计冻结帷幕交圈时间为 20 天,达到设计厚度时间为 30 天;积极冻结时间为 30 天,维护冻结时间为 35 天。

测温孔 10 个(4 个兼作卸压孔)。冻结系统辅助设备:①盐水循环泵选用 IS125-100 ~ 200 型 2 台,流量200m³/h,电机功率45kW,其中一台备用;②冷却水循环选用 IS125 ~ 200 型 2 台,流量 120m³/h,电机功率 30kW,其中一台备用;③冷却塔选用 NBL-100 型一台,补充新鲜水 15m³/h。

9.7.2 南京地铁张府园车站中人工冻结法的应用

1. 工程概况

张府园车站南端头井洞门区域采用地下连续墙、深层搅拌桩以及压密注浆对土体进行加固,在凿除洞门钢筋混凝土时发现洞门中心处东、西两侧有流砂涌入,迅速采用双液注浆堵水,过了两天又有大量流砂涌入,对周围环境产生较大的影响,其中端头井东侧的沉降量增大,东部 20m² 区域地面下陷 1.5m 左右(图 9.16)。在这种情况下施工单位及时采取措施,以保证施工以及周围环境的安全。

根据管线及房屋调查结果显示,在张府园车站南端头井的东侧沿中山南路方向 15m 范围内有 380V 的电缆一根,直径

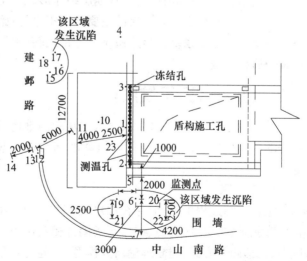

图 9.16 洞门区域平面及位移观测点、
冻结管布置示意图

约900mm的下水管一根;南侧沿建邺路方向15m范围内有380V的电缆一根,直径约1200mm以及150mm的上水管一根。这些管线距加固区域距离均在8～15m范围之内。

2. 冻结方案

(1)冻土墙设计

采用在盾构出洞口周围土层中布置垂直冻结孔冻结的方法,在洞口外侧形成一道与工作井地连墙紧贴的冻土墙,其作用主要是抵抗洞口周围的水压力。由于冻结加固区外侧已有搅拌桩,可以承受土压力。所以,仅按封水要求设计冻土墙。冻土墙的厚度按搅拌桩加固区与地连墙之间的距离确定,有效厚度为0.5m。由于地连墙混凝土的导热性好,冻土墙与地连墙之间不易冻结。所以,要求冻结管靠近地连墙,并对盾构出洞口附近工作井表面进行保温。

冻结孔布置与冻土墙形成设计,见图9.17。共布置冻结孔21个,冻结孔深度18.5m,开孔间距450mm,冻结孔与工作井地连墙之间的间距为250mm,设测温孔2个,深度18.5m。取冻结孔允许偏斜率5‰。冻土墙的扩展速度取26mm/d。设计冻结15天后开始破盾构出洞口,此时,冻土墙厚度达到0.64m,宽度达到8.8m,均能满足上述设计计

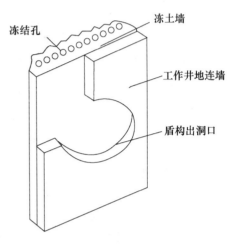

图9.17 冻结孔布置及冻土墙形成示意图

算要求。设计最低盐水温度为 −24 ～ −28℃,并求冻结7天盐水温度达到 −22℃;冻土墙平均温度不高于 −9℃。打开隧道出洞口时冻土墙与工作井连墙交界面附近温度低于 −3℃。冻结管外径108mm;冻结15天后开始打开盾构出洞口;拔冻结管2天。

(2)施工工艺

冻结法的工艺过程为:在盾构出洞方向沿工作井地连墙外侧布置冻结孔,并在冻结孔中循环低温盐水,使冻结孔附近的含水地层结冰形成冻土墙并在冻土墙的保护下,打开盾构出洞口和推进盾机。冻结法加固地层的主要施工工序为:施工准备→冻结孔施工,同时安装冻结制冷系统→安装冻盐水系统和检测系统→冻结运转→探孔检验→打盾构出洞口→停止冻结,拔冻结管→盾构推进。

9.8 冻结法工程发展前景

随着我国经济建设的发展,含水丰富的困难地质条件下的城市地下工程将日益增多,为冻结法的应用提供了广阔的空间。但就冻结法技术现状来看,以下几方面将成为今后研究的重点。

1. 冻 胀

土在冻结过程中,不但存在温度场和水分场的耦合作用,而且还伴随着应力和位移的变化。冻胀是水、温度、应力、位移四场耦合相互作用的宏观表现。因而,综合统一考虑水、温度、应力、位移四个方面,建立理论研究模型,试验与数值模拟研究水、热、力、位移的耦合作用,定量研究土在冻结过程中的温度、水分、应力分布及变形,深刻揭示冻胀机理及其内在规律,将是今后研究的一个热门课题。

2. 融 沉

人工地层冻结必然要产生冻融固结下沉,造成对周围环境的影响,在一定程度上制约了冻结法的推广应用。鉴于工程要求和目前研究现状,迫切需要研究孔隙水压力、温度、水的饱和度、含冰量与冻土融化下沉的关系,融化固结速率和时间过程特征,以及多孔介质和可变形体系的冻土热、质、力耦合场问题。通过试验和理论研究,建立更简便、更适用于工程实践的融化固结理论模型及可靠的计算方法。

3. 水下冻结温度场

随着我国桥梁建设的发展,水下人工地层冻结将可能成为一个新的应用领域。开展水下冻结温度场试验与理论研究,摸清河(湖)流速、深度对温度场的影响,建立水下冻结温度场数学模型和设计计算理论,对加快大直径灌注桥墩施工速度,降低成本,提高我国建桥技术水平有十分重要的意义。

4. 水平冻结钻孔

近几年,随着土层非开挖施工技术的迅速发展,国内外水平定向钻井机具及施工技术取得了长足的进步。国内生产的水平定向钻机(FDP—15B型)的一次成孔长度可达300m,进口同类产品可达400m以上,其导向装置分为无线式和有线式,可实时监控钻孔倾角、垂直方向和水平范围的方位,从而保证了钻孔的偏斜率。但国内外尚无使用该种钻具施工水平冻结孔的报道。因此,研究将非开挖技术应用到冻结水平孔施工,以及与之相应的冻结孔密封、冻结器密封和钻孔测斜技术,对简化施工工艺,加快水平冻结法施工隧道速度,大大降低施工成本有着重要的意义。

5. 工程监测和信息化施工

由于地层的复杂性和影响冻结工程的因素较多,应研究建立有效的工程监测系统,实时监控包括冻结温度场、位移场和应力场在内的变化,及时反馈施工信息,修正设计偏差,保证施工安全。

参 考 文 献

1 程 桦. 城市地下工程人工地层冻结技术现状及展望. 淮南工业学院学报,2000,20(2):17~20

2 陶龙光,巴肇伦. 城市地下工程. 北京:科学出版社,1996:221~236

3 李大勇,吕爱钟,张庆贺等. 南京地铁旁通道冻结实测分析研究. 岩石力学与工程学报,2004,23(2):335~336

4 杨 平,佘才高,董朝文等. 人工冻结法在南京地铁张府园车站的应用. 岩土力学,2003,24(增):389~391

10 钻孔灌注桩施工技术

10.1 概　述

随着岩土工程技术的不断发展,钻孔灌注桩在公路桥梁、高楼建筑、地下结构等工程中广泛应用。它也是作为基础承载的一种形式,尤其在沿海发达地区,到处高楼林立,地下水丰富,钻孔灌注桩便成为高层建筑基础形式的首选。

由于钻孔灌注桩具有施工噪声小适合于闹市区甚至校园内施工,可承受较大的垂直荷载,能承受较大的水平荷载,抗震性能好;桩径尺寸可灵活设计,比沉管灌注桩更节约成本;机械化水平高,施工速度快,能更大地释放劳动力;施工过程中不用降低地下水位,对邻近房屋的沉降不会造成影响等一系列优点,因此钻孔灌注桩广泛应用于城市的多层及高层建筑施工中,并取得了明显的社会效益及经济效益,得到了工程技术界的充分肯定及积极推广。

10.2 施工原理及流程工序

10.2.1 钻孔灌注桩施工原理

钻机的主旋钻杆下端连接钻杆、钻头,通过转动装置带动水平转盘转动,转盘箍紧主钻杆一同转动。造孔时,钻头的进尺靠主钻杆、钻杆、钻头的重量对地下各地质层的垂直压力,快速旋转钻进。造孔钻进时,必须注入合乎黏稠度的泥浆。泥浆由泥浆泵从泥浆池中吸进,经过胶管、主旋钻杆、钻杆、钻头的中心圆孔送到孔底。大量泥浆的注入,将造孔钻落在原土中的砂石颗粒和泥团挤压冒出井孔上口,浮溢出孔外流入已设好的泥浆池中。通过对泥浆池不断的捞碴,清排泥浆中的泥团和粗颗粒的石子,其余泥浆经过静置沉淀,砂石颗粒沉入池底部,由泥浆泵从另一管路吸上泥浆车外运。有一定比重的泥浆,由泥浆泵循环使用,于孔壁表面形成泥浆护壁层,保护孔壁不易坍塌。

测量达到设计深度要求或桩端持力层后,需停止钻进,进行第一次清孔,待清出泥浆比重、黏度、含砂量达到要求后,既可起卸钻杆装置。安装钢筋笼及接驳混凝土下料管,导管接驳至长度要求后,利用导管进行第二次清孔。

二次清孔尤为重要,因为在安放钢筋笼和接驳导管时,可能对孔壁有所碰撞,导致砂石崩塌沉入孔底;同时悬浮于泥浆中的砂石颗粒,因在管中停留时间长,也会逐渐离析沉入孔底。二次清孔同样需要检验泥浆比重、黏度和含砂量。

二次清孔合格后即进入成桩灌注混凝土,灌注前必须在导管上端安置隔水栓塞。栓塞用钢丝线吊绑,当储料斗盛满混凝土后,剪断钢丝绳,混凝土沿导管沉入井底,挤出泥浆。通过不断的灌混凝土、提管、拆管,灌注到施工方案设计高度,成桩结束。

10.2.2 钻孔灌注桩施工的施工流程工序

桩位放线→桩机就位(调整垂直度)→埋设护筒→第一次清孔(拌制护壁泥浆)→钻孔→质量检测→(钢筋笼制作)吊放钢筋笼→吊放导管→第二次清孔(泥浆沉淀池、处理排放)→灌注水下混凝土。

10.3 几种灌注桩施工技术简介

10.3.1 沉管灌注混凝土筒桩技术

沉管灌注混凝土筒桩是一种在原普通沉管灌注桩基础上发展而来的新桩型。它的施工方法较普通沉管灌注桩有许多不同,其显著的不同之处在于:沉管灌注混凝土筒桩采用双钢管筒加环形桩靴结构,并利用中高频振动将管筒沉入土中,外管和内管形成排土体积向内心挤密并部分排出地面,外侧土体基本不受挤压,环形桩靴刀刃角度可以根据需要调节,使其具备了普通沉管灌注桩所不具备的挤土可调节的特征。

1. 桩型的工艺要点

(1)靴构造要求

筒桩桩靴在施工中起到切削土体和形成内排土作用力,它必须有足够的强度和合理的削刃角,另外要有固成孔器双钢管筒的作用(见图10.1)。

(2)成孔器构造要求

成孔器由内外两层同心的钢管与震动头连接器共同组成,双钢管形成的间隙要求均匀(尤其在制作具有钢筋笼的筒桩时),另外成孔器的钢管底端壁腔间隙是桩的形状的决定因素,故成孔器的安装要求较高,且必须以下端口为基准进行安装。成孔器壁腔间隙在无钢筋笼时宜控制在100mm以上,有钢筋笼时则宜控制在150mm以上。

图10.1 桩靴实物图

(3)混凝土制料

筒桩混凝土主骨料应细均匀,坍落度宜控制在80左右,尤其是在有钢筋笼的情况下,粗骨料的粒径应适当减小,骨料的均匀度将直接影响桩身质量。

(4)混凝土灌注要求

由于筒桩壁腔较薄,混凝土灌注间隔时间过长,会导致混凝土粘壁,影响桩身质量,故要求灌注间隔时间控制在30分钟以内。

2. 沉管灌注混凝土筒桩的试验情况(单桩竖向静载试验)

(1)试验目的

验证筒桩设计计算的合理性。

(2)地质情况

某工程工程地质条件较差,30m以上为饱和淤泥质土,高压缩性,力学指标极低;30~60m为黏性土层,饱和可塑,高压缩性,力学指标较差,具体土质指标见表10.1。本次试验共取四颗桩,编号及桩长、桩径情况列于表10.2中。

表10.1 某工程地质资料

层号	土层名称	层厚(m)	含水量 w (%)	孔隙比 e	γ (kN/m³)	地基承载力 f_0 (kPa)	α_{1-2} (10⁻⁶MPa)	E_s (MPa)	k_Y (cm/s)	k_h (cm/s)	[α_0] (kPa)	S_r
(1)	黏土	0.5~0.8	44.6	1.269	17.4	18.0	1.05	2.19			65	
(2)-1	淤泥	20.5~22.7	64.0	1.802	16.1	5.2	1.70	1.65	9.2×10^{-4}	2.8×10^{-6}	40	12
(2)-2	淤泥	8.4~11.9	57.3	1.675	16.1	7.5	1.45	1.85			50	

表10.2 某工程试验桩资料

编 号	桩 长(m)	桩径×壁厚(mm)
LQXY-1	20	1000×100
LQXY-2	25	1000×100
LQXY-S1	20	1000×100
LQXY-S2	25	1000×100

(3)承载力设计值

$\phi1000$,桩长25m,$R_k=1177.5$kN;$\phi1000$,桩长20m,$R_k=957.7$kN

(4)测试数据(略)

(5)试验结论

桩长25m,桩极限承载力达到1200kN,桩长20m,桩极限承载力达到1000kN,均符合计算值。

3. 设计中的若干问题

沉管灌注混凝土筒桩可根据设计单桩承载力要求选择桩径和壁厚。对单桩承载力较高时,可设计成实芯混凝土扩底或不扩底桩。施工做法是用壁厚100mm,素混凝土筒桩到达持力层,混凝土凝固后即可干取土。这时,混凝土筒桩成为护壁套筒,可做干作业桩。

沉管灌注混凝土筒桩设计,摩擦力和桩端阻力建议计算如下:

(1)摩擦力仅计算筒体外侧阻力,按沉管灌注桩同样方法取桩的极限侧阻力标准值;

(2)桩端阻力设计计算应考虑混凝土桩身投影截面及土芯的土塞效应两部分。

4. 施工中的若干问题

沉管灌注混凝土筒桩的施工工艺与沉管灌注桩大致相同,主要区别在于以下几点:

(1)普通沉管灌注桩施工机械采用的是ZJ40、ZJ60的低频震动机。震动波长传播距离较远,对周边的建筑和居民生活都会带来影响;沉管灌注混凝土筒桩则采用ZJ120以上的中频振动机,频率高、波长短,在离桩机15m以外,基本感觉不到震动,适合城市施工;如改用中高频震动机,则基本无震感。由于中高频震动下土体局部液化,使机械能利用率达到很高的水平,可用较小的震动头就可以施工大直径的筒桩。

(2)振动机功率大,震动频率高,使可作业深度极大提高,目前作业深度达到48.50m。

(3)由于沉管灌注混凝土筒桩的桩靴可根据需要设计调节其挤土特性,桩的密度可以非常高;比如杭宁高速公路长兴段,桩的平面系数为151.7%,没有因挤土现象而影响桩身质量。

10.3.2 中心压灌超流态混凝土灌注桩施工技术

中心压灌超流态混凝土灌注机的施工工艺是采用特制的长螺旋钻机,钻孔至设计深度后,通过混凝土输送泵将超流态混凝土压灌到孔底;同时根据混凝土压落速度,同步提升钻杆,出钻头提升至桩顶设计标高,桩身混凝土压灌完成后,将钢筋笼插入孔内的超流态混凝土中,一次成桩。这种施工方法的特点是无振动、无噪声、无泥浆排放、成桩速度快、质量可靠,尤其在地下水丰富的土层中优点更加突出,具有很大的发展前景。

1. 施工工艺及流程

(1)工艺流程

中心压灌超流态混凝土灌注桩施工工艺流程如图10.2所示。

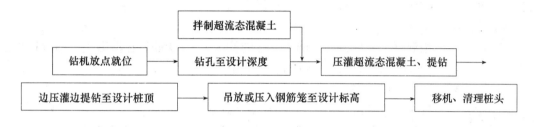

图10.2 施工工艺流程

(2)工艺要点及说明

1)移机就位。桩机到达设计桩位,通过钻机水平尺及垂球,十字双向控制螺旋钻杆垂直度,钻头距地面≥10cm对准桩位,压入土中。

2)旋转钻孔。边旋转钻杆,边消除孔边碴土,防止压灌混凝土提升钻杆时土块掉入孔内。钻孔过程中随时观察钻机运行电流数值和地层土质状况。

3)钻机成孔。旋转钻杆至桩底设计标高,校核桩深,同时配制超流态混凝土。

4)提钻压灌混凝土。提升钻杆≥30cm时,同时连续向孔底压灌超流态混凝土,并控制钻杆提升速度,保证钻杆置于混凝土中的埋深。混凝土压灌与钻杆提升必须紧密联系,遇到滞水层、层间潜水层时,适当减缓提钻速度,增大钻头埋入深度,连续压灌越过不利地层影响范围。

5)吊放钢筋笼。吊放钢筋笼置于孔中,使其依靠自重下沉或使用振动装置压入超流态混凝土内,用水平仪监控,固定桩顶标高。

6)桩顶保护及养护。覆盖草帘或石棉被。

2. 主要技术要点的控制

针对中心压灌超流态混凝土灌注桩施工工艺的特点,在施工中严格控制超流态混凝土拌制、钻杆提升、混凝土连续压灌、钢筋笼加工及吊装等关键部位的技术要点。

(1)超流态混凝土技术指标控制

超流态混凝土由普通硅酸盐水泥、碎石、中粗砂、粉煤灰及超流态混凝土所要求的外加剂构成。考虑钢筋笼下放及泵送混凝土等施工时间,初凝时间不小于10h,出机坍落度22～26cm。由于坍落度损失小,不泌水,和易性好,使石子在混凝土中悬浮不下沉,这种超流态混凝土摩擦系数低,降低了钢筋笼下沉时的黏阻力。

（2）连续压灌控制

为缩短压灌时间,保证混凝土压灌过程的可连续性,保持混凝土的指标性能,特别是减小混凝土单位时间的坍落度损失,现场宜采用机械自动化搅拌;同时可设置混凝土储料灌,尽量减少或消除混凝土上料搅拌及泵送停置待料等中间环节的停滞时间,避免施工停顿,使整个压灌混凝土的过程控制在很短时间内完成。

（3）提升钻杆控制

在该工艺中,混凝土灌注与钻杆提升必须紧密连接,严格控制提升速度,保证钻杆埋入混凝土中的深度,避免钻杆与混凝土上面脱离,产生断桩。钻杆提升过程中及时清理钻杆和桩孔周边泥土,严禁土块掉入孔内。

施工管理中特设置专人统一指挥,钻机机手与地泵泵手紧密配合,通过钻杆的中心管存料高度、混凝土上泵入方量(考虑充盈系数)、提升电流数值,来确定桩孔内混凝土压灌高度。在调整提钻速度的同时还要保持杆对混凝土的挤压作用。

（4）钢筋笼控制

由于压灌超流态混凝土后压钢筋笼施工方法的特殊工艺,钢筋笼在混凝土下插过程中,受混凝土的阻力较大;同时在起吊过程中为防止钢筋笼变形,因此,要求钢筋笼有一定的重量和足够的刚度,整体性、结构性要好。

施工中钢筋笼依靠自重下沉缓慢或停顿时,采用端头辅助振动器压入。由于强制振动传力,钢筋笼端头部易倾斜,桩顶产生较大偏差;同时为防止钢筋笼下放中刮碰孔壁、倾斜,钢筋笼保护层位置应设置扶正器,桩顶位置设置限位器。

具体措施为:钢筋笼主筋宜通长布置;加密箍筋,其间距≮1.5m;钢筋笼端部0.5m范围内主筋适当弯曲形成尖头;钢筋笼吊装时采用多点起吊,在钢筋笼弯曲最大处临时用脚手架加固。

10.3.3　DX 多节挤扩灌注桩

1998 年 5 月贺德新高级工程师研制出新型的多功能液压挤扩装置。该装置先后取得国家知识产权局实用专利证书和发明专利证书及美国专利证书。依此实施 DX 多节挤扩桩,并在武汉、襄樊、北京、天津、济南、东营、济宁、包头、徐州和淮阴等地成功应用,取得了显著的技术经济效益。

1. DX 桩的基本原理

DX 多节挤扩灌注桩(以下简称 DX 桩),是一种变截面桩,是在钻(冲)孔后,向孔内下入专用的 DX 挤扩装置,通过地面液压站控制该装置的弓压臂的扩张和收缩,按承载能力要求和地层土质条件,在桩身各部位挤扩出 3 岔分布或 $3n$ 岔(n 为挤扩次数)分布的大岔腔或近似圆锥盘状的扩大头,放入钢筋笼,灌注混凝土,形成中桩身、承力岔、承力盘和桩根共同承载的桩型。

2. DX 桩的组成

（1）承力岔的定义

利用 DX 挤扩装置的两个均匀布置的弓压臂,在桩孔同一标高位置上,沿径向外侧放射状地进行三维挤扩,使在桩周土体中形成三个均匀分布的楔形腔体,腔内灌注混凝土后形成桩受力结构的一部分,称为承力岔。承力岔的宽度、高度和长度(即扩大直径部分)取决于挤扩装

168

置的构造。一个挤扩过程可挤扩出 3 个岔腔。

（2）承力盘的定义

利用 DX 挤扩装置的弓压臂，在桩孔同一标高位置上，经过 7～9 个挤扩过程（弓压臂扩张和收缩为一个挤扩过程，前后两个挤扩过程需将 DX 挤扩装置转动 20°左右），挤扩出由 21～27 个单个楔形腔体形成的近似圆锥盘状的扩大头腔体，腔内灌注混凝土后形成桩受力结构的一部分，称为承力盘。形成承力盘腔的条件是相邻单岔腔体需挤压重叠搭接。承力岔和承力盘统称为扩径体。

DX 桩可有以下几种类型：多节 3 岔型桩、多节 $3n$ 岔型桩、多节承力盘桩及多节 3 岔（或 $3n$ 岔）与承力盘组合桩。

3. DX 桩施工机械与设备

（1）施工机械

按不同成直孔工艺采用潜水钻机、正循环钻机、冲击钻机、螺旋钻机、钻斗钻机、全套管贝诺特钻机及沉管机等。

（2）DX 挤扩装置

图 10.3 为 DX 挤扩装置示意图。DX 挤扩系统由挤扩装置、连接器、接长杆、液压控制系统及车载系统组成。DX 挤扩装置由双中向液压油缸装置、二岔挤扩弓压臂液压定位装置、压力传感器、角度（流量）传感器及位移传感器等组成。DX 挤扩装置主要技术性能见表 10.3。

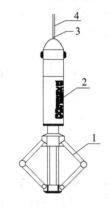

图 10.3　DX 挤扩装置示意图
1—三岔挤扩弓压臂；
2—双单向液压油缸；
3—油管；4—钢丝绳

表 10.3　DX 挤扩装置主要技术性能

设备型号	98-400 型	01-500 型	98-600 型	01-800 型
适应挤扩的直孔直径（mm）	450－600	500－700	600－800	800－1200
弓压臂收回最小尺寸（mm）	380	450	580	780
弓压臂挤扩最大尺寸（mm）	1080	1200	1550	2000
弓压臂宽度（mm）	130－160	180－200	200－240	250－280
挤扩最大尺寸时两臂夹角（°）	70	70	70	70
液压系统额定工作压力（MPa）	25	25	25	25
油缸公称输出压力（kN）	1256	1256	2266	2266
油泵流量（L/min）	36.7	36.7	63	63
电机功率（kW）	18.5	18.5	37	37

（3）DX 挤扩装置特性

1）在挤扩过程中，3 个挤扩弓压臂向液压油缸相对位移，只有水平运动而无上下运动，可保证在砂层或其他土层中挤扩后不掉或少掉砂土。

2）挤扩时双向液压油缸受拉，挤扩弓压臂无固定外管，装置轻巧，弓压臂回位顺利。

3）三岔式弓压臂的内外屋脊的表面形状，在挤扩过程中，使土体形成三个"小屋脊"，起土拱作用而不塌孔，并保证弓压臂挤扩后顺利回位。

4）由于挤扩装置为等角度的三个弓压臂同时工作，二点支撑，三个方向同时受力，这样一次挤扩成三岔扩大腔,受力稳定合理。

5)当桩身较长时,挤扩装置与吊车之间采用钢丝绳柔性连接;当桩较短时可采用半刚性连接。

(4)质量保证措施

为保证挤扩和成孔的质量,采取钻孔、挤扩和清底一体化及钻机上设置旋转装置。前者利用钻斗,在下入孔中时,将孔壁刮直,避免发生孔壁缩颈现象,钻斗沉入孔底,则可将沉碴等清除;后者实施挤扩回位——旋转定位——挤扩凹位,数次往复,完成3m岔腔或盘腔。

(5)桩的优缺点

优点:①单桩承载力高,可充分利用桩身上下各部位的硬土层;②成孔成桩工艺适用范围较广;③低噪声,低振动,泥浆排放量减少;④节约成本,缩短工期;⑤挤扩岔腔稳定而不坍塌;⑥承力岔和承力盘形状可控且边界较清楚;⑦挤扩效率高;⑧孔底沉碴可用钻斗清除。

缺点:①设计参数及承载力计算公式尚需进一步完善;②挤扩力还需增大,以便在硬土层中挤扩。

4. DX 桩适用条件

DX 桩可作为高层建筑,一般工业与民用建筑及高耸构筑物的桩基。承力盘和承力岔应设置在可塑～硬塑状态的黏性土中,或稍密～密实状态($N<40$)的粉土和砂土中;承力盘也可设置在密实状态($N\geq40$)的粉土和砂土或中密～密实状态的卵砾石层的上层面上;底承力盘也可设置在强风化土或残积土层的上层面上。对于黏性土、粉土和砂土交互分层的地基中选用 DX 桩是很合适的。

DX 桩的桩身直径为450～600mm(长螺旋钻机成直孔情况)及450～1200mm(泥浆护壁成直孔情况),岔盘直径与桩身直径之比为1.7～2.6,桩长最大可达26.5m(长螺旋钻成直孔时)及43m(泥浆护壁成直孔时)。

在下列地层情况不能采用 DX 桩:

(1)淤泥及淤泥质黏土层深厚,并在桩长范围内无适合挤扩岔盘的上层。

(2)沿海浅岩地层,即地表下软土层较浅,且其以下紧接为岩层,或虽然两者之间夹有硬土层,但其厚度小,无法挤扩岔盘时。

(3)由于承压水而无法成直孔时。

5. 泥浆护壁成孔工艺 DX 桩施工程序

(1)钻进成直孔,成孔后进行第一次孔底沉碴处理。

(2)用吊车将 DX 挤扩装置放入孔中。

(3)按设计位置,自下而上依次挤扩形成承力盘(岔)腔体,利用钻斗进行第二次孔底沉碴处理。

(4)移走 DX 挤扩装置。

(5)测定孔壁、承力岔腔和承力盘腔的位置与尺寸。

(6)将钢筋笼放入孔中。

(7)插入导管。

(8)第三次处理孔底沉碴。

(9)水下灌注混凝土,拔出导管。

(10)拔出护筒,成桩。

6. DX 桩施工特点

（1）钻孔扩底桩与人工挖扩桩是在不改变原地基土物理力学特性的情况下，将孔底部承压面积扩大。而 DX 桩的承力盘（岔）腔体是在挤密状态下形成的，此后灌入的混凝土与承力盘（岔）腔处的被挤密土体紧密地结合成一体，从而使承力盘（岔）端阻力较大幅度地提高。

（2）每个承力盘腔的首次挤扩压力值可反映出该处地层的软硬程度，通过对 DX 挤扩装置深浅尺寸的控制，还可掌握各地层的厚薄软硬变化来弥补勘察精度的不足，从而可有效地控制岔盘持力层位置，保证单桩承载力能充分满足设计要求，这种调控性能是 DX 桩成孔工艺的突出特点。

（3）挤扩装置入孔过程也可以看做是对直孔部分的成孔质量（孔径、孔深处垂直度的偏差等）进行二次定性检测。

10.3.4 钻孔挤扩支盘灌注桩

钻孔挤扩支盘灌注桩具有单桩竖向承载力高、节约成本、缩短工期和设计灵活等特点，是一个比较经济和高效的桩型。

1. 钻孔挤扩支盘灌注桩的基本原理

钻孔挤扩支盘灌注桩是在普通钻孔灌注桩施工工艺的基础上，增加了一道挤扩工序而形成的多支节变截面桩。其基本原理是在钻成孔后，向孔内下入专用的液压挤扩支盘成型机，通过地面液压站控制该机的弓压臂的扩张和收缩，按承载能力要求和地层土质条件，在桩身不同部位挤压出对称分布的扩大支腔或近似的圆锥盘状的扩大头腔后，放入钢筋笼，灌注混凝土，形成由桩身、分支、外承力盘和桩根共同承载的多段侧摩阻力和多端承的灌注桩。

钻孔挤扩支盘灌注桩的挤扩工序由液压挤扩支盘成型机来完成。该挤扩支盘成型机由接长管、液压缸、主机、液压胶管和液压站五个部分组成。由液压站提供动力，驱动主机的平面连杆机构作往复运动，实现钻孔中支盘空间的挤扩成型。

2. 钻孔挤扩支盘灌注桩的特点

（1）单桩承载力高。与普通直杆（等截顶）灌注桩相比，因桩底端及桩身多个断面面积大幅增大，单桩承载力比普通混凝土灌注桩（同桩径）提高许多，并具备良好的承压、抗水平、抗冲剪和抗拔能力。

（2）节约成本、缩短工期。由于单桩承载力大大提高，一般与普通混凝土灌注桩相比，节约原材料约 30%，可节省桩基总造价的 20% ~30%。同时，相比较大直径普通混凝土灌注桩，可缩短桩长，减小桩径或减少桩数，从而缩短工期。

（3）设计灵活、适应性强。钻孔挤扩支盘桩可在多种土层中成桩，不受地下水位限制，并可以根据承载力需要，采取增设分支或承力盘数量来提高单桩承载力。

10.3.5 贝诺特灌注桩施工技术

全套管钻机又称贝诺特钻机是由法国贝诺特公司于 20 世纪 50 年代初开发和研制而成。随后日本、德、英、意引进和研制，机种和施工方法均有很大发展，产品不断更新换代。截至 1997 年 12 月，日本已生产摇动式全套管机 770 台，回转式全套管机 433 台。据日本基础建设协会 1993 年对 31 家施工单位的 10.1 万根灌注桩的调查，全套工法占 26%。目前在我国香港地区，各基础施工公司已拥有全套管钻机不少于 300 台，成桩数的市场份额约占 45%。

我国大陆地区于 20 世纪 70 年代开始引进摇动式全套管钻机,90 年代中期昆明捷程桩工公司首先在我国开始研制 MZ 系列摇动式全套管钻机,简称磨桩机,随之在昆明、温州、北京、深圳、韩城等地十余个工地的挡土支护桩和基础承载桩工程中应用,取得显著的技术经济效益。

1. 贝诺特灌注桩的基本原理

贝诺特(Benoto)灌注桩施工法为全套管施工法。该法利用摇动装置的摇动(或回转装置的回转)使钢套管与土层间的摩阻力大大减少,边摇动(或边回转)边压入。同时利用冲抓斗挖掘取土,直至套管下到桩端持力层为止。挖掘完毕后立即进行挖掘深度的测定,并确认桩端持力层,然后消除虚土。成孔后将钢筋笼放入,接着将导管竖立在钻孔中心,最后灌注混凝土成桩。贝诺特灌注桩施工法实质上是冲抓斗跟管钻进法。

2. 捷程牌 MZ 系列摇动式全套管钻机

(1)全套管钻机特性

全套管钻机是一种机械性能好、成孔深度大、成桩直径大的施工机械;它集取土、成孔、护壁,吊放钢筋笼、灌注混凝土等作业工序于一体,施工效率高,工序紧凑,辅助费用低。

全套管钻机对土层具有广泛的适用性,无论是对黏土、均砂土,还是对较难处理的卵砾石地层及含有建筑与生活垃圾的杂填土层,或是对含滞水土层及承压水土层,都具有较高的成孔效率,并确保成孔成桩质量。遇有岩石层时,可结合人工处理方法(如风镐冲凿或炸药爆破)钻孔成桩。

(2)MZ 摇动式全套管钻机

1)MZ 摇动式全套管钻机的组成。该机由下列 5 部分组成:主机、液压工作站、套管总成、锤式抓斗系、履带吊。

2)MZ 摇动式全套管钻机的技术性能。根据我国大陆地区的具体情况,目前捷程桩工有限责任公司主要研制开发小型和中型全套管钻机,共 3 种型号,其技术性能见表 10.4。

表 10.4 捷程牌 MZ 系列摇动式全套管钻机

性能指标	MZ-1	MZ-2	MZ-3
钻孔直径(m)	0.8~1.0	1.0~1.2	1.2~1.5
钻孔深度(m)	35~45	35~45	35~45
压管行程(mm)	550	650	600
摇动推力(kN)	1060	1255	1648
摇动扭矩(kN·m)	1255	1470	2650
提升力(kN)	1157	1353	1961
夹紧力(kN)	1765	1960	2255
定位力(kN)	294	353	490
摇动角度(°)	27	27	25
前后倾角(°)	8	8	8
钳口高度(mm)	450	550	550
功率(kW)	55	55	75

性能指标	MZ-1	MZ-2	MZ-3
油缸工作压力(MPa)	35	35	35
主机质量(kg)	14000	18000	28000
液压工作站质量(kg)	2800	3200	3500
配合履带吊起重能力(kN)	≥147	≥196	≥343
锤式抓斗(kN)	20～25	25～35	35～50
十字冲锤(kN)	40～46	60～80	80～100

注:摇动推力、定位力分别为各自的两缸合力。

3)各组成部分的作用

①主机受液压工作站控制,并与履带吊相连,主要用于套管的定位、垂直度控制、摇动、下压反提升等作业。

②液压工作站为主机提供动力,与主机分离设置,搬运方便。

③套管采用16Mn钢单层套管,壁厚20mm,套管间用内嵌式螺栓连接,安装拆卸方便,接头处内外壁光滑,第一节套管底部嵌配齿状合金刀头,刃口外径比标准套管外径稍微大一些,标准套管长度为7.8m。为满足不同桩长要求,还配有3～6m不同长度的套管。锤式抓斗系列有适用于普通土砂砾的抓斗,水中捞砂的抓斗及十字冲锤等。

3. 贝诺特灌注桩技术特点

(1)环保效果好。由于利用全液压摇动和加压装置,使套管逐节均匀地旋转、错动压入土层中,同时用锤式抓斗在套管内取土,振动小、噪声低;不使用泥浆,无泥浆污染环境的忧虑,施工现场整洁文明,很适合在城区内施工。

(2)成孔和成桩质量高。自地表至孔底,整个孔壁都用套管护壁,孔壁不会塌落;易于控制桩断面尺寸与形状;含水比例小,既方便外运,也容易处理孔底虚土,清底效果好;充盈系数小,节约混凝土。

(3)单桩承载力比泥浆护壁灌注桩高20%～30%。孔壁无泥膜,孔底无泥饼,还可避免钻、冲孔灌注桩可能发生的缩颈、断桩及混凝土离析等质量问题。

(4)在含滞水层的土层中成孔作业,穿过滞水层后,套管自动将滞水层封闭,继续干孔作业,易于清除孔底虚土。

(5)直观性好。随时可查验锤式抓斗内的土质情况,便于判断桩端持力层的位置,选择合理的桩长,优化设计。

(6)在套管保护下,人员可安全下到孔底,结合冲锤或人工控制爆破的方法清除障碍物。

4. 贝诺特灌注桩施工程序

(1)平整场地;(2)施放桩位;(3)全套管钻机就位对中;(4)压入第一节套管,并调整垂直度;(5)锤式抓斗取土,套管钻进,直至桩端持力层为止;(6)测量孔深,复核桩端持力层;(7)清除虚土;(8)放钢筋笼入孔;(9)放入导管;(10)灌注混凝土:边灌注混凝土,边拔导管和套管;(11)测定桩顶混凝土面标高是否满足要求;(12)成桩后全套管机移位。

10.3.6　夯实扩底灌注桩

夯实扩底灌注桩是一种集锤击沉管、夯扩、钢筋混凝土灌注桩于一体的复合桩基。自从20世纪70年代以来,开始应用于我国房屋建筑工程基础处理中,经过不断地实践、探索,尤其是近几年的应用,其技术得到快速发展并日渐完善,在软弱地基处理中,特别是浅埋软弱地基、软－硬互层地基处理中发挥了重要的作用。随着应用技术的进一步发展,在深埋软弱地基、深层湿陷性黄土处治方面也已取得了突破性进展。同其他软弱地基处理技术相比,夯实扩底灌注桩具有一定范围的适用性及明显的技术经济优势,对公路工程特殊地质条件的构造物软弱地基处理具有较高的推广应用价值。

1. 夯实扩底灌注桩的基本原理及适用性

夯实扩底灌注桩(以下简称夯实扩底桩)是在沉管和扩底桩基础上发展起来的,通过击入沉管全部现浇混凝土,利用重锤夯击桩端新灌混凝土,在最大限度地扩大桩头的同时,对桩端地基强制夯实挤密。通过桩端截面的增大和对地基土的挤密,显著提高桩头地基承载能力,进而提高桩端竖向承载力,然后现浇混凝土桩身,形成桩侧摩阻力。因此,夯实扩底桩具有桩端夯扩头承载力和桩侧摩阻力形成的联合竖向抗力以及桩身水平抗力,集中了沉管混凝土桩、扩底基础以及钢筋混凝土桩的各自抗力能力和施工工艺优势,呈现出良好的推广应用前景。当前已在房建工程高(多)层建筑地基基础处理及水利工程大型坝体基础处理中得到了很好的运用,取得了良好的技术经济效益。

2. 适用条件及在公路工程中的应用范围分析

当前,夯实扩底桩还未见应用,为了试验及进一步推广应用该项技术,在此提出公路工程基础处理的建议、应用范围及适用条件。

(1)应用范围

在大范围推广应用之前,需首先经过必要的试验研究、技术方案比较和经济效果分析,应坚持边试验、边研究、边总结、边推广,不断创新、稳步推进的做法,形成适用于岩土工程基础处理的新型技术。原则上可以先从小型构造物(如软土地基路段中的小桥涵扩大基础、箱型桥涵、通道等)开始试验,并取得试验成果。

(2)适用条件

夯实扩底桩一般适宜于浅层具有不良地基土而其下卧土层具有较高承载力的地质条件。夯实扩底桩单桩竖向承载力标准值一般不大于1400kN,其中对单桩竖向极限承载力标推值大于900kN的称为高承载力夯实扩底桩。对于高承载力桩,在设计与施工时应采取加大桩长、增大桩径、加密桩间距、加大重锤重量、加大管距、加强降水、加大投料量、控制最后一击贯入度以及扩大头、使用膨胀混凝土等措施。

夯实扩底桩的桩端持力层应按下列原则确定:

1)一般宜选择碎(砾)石土,稍密至密实的砂土与粉土,砂土、粉土与黏性土交互层以及可塑、硬塑黏性土作为桩端持力层,且承载力不小于90kPa;当存在软弱下卧层时,桩端以下持力层厚度应通过验算确定;

2)对浅层2～8m的人工填土、软弱土、不均匀软土地基,宜使桩端扩大头底至上条规定的持力层顶的距离不大于2～3m;

3)当浅层2～8m可液化土层经重夯处理,地基土液化指数之和小于4时,该可液化土层

174

可作为桩端持力层,但扩大头底以下该层厚度不宜大于3m;并应按相应规范对上部结构采取必要措施;

4)对浅层2~8m的湿陷性土,宜使桩端扩大头底至压缩性较低的非湿陷性土层的距离小于3m;

5)对于可塑性黏土、砂土、粉土与黏性土交互层以及静力触探单位面积端阻力值小于4.5MPa的砂土,不宜作为高承载力夯实力扩底桩的桩端持力层;对桩周土为厚层软土层的地区不宜采用高承载力夯实扩底桩;高承载力桩桩尖必须穿过不良地基土;

6)对存在有高灵敏度的厚层淤泥质土层的地区采用夯实扩底桩应慎重,并不宜采用大面积群桩。

3. 夯实扩底灌注桩的施工工艺及质量控制

夯实扩底灌注桩是吸收了锤击沉管灌注桩与扩底桩的优点而发展起来的,同时又由于各类地基地质条件的复杂性和难以准确量化测定。因此,从很大程度上,其设计理论与方法及构造特点具有很强的经验特征,并同具体施工工艺密切相关。所以,施工工艺一直处于不断改进和发展中。到目前为止,从成桩技术看,共分为两类方法,即双套管法和单管法。双套管法是从沉管灌注桩演变而来的,属传统工艺,主要用于南方沿海地区。近几年来,京、冀地区创造了一种单管施工新技术,该法具有施工简单、成桩质量可靠等优点,本书予以重点介绍。

(1)施工设备

夯实扩底灌注桩设备基本由吊车、桩锤、外管、自动脱钩装置、混凝土制备设备以及钢筋制作设备等组成。

1)外管一般采用$\phi377mm$、$\phi426mm$、$\phi477mm$的钢管制作,其上部应做圆形卡盘,其直径宜比外管直径大150~200mm;外管在盘上部开加料口并加焊提筒吊耳;

2)桩锤采用铸铁实心锤,锤重20~50kN,长度比外管长500~800mm,直径比外管直径小50~60mm;

3)外管长度按桩基施工图要求配置。

双管(外管和内夯管)法施工设备较上述单管法多一个内夯管。上面提到的振动静夯施工工艺,则在内外管之间增加了内夯锤,用于振动夯实。当前还出现了双锤沉拔振动施工工艺。

(2)工艺流程

夯实扩底灌注桩施工一般按以下几个基本步骤进行:

1)施工准备

包括基础资料和施工场地、设备、材料等准备工作,以满足充分的连续作业条件。正式施工前宜根据需要进行试成桩,以便核对岩土工程勘察资料,检验设备能力及验证设计参数。试桩位置应选择在紧靠地质钻孔和代表性的部位。试成桩时应详细记录有关的夯扩参数,并结合试桩静荷载试验的成果,作为施工控制的依据。

通过试成桩试验合理选择夯锤,并标定桩管入土深度、夯锤落距等。

2)桩机设备就位及桩位测定。

3)成孔及桩端扩大头的形成。

①从地表引孔,引孔深度为0.80~1.0m;

②放入外管,在管中加入 0.4～0.6m 与桩身同等级的干硬混凝土,制成管塞;

③放入重锤进行夯击,直至桩管沉至设计标高,其间保证管塞不被夯出桩管,并根据沉管要求添加管塞;

④重夯夯出管塞,放入第一批干硬混凝土,其高度需根据试桩或地质水文资料计算确定,保证施加额定夯击能时,夯锤在筒外夯击;

⑤重锤夯击形成扩大头,总填料量和夯击次数以最后一击贯入度控制,一般不小于 30 击,最后一击贯入度一般取 50～150mm。

4)混凝土制作与浇灌

①混凝土的配合比应按设计要求的强度等级并通过试验确定,混凝土的坍落度以 80～100mm 为宜;

②配制混凝土的粗骨料可选用碎石或卵石,其最大粒径不宜大于 40mm,且不得大于钢筋间最小净距的 1/2;细骨料应选用干净的中粗砂;水泥强度等级宜在 42.5 级以上,并可根据需要掺入适量的外加剂;

③迅速灌入第一盘混凝土,第一盘混凝土的坍落度可适当加大至 160mm;

④对于通长配筋桩,立即放入钢筋笼;对于非通长配筋桩,按上述步骤继续迅速灌注干硬混凝土,至设计标高后放入钢筋笼。

5)钢筋笼的制作与埋设

①按设计要求下料、捆扎并焊接成型;

②混凝土灌注高度达到钢筋笼底标高时,放入钢筋笼并准确就位。

6)振捣与成桩

①按灌注混凝土—拔管—振捣的顺序逐节浇筑成桩,拔管速度要均匀。在软弱层、软硬土层交界处及扩大头与上部桩身连接处拔管速度宜适当放慢;

②外管放出后,用振捣器将桩身混凝土振捣密实,检测成桩标高,完成该桩施工。

7)移位续桩

续桩顺序应有利于保护已成桩基不被破坏或不产生较大的桩位偏差。一般采用横移退打的方式自中间向两端对称进行,或自一侧向另一侧单一方向施打;视持力层埋深情况,按先深后浅的顺序进行;根据桩径和桩长按先大后小、先长后短的顺序进行。

在施工过程中,应注意施工地层、地质、水文条件的变化,加强监测。必要时,要及时变更施工工艺乃至变更设计。持力层以上有地下水时,要进行必要的井点降水。在坡地或临近区域存在大型建(构)筑物时要密切监测边坡的稳定及基坑变位,一旦出现异常,要及时采取支护、加固措施。

(3)质量检查与控制

夯实扩底灌注桩是以端阻力为主,侧摩阻力为辅的支撑桩。因此,其质量控制主要在于扩大头及桩身的施工。扩大头要有设计所需的足够大支撑底面积和整体强度,桩身要有足够的强度及完整性。

1)质量检查

主要包括原材料检查、施工机械设备及施工工艺检查,群桩成品质量检查等。施工中常见问题及处理办法见表 10.5 所示。

表 10.5　施工中常见问题及处理

常见问题	发生原因	处理办法
管内进水止淤失效	(1)干硬性混凝土量不足 (2)地下水位较高	(1)添足干硬性混凝土量 (2)加强降水
地面隆起	(1)桩间距过小 (2)桩过短 (3)地基中孔隙水压力不易消散	(1)调整桩间距 (2)调整设计桩长 (3)加强降水 (4)打桩从一侧向另一侧或从里向外进行 (5)降低打桩速度 (6)在场区内布置袋装砂井
钢筋笼笼顶低于设计标高	(1)钢筋笼预留长度不够 (2)桩身混凝土坍落度过大	(1)积累施工经验,认真做好试成桩工作,以较准地掌握钢筋笼高度 (2)掌握好混凝土坍落度
桩身缩颈	(1)拔管过快 (2)桩间距过小 (3)混凝土坍落度不好	(1)控制好拔管速度 (2)调整桩间距 (3)控制好混凝土坍落度
断　桩	(1)桩间距过小 (2)混凝土坍落度过小,形成脱空	(1)调整桩间距 (2)增大混凝土坍落度
夯扩困难	进入持力层过深	(1)调整进入持力层深度 (2)减少投料高度或增加夯扩次数

施工工艺由设计确定或经试成桩试验确定,并在施工中结合具体的地质水文条件进行及时补充、改正和完善。

桩群完成后,通过开挖承台(桥台)基坑全面检查桩数、桩位、桩头外观质量,存在漏桩时应补桩,桩位偏差过大经过验算存在隐患的,也应进行补桩,加大加宽上部承台,加大地梁配筋等措施,桩顶标高过低则应采用更高强度等级的混凝土进行接桩。

对单个基桩要按规定频率随机抽样进行动测检验,必要时应进行单桩竖向静荷载试验,以检查桩身质量和单桩承载力。对经检测不符合要求的要采取补桩、加固等补救措施。

2)质量控制

①扩大头形成的质量控制,要把握好几个关键因素:夯重、夯击数及最后一击贯入度。根据实践经验,夯击数不能小于 30 击,其锤重以最大限度地击实新灌干硬混凝土而不至于击穿扩大头并形成连续扩头和挤密持力层为标准,一般不超过 50kN。据有关文献介绍,重 20 ~ 50kN 的重锤,落距为 4 ~ 6m 时,其重夯处理的有效深度为 2 ~ 3m。

最后一击贯入度是极端扩大头的形成及质量好坏,乃至控制最终桩端承载力的关键指标,由设计确定,但不得大于 150mm,最小可以控制到 50mm。

②桩身质量。主要控制好新拌混凝土的强度等级和桩身的密实性及完整性,防止断桩、缩颈等事故的发生。

做好试成桩试验,为桩身浇筑、振捣、击实提供可靠的地层资料和工艺数据;根据地层变化及深度,控制提管速度和单批混凝土灌入量,必要时增加内管振实工序,以提高密实度和顺利提管,防止断桩、缩颈。

③严格桩身与承台(桥台)等承重基础的结合部质量控制,保证连接钢筋的焊接、就位和浇筑混凝土质量,使各桩基发挥联合抗力效应。

10.4　钻孔压浆桩技术特点及其应用

1. 技术特点

随着建筑业的发展,高层建筑越来越多,桩式基础被普遍运用,业主在选择地段位置时不顾地质条件的现实,使高层建筑的地基处理越来越难。为适应建筑市场的需要,桩的种类越来越多。但是普通钻孔灌注桩只能在地下水位以上不易塌孔的土层中应用。发明专利"钻孔压浆成桩法"则克服了这个困难,其主要技术特点如下:

它是用螺旋钻机钻到预定深度后,通过钻杆芯管自孔底由下而上用高压(5~30MPa)压注已制配好的以水泥浆为主剂的浆液,使液面升至地下水位或无塌孔危险的位置以上,提出全部钻杆后,向孔内投放钢筋笼和骨料,最后再自孔底向上多次高压补浆即成。由于它是一次性连续成孔,多次自下而上高压注补浆成桩。它具有无噪声、无振动、无排污、施工速度快的优点,又能在流砂、卵石、地下水易塌孔等复杂的地质条件下顺利成孔成桩。而且由于其扩散渗透的水泥浆的作用而大大提高了桩体质量,其承载力为一般桩的1.5~2倍,甚至更高。

2. 在复杂地质条件下的应用

武汉市财政局综合楼基础桩工程位于武汉关北侧,与长江直线距离不足500m,东距航运局宿舍楼6m,南距医药公司办公楼2m,西靠江汉路,北距建材局办公楼2~4m。医药楼是湖北省二类保护建筑,基础形式不一,对振动等干扰影响十分敏感。拟建工程28层,基础埋深9m,地质情况复杂。上部2~4.4m杂填土,二层为1.5m厚的淤泥质土,三层为轻亚黏土,亚黏土,黏土互层,可塑状,厚约16m,以下为粉土层。地下水位埋深1.5m,并与长江连通。该工程采用桩基础,原设计基础桩为预制方型桩,桩断面为45cm×45cm,20m长(有效长度),设计承载力标准值1000kN。基础桩1991年初开工,先用了实心预制桩,压20根均压不到位。后改用空心桩,用从桩中间空心钻孔引土的办法压桩,共施工169根桩,经动测检测有133根达不到设计承载力。另外压桩挤土产生的应力使医药楼和建材楼产生了不均匀沉降,墙体出现了不同程度的裂纹和裂缝。工程被迫停工,此过程经过一年多的时间。后改为"钻孔压浆桩",基础桩直径600mm,有效长度18m,设计承载力1000kN,经过长江科学院对三根试桩静载试验,极限承载力均大于2600kN,最大沉降量9.5mm,最大残余变形为2.8mm。鉴于上述试桩结果,后经多方研究,把桩的设计承载力提高到1400~1800kN。自1992年10月开钻,196根桩20天完成。楼房建成后最大沉降量小于25mm。

参 考 文 献

1　史佩栋,王新杰,程骁. 城市地下工程与环境保护(大陆卷). 北京:人民交通出版社,2002

2　刘玉卓. 公路工程软基处理. 北京:人民交通出版社,2002

3　任东志."钻孔压浆桩"在武汉市区复杂地质条件下的应用及其承载力. 中国建筑地下工程公司. 1997

11 爆炸法处理海淤施工技术

11.1 概　述

爆炸法处理海淤施工技术是新发展起来的一种处理海淤软基的方法,它具有节省投资、施工简便、进度快、质量可靠等优点,在防波堤、码头基础、护岸、围堤等水工建筑物中得到了广泛的应用。

作为一种新技术,被国家经委、国家教委、中国科学院等单位列为国家第一批 100 项与企业横向联合的重点科技项目。连云港建港指挥部、中国科学院力学研究所、锦屏磷矿、交通部第三航务勘探设计院等四单位组织科研组联合攻关,在连云港已取得了突破性的进展。

11.2 爆炸法处理海淤施工进展

国内外用爆炸法处理海淤软基处理的现状大体有以下几方面:

1. 爆炸置换法

这种方法主要用于陆上路堤的软基处理,主要是以下四类施工方式:

(1)前端抛掷方法

在抛填的路堤前方软土中埋置药包,路堤前端局部堆高(超载),通过爆炸,前端软土被回填物质置换,路堤延伸。

(2)底填法

在回填体底部设置药包,依靠爆炸将底部软土堆出使回填体下沉。

(3)抛掷开沟法

这种方法与上述两种方法可以适用于软土较为深厚的情况不同,本法适用于软土层较薄(>4~5m)时,爆炸在回填前进行。

(4)卸荷法

在已抛路堤两侧用爆炸抛掷方法开沟,使堤侧能下沉。本法与抛掷开沟法一样,适用于回填料为黏土,而不适用于易塌落的砂或砾石。

爆炸置换法用于水上有两种形式:①爆炸排淤填石法;②堤下爆炸排淤法。爆炸排淤填石法类似于陆上前端抛掷法,这种方法成功地用于连云港西大堤之后,在港口工程中已普遍应用。在工程质量和经济效益方面都取得了很好的成果。堤下爆炸排淤法类似于陆上的底填法。

2. 爆炸压密法用于非黏性饱和土的加固

爆炸法用于非黏性饱和土的压密,类似于强夯,其基本过程可理解为在强动荷载下土体液化和土颗粒重新排列;陆上与水下均可使用。主要应用于大型沉箱码头的抛石基床,造船厂滑道抛石基床等水工工程的基床压密。

11.3 爆炸法处理海淤方法

爆炸法处理海淤软基是以炸药为能源的一种施工方法,经过几年的实践和实验研究,发展了三种爆炸处理软基的施工方法:爆炸排淤填石法;爆夯法和堤下爆炸挤淤法。现将这几种施工方法和有关的机理研究作一介绍。

11.3.1 爆炸与淤泥

炸药在空中、水中以及岩土中爆炸的一些规律已为人们所熟知。在淤泥中爆炸的一些特性,还未曾见过报道。连云港建港指挥部、中国科学院力学研究所、锦屏磷矿、交通部第三航务勘探设计院等四单位组织科研组从以下几个方面作了实验研究:

在淤泥中爆炸的冲击波传播规律与水中爆炸很相似,满足几何相似律。该实验用的是TNT炸药,其药量200g、800g、1600g,放大系数分别为1.5倍和2倍,结果如表11.1所示。

表11.1 TNT炸药爆炸压力

药量(g)	200	200	200	800	200
测距(m)	0.75	1	1.5	1.6	2
压力(kg/cm²)	324.0	203.6	149	178	112.3
	1600	200	1600	800	400
	2	3	3	3.2	4
	174.1	76.4	137.4	98.6	37.7
	1600	800	200	1600	200
	4	4.7	5	5	6
	116.5	74.9	31.5	137.4	21.1
	800	200	1600	800	1600
	6	7	7	7.9	8
	49.8	8.38	58.5	31.2	34.2
	800	1600			
	9.5	10			
	18.2	22.0			

经过数学模拟,整理后公式如下:

$$\Delta P = 500\left(\frac{\sqrt[3]{Q}}{R}\right)^{0.85} - 60\left(\frac{\sqrt[3]{Q}}{R}\right)^{0.12} \tag{11-1}$$

式中　ΔP——压力(kg/cm^2);

R——测距(m);

Q——药量(kg)。

所给出的范围在药包直径的10～100倍距离范围以内。

从式(11-1)来看,淤泥冲击波压力峰值与水下爆炸压力相比,规律基本相似,但峰值较低。通过实验证明,冲击波波速和水中相近,为1550m/s。

淤泥的一个重要特性是黏性,黏性力随应变率增加而加大。根据实验,黏性力与应变率呈非线性关系。但是爆炸条件下,在一定范围内,淤泥的黏性是可以忽略的,黏性力一般小于淤泥的剪切强度。

在淤泥中爆炸的鼓包运动,通过实验可得到如下的现象结论:

(1)淤泥与土岩介质不同,爆炸空腔不产生裂缝,具有流体的特点。

(2)鼓包运动开始和一般土岩介质鼓包并无多大差别,但鼓包形状可以发展得很尖锐,具有光滑的表面,在顶点附近产生小孔破裂。

(3)可见爆坑漏斗很小,这是由于除去飞出淤泥落回爆坑内外,还由于淤泥流动性很大,爆坑四周的淤泥受重力的影响也往坑内回淤。

(4)鼓包和爆坑基本满足几何相似规律,其药量公式可按土岩爆破常规地整理:

$$Q^{1/3} = W \cdot f(n) \tag{11-2}$$

式中

$$f(n) = \sqrt[3]{1.5}(0.53 + 0.47n) \tag{11-3}$$

$f(n)$ 与 n 呈线性关系,这与通常土岩爆破的药量公式有所不同。

11.3.2　爆炸填石排淤法

爆炸处理水下软基采用置换法,常常想到用爆炸代替挖泥船开沟,然后再抛填堆石的工艺。从上节分析和实践证明,爆破开沟在瞬时是可行的。由于回淤的影响,造成沟很浅抛石困难,不能达到置换的要求。下面介绍的爆炸填石排淤法实际上是一种瞬态置换法。

爆炸填石排淤法是将堆石体抛填在堤头,将炸药(常用群药包)埋放在堆石体前方一定距离和一定深度处的淤泥内。爆炸时,在药包位置上及附近的覆盖水和淤泥向上方飞散,堆石体的前端向下塌落到淤泥内。爆炸经过检测,塌落的石块已落在亚黏土层上,其形状如同"石舌"。爆炸飞出的部分淤泥和水随后又回落到"石舌"层上,回落的淤泥含水量高,强度降低,随后的抛填可将"石舌"层上的淤泥挤出,以形成一个完整的堆石体。如图11.1所示。正确布置药包和选择药量,通过这样若干次的循环,可筑成设计需要的海堤。

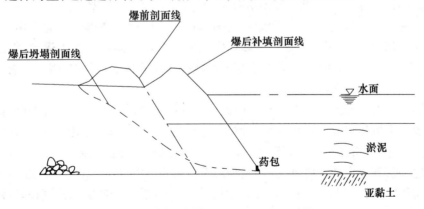

图 11.1　爆炸前后纵断面与石舌纵向形态图

通过模型试验,以及大型工程试验的观察,对于该施工方法的机理有了比较明确的认识。当埋在堤前淤泥内的炸药引爆以后,在淤泥中有冲击波传播。与此同时,爆炸气体在淤泥内膨胀做功,可在泥内形成空腔,以至成为爆坑。压力迅速降低,而堆石体的前沿,在爆炸载荷下,提高了压力,在空腔与爆坑之间形成了压力差和重力位势差。堆石体空隙中的水和淤泥,在压力差和位势差的作用下,形成泥石流,将石块带入流向空腔和爆坑内。同时爆坑另一侧的淤泥和水,由于同样载荷的原因,也向爆坑中运动,在某一时刻与石舌相撞而阻止"石舌"继续运动,直至"石舌"运动停止,这就是形成"石舌"运动和停止的原因。试验表明,离堆石体稍远一点布药可以使堆石与另一侧的淤泥和水在较远位置上与"石舌"相撞,可以使"石舌"长一些。用双排药包形成的爆坑,也可使爆坑一侧的水和淤泥与"石舌"相撞位置远一些,这样可以提高施工的进尺量。

在大厚度淤泥的工程实践中,当炸药埋深达不到要求时,起爆后,爆坑底部尚有一层淤泥,通过实践检测"石舌"并不到底。随后抛石体也可能不落底,但是爆炸排淤填石法是一个堤头反复循环和两侧的爆炸,爆炸能量可引起堆石体下地基的振动。根据目前测量,每次振动加速度约20g,周期为$0.05 \sim 0.1s$,经过每次这样的振动,都可将一部分淤泥从侧向挤出。

11.3.3 爆夯法

这种方法与通常应用打夯船和重锤夯实相比,有如下优点:施工机具简单;能够大规模地进行水下夯作业,加速地基均匀深陷,工期短,施工质量比较好;工人操作技术简易,施工质量容易控制,便于推广应用;节省费用。

1. 基本原理

用爆夯法施工时,将炸药放置在已堆好的堆石体或其上一定的挂高处。堆石体下为一定深度的淤泥,淤泥层的下底与海底亚黏土层相连接。为了使堆石体保持平面整体向淤泥中运动,在爆夯时,常用平面布药,即采用点阵式等距离方式布置药包。为充分利用炸药的能量,均在药包上有一定深度的覆盖水情况下起爆,爆前装置如图11.2所示。

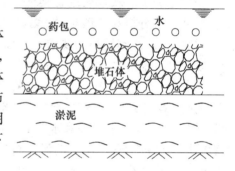

图11.2 爆夯前装置图

炸药起爆后,当冲击波作用到覆盖水自由面时,反射为稀疏波,将水拉断带走一层水,而爆炸气团作用将水隆起。在爆炸载荷作用下,石块之间引起错位,使空隙率减少;另一方面由于爆炸作用使整个堆石体向淤泥中运动,将淤泥从堆石体外泥面挤出。钻探结果表明,只有一小部分淤泥挤入堆石体的空隙内,因而从总的爆炸能量看来,该法主要用于侧向挤淤。

为了深入研究爆夯的机理,在爆炸箱中做了高速摄影试验、其下沉量和时间的试验。试验曲线表明,爆夯下沉运动有一很短的加速过程,此后有一较长时间近似匀速运动的过程,最后减速至终止。经过分析,爆炸初始压力很高并伴有冲击波,因而淤泥运动有一加速过程。当爆炸气团迅速膨胀,其压力随之降低,当低至和淤泥的强度和压力相当时,就出现一个近似匀速的过程,这时气团压力较低,淤泥的质量大,因而有一个比较长时间的匀速过程。最后,爆炸气团浮出水面或逸出,堆石体在淤泥强度和阻力作用下逐渐减速至零。

在同样炸药量,堆石体厚度不变情况下,下沉量和L/H有关(L是堆石体的宽度,H是淤泥的深度)。L/H值很小时,堆石体较易下沉,当L/H很大时,堆石体下沉量很小,因此,爆夯通常要通过几次爆炸才能达到要求,一般不易将所有淤泥挤出,这是不难理解的。因为L/H小时,淤泥侧向逸出路径短,阻力当然也就越小。爆夯可使堆石体密实,这有很大的工程意义。经过分析认为,爆夯时可以引起地基的强烈振动,从而将堆石体振动密实。试验表明,密实率可达22%,爆夯对于修建水下平台确有很好的应用前景。

2. 施工设计与施工方法

(1)理论计算

水下爆夯抛石基床,应以爆炸时不产生抛掷漏斗作为药量计算的前提。根据实验得到不形成抛掷漏斗的药包距抛石基床表面允许距离 H_1,即

$$H_1 = k_1(\sqrt[3]{Q})^{2.2} \tag{11-4}$$

式中　Q——装药量(kg);

　　H_1——由药包中心至基床表面距离(m);

　　k_1——常数,$k_1 = 0.25 \sim 3.0$。

对水下爆夯效果来说,内部作用药包爆破的效果比较好,保证在水中形成内部作用药包的水深可按下式计算:

$$H_0 = k_2(\sqrt[3]{Q}) \tag{11-5}$$

式中　H_0——由水面至药包中心的深度(m);

　　k_2——常数,$k_2 = 2.1 \sim 2.6$。

当不考虑爆夯对周围建筑物的影响时,夯实单个药包的装药量通常根据夯实区水深计算,即:

$$Q = \left(\frac{H}{k_3}\right)^{2.29} \tag{11-6}$$

式中　H——夯实区的水深(m);

　　k_3——常数,$k_3 = 2.0 \sim 3.0$。

为了能得到夯实的均匀性,水中药包一般布置成正方形网格或梅花形网格,这时在平面上药包的距离应等于药包有效作用半径的两倍,即:

$$A = 2R \tag{11-7}$$

$$R = k_4 \sqrt[3]{Q} \tag{11-8}$$

式中　A——平面上药包的距离(m);

　　R——爆破的有效作用半径(m);

　　k_4——常数,$k_4 = 1.5 \sim 2.2$。

(2)施工设计

1)施工安全执行国家标准和各项安全法规。

2)单个药包计算。水下爆夯施工设计受到水深、水流、风速、气候、基床厚度以及海港工程中的潮汐、水质等因素影响;也受到周围建(构)筑物的限制。因此,爆夯时选择多次不同爆破药量是安全施工的首要条件。按照爆夯时的水深计算单个药包装药量,若水深在10m以上,则单个药包装药量就很大;为了不使爆夯基床面产生漏斗,则又受到药包爆破内部作用效果等因素影响。对于单个药包的大小,根据施工经验,施工设计时可先按爆夯时对周围建(构)筑物的影响选定,一般在1.0~5.0kg较好。

初步选定单个药包药量后,再计算药包离抛石基床面的间距 H_1,$k_1(0.25 \sim 3.0)$可选小

些,接着计算单个药包的有效作用半径 R,其中常数 k_4(1.5～2.2),若选药包较小时应取较小值,反之取较大值。

最后施工时,一次爆夯基床面积确定药包的个数,组成一次爆破药包群;如果一次爆破的总药量对周围建(构)筑物有影响,可分片多次爆夯以达到安全施工的要求。

(3)施工方法

1)药包的加工。水下爆夯采用的炸药有 TNE 炸药、乳化岩石炸药等。对于乳化岩石炸药可以在与工厂订货时要求厂方每件包装的药量,TNT 炸药可以自行加工成铸块。药包的包装一般用防水性能良好的塑料袋,袋内装一些砂或石块等重物,使药包放到水中不上浮且有一定的下沉力。下沉力的大小根据爆破时的水流确定,以使炸药包不偏位作为标准。

2)药包位置、定位。药包的水下布置、定位,一般根据药包的布置间距,用毛竹、木材或其他材料绑扎成相应的架子,确定系药包的位置。架子的上浮能力以能浮起 3～8 人作业为准。药包布置水中后,应在 2 个小时内引爆,否则会影响爆夯效果。

3)爆夯次数的确定。水下抛石基床爆夯不是一次爆破就能达到要求的。爆夯次数的多少,施工时选一部分具有代表性的基床进行试夯,确定其爆夯次数。

关于水下抛石基床爆夯的施工标准,我国目前尚无统一规定。根据施工经验,可按《港口工程技术规范(1987)》的规定:作为夯实处理的基床的夯沉量一般为抛石厚度的 10%～20%。试夯时根据基床的夯沉率(夯沉量/抛石厚度)来确定爆夯效果,夯沉率一般控制在 10%～20%,建议采用 15%～20%。基床试夯符合要求后的爆夯次数作为施工次数。为了保证施工质量,爆夯次数不宜少于 2 次。

11.3.4 堤下爆炸挤淤施工法

堤下爆炸挤淤法是将条形药包(或多个集中药包)埋设在堆石体下淤泥中或淤泥表面上的一种施工方法。在堆石体上有覆盖水,有时也无覆盖水,其结构如图 11.3 所示。

炸药引爆后,爆炸压力将淤泥从堆石体淤泥面挤出,随后堆石体在重力作用下落至被挤出淤泥的空间,这样施工方法的优点是爆炸能量得到比较充分的利用,但装药较为复杂,安全问题比较突出,需要进一步研究。

X 光和高速摄影的试验数据表明,在试验药量条件下,爆炸空腔初始有一个加速过程,最大速度为270m/s。空腔膨胀运动时间很短,爆炸空腔位移与时间由试验确定。

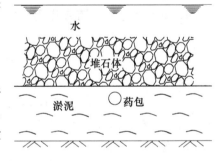

图 11.3　堤下爆炸挤淤法结构图

由试验和现场观察可以得到以下结论:炸药引爆以后,冲击波在淤泥和堆石体中传播。淤泥面上没有覆盖水时,冲击波传至堆石体的上表面,将反射一拉伸波。由于堆石体是一散体,堆石体上部分石块将以一定速度往上运动,带走冲击波的能量。堆石体由于有较大质量,在爆炸气团继续推动下有不大的上升位移。实践证实,只有少量石块飞出,部分落回堆石体上,其余散落在淤泥面上。当淤泥面上有覆盖水时,冲击波将传入水中,在水上表面反射为拉伸波,使水的上层部位往外飞出,而整个堆石体基本无飞散的现象,只有向上做整体运动。爆炸压力将淤泥挤出堆石体外后,堆石体便回落到爆炸空腔内而形成设计所要求的堤,下落后堆石体的形态,基本保持原在淤泥面堆石体的形状。用这样施工方法筑堤,单位耗药量很低,能充分利用炸药的能量。利用该施工方法的前提是,堆石体在淤泥面上能保持稳定而不致于滑动,而且预埋炸药在施工上可以实现并确保安全。

11.4 爆炸法处理海淤的工程应用

11.4.1 爆炸法处理海淤软基在护岸工程的应用

1. 工程概况

填海造地工程位于大连湾北侧,外护岸面向大连湾宽广的水域,主要受东面海浪影响。设计堤前波高4.3m,护岸堤总长1013.6m,其中东段500m,淤泥厚度大部分为5~7.5m,淤泥软基采用爆炸法处理。

该段土层分布为:上层为淤泥、滩面高程 -6 ~ -6.5m,主要土工指标:含水量 $W = 67.12\%$,重度 $\gamma = 16.5kN/m^3$,快剪 $C = 7.37kPa$,$\varphi = 5.79°$,地基承载力40kPa。第二层为亚黏土混碎石,层厚只有0.1m左右,其中亚黏土含量占70%,灰岩碎石占30%。地基承载力160kPa;第三层为灰岩,表层微风化,地基承载力达2000kPa。设计高潮位:3.86m,高潮时水深大于10m。

2. 护岸断面形式

根据波浪要素、地质条件,施工方法及使用要求,外护岸设计为斜坡式,堤顶标高3.5m,堤顶宽度5.5m,堤顶设挡浪墙,墙顶标高8.0m,外坡1:1.5,内坡1:1,采用栅栏板护面,在 -5.4m处设平台,宽度4.3m,用于安放混凝土块,以支撑护面栅栏板。断面设计时主要考虑既要节约投资又要方便施工,在保证堤身稳定的条件下,减小堤身断面,要求内侧跟进回填宽度不小于10m。尽管堤顶宽度较窄,由于跟进回填有足够的宽度,满足抛填车辆的运行,而不需要设车辆调头区。

外侧平台是安放混凝土块及支撑栅栏板的重要部位,因此,平台坡脚的处理尤为重要。设计外侧平台坡脚石层落至风化岩层,堤身中间及外侧石层落底宽度经验算已满足正体稳定要求。因此,内侧不作侧向爆炸处理,直接跟进回填,内侧坡脚允许石层不落底。堤身断面呈不对称形式。

3. 爆炸设计

(1)爆炸步骤

爆炸处理分三步进行:

1)堤头推进。先做堤心部,护岸沿曲线方向推进,每5~6m进行一次堤头爆填,使堤身中间部分石层落至持力层,以此循环推进。

2)侧向爆填。当循环进尺到一定长度后对外侧进行侧向爆填,拓宽石层底宽度至设计要求,形成稳定的堤身;同时,削掉堤顶超宽部分,使边坡变缓。

3)在平台位置布置爆夯药包进行爆夯,形成平台,经侧向爆填和平台爆夯后,外侧边坡接近于1:1.5设计断面。

(2)爆炸参数

药量计算根据:

$$Q = K \cdot H_m \cdot \Delta S \qquad (11-9)$$

式中 Q——布药宽度线药量(kg/m);

K——与置换泥厚、土质状况有关的系数；

H_m——设计置换淤泥厚度(m)；

ΔS——一次爆填推进的距离(m)。

在本工程中，堤头布药宽度15m，一次进尺6m，置换泥厚5～7m。K取0.5。堤头一次起爆药量250～300kg。

侧向爆填爆炸参数：线药量与堤头相同，一次起爆药量根据爆破安全要求控制在650kg以内。平台爆夯密实是软基处理的最后一道爆破工序，直接影响到平台和边坡的平整要求，通常采用一遍单排药包爆夯，如平台较宽度时，可采用双排药包爆夯。本护岸平台及边坡平整度要求较高，因此，平台爆夯设计成双排药包。线药量为10kg。一次处理长度30～40m。

4. 施工工艺

堤头和外侧爆填，采用船机装药，即在船上安装2台装药机具，当船只定位后由船上装药器把预制的防水药包埋到设计位置。为了安全，单个药包中不放雷管，起爆网路采用导爆索传爆网路。平台爆夯采用船上投放防水药包，药包底部加块石配重，沉至石面，不加挂高。起爆网路仍用导爆索传爆网路。

5. 验收标准与检测结果

爆炸法处理水下软基技术，已在许多大中型水工建筑物中得到了成功的应用，但尚未列入规范，没有形成正式统一的验收标准。一般要考虑的是，竣工断面和设计断面的比较，验收标准仍按港工规范验收标准。堤身落底效果则主要是采用地质钻孔的方法来检验，这种方法直观、可靠，但费用很高。

本工程断面验收按港工规范，每10m一个横断面，每断面测10个点，实测45个横断面共计450个测点，其中432个点符合设计规范要求，合格率为96%，达到了优良。

11.4.2 爆炸法处理海淤软基在防波堤中的应用

1. 工程地质概况

广东省台山发电厂煤码头位于台山市铜鼓管区黑沙湾海域上，东防波堤位于码头海域的东南面，堤根与东护岸堤和南岸墙相连为一圆盘，从堤根到堤头的水深变化为3.9～5.4m，整个堤身所处的海床面地形十分平缓，坡度约为0.87‰。

基础所处海床地层较为复杂，与防波堤设计和爆炸法处理软基施工关系密切的地层地质叙述如下：

(1)浅海近代沉积所成淤泥层(Q^{mc-1})：灰黄、深灰色、饱和、流塑、局部软塑，具腐臭味，局部夹砂层透镜体。该层海床面标高为$-3.6～-5.4m$，厚度范围为7.4～15.8m，平均层厚12.58m，平均含水量83.84%，塑性指数$I_p=24.24$，$l_L=2.176$，快剪内聚力$C=8.33kPa$，快剪内摩擦角$\varphi=3°$，容许承载力$[R]=20kPa$。该层是爆炸法处理软基层。

(2)淤泥质黏土、淤泥质亚黏土Q^{mc-4}：该层为前期固结淤泥、深灰色、饱和、流塑～软塑状态。为典型的海湾相沉积。该层平均厚度5.98m，层顶标高$-23.5～-3.5m$，平均天然含水量43.8%，天然孔隙比1.162，饱和度97.6%，$I_p=14.2$，$l_L=1.19$，快剪内聚力$C=23kPa$，快剪内摩擦角$\varphi=9°$，容许承载力$[R]=80kPa$。该层在东防波堤部分段上作为持力层。

(3)黏土、亚黏土层(Q^{mc-2})：灰色、灰黄色、褐红色、软～可塑、黏性比较好，可搓条，局部相变为亚砂土。该层平均厚度3.08m，层底标高$-11.19～-26.35m$，平均天然含水量30%，

186

$I_p = 13.3, l_L = 0.764$，快剪内聚力 $C = 37kPa$，快剪内摩擦角 $\varphi = 9.2°$，容许承载力 $[R] = 120kPa$。该层在东防波堤大范围段上作为持力层。

2. 设计施工要求

断面尺度的控制及误差应符合《港口工程技术规范》的要求，交工验收按质量检验评定标准进行，具体要求如下：

（1）堤身混合石落底要求。根据广州地质勘察基础公司的地质勘察报告中防波堤基础处在海床的地层情况，爆炸法处理海床上层的淤泥，使堤身混合石落底于淤泥质黏土、亚黏土（Q^{mc-4}）或黏土、亚黏土（Q^{mc-2}）层上。

（2）东防波堤堤心采用爆炸法处理后，经过多次圆弧滑动计算稳定安全系数最小值为1.03。

（3）东防波堤两翼基础石爆夯密实夯沉率不小于10%，即夯沉量为25cm。

（4）东防波堤堤身设计预留沉降量为50cm。

（5）堤身位移沉降观测要求三个月累计沉降量不大于30cm；施工期和使用期内，堤身整体或局部不出现滑移或超规沉降量。

（6）当堤身两侧边坡安放抛填块石重量在700～1000kg时，实际施工后断面线与设计断面线间的允许高差为±70cm。在实际施工允许高差参照不大于大块石垫层厚度1.5m。

（7）东防波堤堤顶高程竣工尺寸的允许偏差不应超过±30cm；堤身长度竣工尺寸的允许偏差不应超过±2.0cm；堤身中轴线竣工尺寸的允许偏差不应超过±20cm。

（8）堤身混合石料采用开山石料，其块度及级配设有特殊要求，其质量控制指标为含泥、砂、土量不大于10%等。

3. 爆炸施工方案设计

（1）爆炸参数选择

根据设计院提供的施工图纸要求，将堤身爆炸施工也分成九个处理段进行参数设计。每个分段上施工又分别采用了"堤头空腔爆炸排淤填石法"、"堤身两侧长臂勾机陆上装药爆炸排淤填石法"和"堤身两侧平台爆夯法"。

1）堤头空腔爆炸参数

堤头空腔爆炸排淤填石法处理软基的主要机理，是炸药置于一定水深度下的软基表面上起爆，首先爆炸产物向软基和水中产生冲击波对软基产生破坏；接着，爆炸产物将淤泥排开形成要填的设计空腔，随后抛填石充填空腔形成堤身。其堤头空腔爆炸参数见表11.2。

表11.2　堤头空腔爆炸参数

参　数名　称	单位	施工段号								
		Ⅰ-Ⅰ	Ⅱ-Ⅱ	Ⅲ-Ⅲ	Ⅳ-Ⅳ	Ⅴ-Ⅴ	Ⅵ-Ⅵ	Ⅶ-Ⅶ	Ⅷ-Ⅷ	Ⅸ-Ⅸ
段长	m	455	160	86	86	517	262	35	35.72	30
抛填平均顶高	m	4.50	4.08	4.21	4.20	4.20	5.3	2.38	4.46	4.16
抛填平均顶宽	m	16	16	16	16	16	16	16	16	16
单药包重	kg	30	30	30	30	30	30	30	30	30
药包间距	m	2	2	2	2	2	2	2	2	2
布药长度	m	18	18	18	18	18	18	18	18	18

参 数 名 称	单 位	施工段号								
		Ⅰ－Ⅰ	Ⅱ－Ⅱ	Ⅲ－Ⅲ	Ⅳ－Ⅳ	Ⅴ－Ⅴ	Ⅵ－Ⅵ	Ⅶ－Ⅶ	Ⅷ－Ⅷ	Ⅸ－Ⅸ
平均进尺	m	5.9	5.8	6.0	3.6	6.0	5.2	5.0	7.0	5.6
爆炸次数		77	27	14	143	25	50	7	5	6
平均水深	m	2.7	3.0	3.3	3.9	3.8	4.1	4.0	3.8	3.9
段药量	kg	23100	8100	4200	42900	7500	15000	2100	1500	1800
累计药量	t									106.2

2) 堤身两侧爆炸填石法参数

东防波堤两侧第一次测爆采用长臂勾机泥下埋药和第二次外侧空腔爆炸,参数见表 11.3。

表 11.3 堤身两侧爆炸施工参数

类型	施工时间	工序段长 (m)	水深 (m)	孔深 (m)	单药包量 (kg)	药包间距(m)	装药位置(m)
第一次测爆参数	95.3.23	0～63	3.6	5	40	2.5	20～23
	95.3.27	0+63～0+187.5	3.4	3	40	2.5	20～23
	95.3.25	0+187.5～0+214	4.0	3	40	2.55	20～23
		0+214～0+300	3.8	2	40	2.5	20～23
		0+300～0+407	2.9	3	40	2.5	24～23
	95.4.21	0+407～0+503	4.0	3	40	2.5	20～23
	95.4.29	0+503～20+620	4.0	2.8	40	2.5	20～23
	95.7.27	0+620～0+730	4.5	2.0	40	2.5	20～23
	95.9.17	0+730～0+822	3.5	2.5	40	2.5	20～23
	95.11.18	0+822～0+988	4.4	2.0	40	2.5	20～23
	95.12.14	0+988～1+090	4.5	1.0	45	2	20～23
	96.1.17	1+090～1+210	4.0	3.0	45	2	20～23
	96.2.25	1+210～1+350	4.5	2.0	45	2	20～23
	96.3.21	1+350～1+460	4.5	2.0	45	2	20～23
	96.4.12	1+460～1+560	4.2	2.5	45	2	22～23
	96.4.25	1+560～1+660	4.5	2.5	45	2	22～23
	96.5.8	1+660～1+730	3.8	3.7	45	2	20～23

类型	施工时间	工序段长（m）	水深（m）	孔深（m）	单药包量（kg）	药包间距（m）	装药位置（m）
第二次爆夯参数	95.3.31	0~0+205	3.5		20	2~3	17.5~19.8
	95.4.1	0+205~0+403	4.0		20	2~3	19.2~20
	95.4.24	0+403~0+504	3.0		20	2~3	19.5~20.3
	95.5.3	0+504~0+615	4.1		20	2~3	18.3~20.5
	95.7.31	0+615~746	5.0		20	2~3	18~21
	95.9.19	0+746~0+834	3.5		20	2~3	21.0
	95.11.21	0+834~0+981	4.5		20	2~3	19.5~20.5
	95.12.16	0+981~1+079	3.5		20	2~3	20.0
	96.1.20	1+079~1+199	3.5		20	2~3	19.0
	96.2.27	1+199~1+340	3.5		20	2~3	20~22
	96.3.26	1+340~1+433	3.3		20	2~3	19.5~20.5
	96.4.14	1+433~1+551	4.0		20	2~3	20~21
	96.4.27	1+551~1+651	3.5		20	2~3	19.5~19
	96.5.9	1+651~1+711	4.0		20	2~3	20~20.5

（2）施工主要工序及要点

东防波堤爆炸处理软基施工由堤头空腔爆炸吊装布药、堤身两侧长臂勾机装药、堤身两侧平台爆夯、堤身两侧勾机抛埋、堤身两翼基础石爆夯等施工组成，其主要工序和要点如下：

1）根据甲方提供的等级控制点定出东防波堤坐标和方位，按港口规范中的测点埋设进行了立点。

2）抛填顶宽16m，顶高4.52m（理论高程）。

3）按上述测量定线桩进行指挥抛填，堤头抛填到进尺为5~7m时停止向前方推进；接着进行堤轴向爆前纵断面测量；然后依据堤头空腔爆炸参数，利用长臂吊机陆上安放药包于药位处，在药包处于水深大于3m时起爆；之后，进行堤轴向爆后纵断面测量，绘制出堤头空腔爆炸前后纵断面图。

4）按原抛填堤定线桩继续补抛推进抛填，当堤头抛填比原堤头前进5~7m时，进行第3）步施工工作，即堤头按着"定线测量→抛填与爆前测量→堤头空腔爆炸施工布药→爆后测量和抛填"等工作循环形成东防波堤身。

5）当堤头按第3）步、第4）步工作循环形成不小于80m，或根据海况、护面块体等分项工程需要差预留不小于20m堤头长度的堤身时，将堤顶外侧加抛3m宽，每间隔20m进行垂直堤轴线向的爆前横断面测量；然后，依据堤身两侧爆炸填石法处理参数，在距顶边线17~22m位置，采用陆上长臂勾机压入软基下装药，且要求水深不小于3m时起爆；之后每间隔20m进行

189

爆后横断面测量,绘制出两侧爆炸填石法处理爆前爆后横断面图。

6)按设计图纸堤顶宽度 10.61m 或 11.74m 放线定桩,补抛到高程 4.52m;之后每隔 20m 进行爆前横断面测量。在堤前两侧平台中心位置,利用陆上长臂勾机吊装群药包布设爆夯药包,在水深不小于 3m 的情况下起爆;之后,每隔 20m 进行爆后横断面测量,绘制出两侧平台爆夯处理爆前爆后横断面图。从 1)~5)施工工序处理后形成了这段稳定堤身,即稳定堤身是按照"堤头空腔爆炸处理工序形成一定堤身两侧爆炸填石处理工序→堤身两侧平台爆夯处理工序"中穿插测量、抛填指挥等工作循环,直至设计要求的长度。

7)由水上抛填两翼基础石的单位提供每隔 10m,2m 一个测点的基础石抛填横断面图;按基础石爆夯参数,船上定位连线布药,爆区在水深不小于 3m 时起爆;之后每隔 10m,2m 一个测点进行爆后横断面测量,并绘制出爆后横断面线图,填写爆夯质量评定表。

8)经过以上工序之后,按设计施工图进行放线定桩补抛,用长臂勾机进行机械理坡;接着每隔 10m,2m 一个测点进行堤身理坡断面测量,绘出每段堤身完工断面图,填写理坡质量评定表。

9)经过 1)~8)项主要工序,每完成东防波堤堤身基础 100m 时,在堤顶埋设沉降观测点,若以上工序不影响堤身沉降点时每隔 7~15 天,定期进行施工期间沉降位移观测,直至堤身基础处埋设施工全部完工。

10)在距堤头 30~60m 安全距离后,可以进行堤身其他部分或分项工程施工。当东防波堤全部竣工后,在堤前每隔 100m,埋设沉降观测点,每 15 天左右进行完工后沉降位移观测。

4. 工程技术特点与对策

本工程施工受环境影响因素,其一,利用爆炸法处理软基层为海床上部的 7.4~15.8m 厚度范围的淤泥层(Q^{mc-1})。该层含水量大,天然平均密度 1.52g/cm³,呈流塑状。该层土力学指标见地层地质分述说明;其二,海床面在 -3.6~-5.4m 范围上,设计高水位 2.74m,一般潮位在 +1.5m 以上,所以水深一般不小于 3.5m;其三,常年波涌量较大,尤其抛填侧面又形成加强的反射波涌,若采用海上作业施工,作业时间很紧;不能满足陆上大型爆破和装运抛设备速度的要求;其四,工期自 1994 年 11 月 8 日开始,整个东防波堤工程要求在 1996 年台风期之前完工,工作有 600 多天,估计日进度要求 3.0m 左右;其五,估计日进度完工 3m,这 3m 包括的主要工程分项有:防波堤抛填工程、爆炸法处理软基形成稳定堤身工程(含两侧平台爆夯)、堤身两侧抛埋、堤身两翼基础石水上抛石、水上抛石爆夯、堤身两侧大块石抛埋、堤身护面块体安装等,所以要求爆炸法处理工程施工穿插其他工程分项间隙或尽可能地缩短施工时间。

在这种施工情况下,采用的对策是利用了本工程所需处理软基——淤泥的土力学特性和海水较深的条件,提出堤头空腔爆炸填石法新技术,创造长臂吊装群药包装药新工艺。为克服海况不良影响,又创造 22m 长臂勾机压药新工艺。这两种新施工工艺为 1.73km 防波堤爆炸法处理软基的竣工创造了条件。这些新技术与工艺的主要特点是:

(1)这些新技术和工艺的应用,使软基处理效果达到了设计图纸的要求,满足了工程质量的要求,确保了堤身的稳定性和安全性。

(2)缩短了施工时间,提高了劳动生产率,这两项新工艺机械化程度高,降低了劳动强度。

（3）原海上作业变为陆上施工作业，完全避免了海况的不良影响，是软基处理工艺的一次改革，使施工工艺上了一个新的台阶。

（4）这种新技术的应用，丰富了爆炸法处理软基的方法。总之，这些新技术和工艺的应用，表现出高效、低耗、不受不良条件影响、安全可靠等优点。

11.4.3 爆炸法处理抛石潜堤作基床的工程应用

1. 工程地质条件

中国燃料供应公司大连分公司船舶停泊基地工程，位于大连港东防波堤外侧，拟建南顺岸码头 150m，建东防波堤兼码头 245.8m，供 2000 吨级以下供油、供水、拖轮、交通艇停泊之用。大连港东防波堤之外，系原日伪时期所造的一个小港池。该港池由北潜堤和东潜堤所围成，口汀方位 NNE。北潜堤长 260m，底宽 20～30m，顶宽 8m 左右，抛石层厚 6m 左右。东潜堤长 340m，底宽约 30m，顶宽约 20m，顶标高 1.5～±0m（大连港筑港系统，以下同），局部有一层重小于 20 吨的混凝土方块。石层厚多为 4～8m，块石为流塑状淤泥所填充，堤下淤泥厚 2～8m，东潜堤距老港东防波堤 340m。

潜堤下土层可分为三层：全新世海相沉积层——淤泥及淤泥质土；更新世陆相沉积层——粉砂及更黏土；基岩——板岩、千枚岩或辉绿岩。厚度为 2～9m。

第二层粉砂及亚黏土层，分布不连续。第三层基岩，为震旦纪的泥质板岸和千枚岩，局部为辉绿岩，岩石表面呈风化和中风化，进尺 30cm，标贯可达 50 击。

2. 爆炸设计

船舶停泊基地工程是将"悬浮"在淤泥之上的抛石潜堤，用爆炸法沉到持力层上作为防波堤兼码头的基床。这是水上、陆上爆炸法处理软基的综合，其方法和步骤是：

①堤下爆炸排淤；

②两侧爆炸排淤填石；

③两侧挖排泥沟，其作用类似陆上卸荷法；

④挤淤爆夯；

⑤密实爆夯。

（1）堤下爆炸排淤

1）堤下爆炸排淤机理

将炸药埋置在潜堤石层下淤泥层中部，当炸药爆炸后，产生了大量的高压气体并迅速向外扩展，排挤淤泥形成空腔。石层底面爆炸压力可达 40MPa 左右，推动潜堤的石层向上运动。由于石层上有 4～5m 的覆盖水，爆炸冲击波达到水面时产生拉伸波，将一部分水体拉出去形成水柱或水花，而石层虽然向上运动，但仍保持完整状态，淤泥则向薄弱的方向流动。当石层下空腔压力降低后，被抬起的石层在重力作用下落到被挤出淤泥的空间。

炸药在空中、水中、岩土中爆炸规律已被人们所熟悉，中国科学院力学研究所给出了在淤泥中的规律。在淤泥中冲击波波速和在水中相似，为 1550m/s，周期为 0.05～0.1s，爆炸压力为

$$P = 500\left(\frac{\sqrt[3]{Q}}{R}\right)^{0.85} - 60\left(\frac{\sqrt[3]{Q}}{R}\right)^{0.12} \tag{11-10}$$

式中　P——爆炸压力（kg/cm^2）；

Q——爆炸圆半径(m);

R——炸药量(kg)。

当药包置于石层底之下4.0m,炸药量为75kg,爆炸压力41.1MPa。

2)爆炸参数

堤下爆炸药包,沿基本床中心部分布置两排,单排药包间距5m,两排之间的排距为3m,两排药包错开成三角形,药包埋置在石层以下持力层以上的淤泥或淤泥质亚黏土中。药包直径18cm,药包长度2.4~3.0m,装药量70~90kg。

(2)两侧爆炸排淤填石

为了使两侧抛石潜堤能落底,同时为了使堤下爆炸的淤泥能够顺利排除,在两侧距码头中心线16~18m布置泥孔,药包埋深5m,单孔装药量40kg,孔距3m。堤下药包爆炸比两侧药包爆炸延时200~400ms。

挤淤爆夯是将药包直接布置在石面上,药量采用1.43kg/m²。考虑到潜堤石层下淤泥及淤泥质亚黏土黏性大,又经过几十年压实,排淤路径又长,如在基床宽度内一次布药排淤比较困难,因而要采用三次布药,由中间向两侧挤淤。挤淤爆炸两遍后,进行密实爆夯,布药宽度21m,药量为0.95kg/m²,药包排高0.8~1.0m。

(3)爆炸安全

爆炸区西距大连港东防波堤340m,南距陆上建筑物大于250m。最大垂直速度按下式计算:

$$V = K\left(\frac{Q^{\frac{1}{3}}}{R}\right)^{1.51} \tag{11-11}$$

式中 V——最大垂直震动速度(cm/s);

K——经验系数,取285;

Q——一次起爆药量,取1000kg;

R——距建筑物距离,取250m。

计算结果,$V=2.2$cm/s,对于一般砖房允许震动速度为2~3cm,满足国家《爆破安全规程》的规定。

3. 工程实施

(1)试验段的实施和检验

为了确保工程质量,在通常情况0+214~0+254堤段按上述爆炸设计进行了试验,石层平均沉降量为4.14m,其中堤下及两侧爆炸平均沉降量为1.61m,开挖两侧挖泥沟后的平均沉降量为0.88m,爆夯后平均沉降量为1.65m。

(2)主体堤段的实施

由于潜堤石变化较大,比较适宜爆炸置换法的堤段为0+110~0+210,其余堤段用大开挖或爆夯办法处理。

在总结试验段经验的基础上,堤下爆炸排淤由二排孔改为一排孔,间距由5m改为3m,原挤淤爆夯两遍改为3~4遍,用药量改为1.63kg/m²。

基床形成后,于1993年7、8月安放沉箱并填石,1993年11月完成防浪墙以外部分的上部结构施工,1994年5月浇筑胸墙混凝土,1994年7月防浪胸墙浇筑完成,1994年8月16日遇到15号热带风暴,经受了考验。

参 考 文 献

1 郑哲敏,杨振声,金 缪.爆炸处理水下海淤软基.1989

2 魏有堂.水下爆夯技术设计与施工,爆破,1993

3 爆炸法处理海淤软基在护岸工程中的应用.中国科学院力学研究所、交通部水运规划设计院.1997

4 张建勋.广东台山发电厂东防波堤爆炸法处理软基工程总结.中国科学院力学研究所、北京中科力爆炸
   技术工程公司.1997

5 交通部水运规划设计院,中国科学院力学研究所.爆炸法处理抛石潜堤作基床研究.1997

12　地下水防治技术

12.1　概　述

在土层或岩石中进行地下工程建设与水有着密切的联系,无论是设计还是施工或使用维护均须考虑水的影响。因此,防治水在地下建设工程中是十分重要的问题,也是地下工程,特别是隧道工程中的重大疑难问题之一。特别是在 20 世纪 80 年代以前,由于对水的问题认识不足,加之有的工程重视不够,在工程建设和构筑物的使用中出现不少问题,付出了沉重的代价。水的问题如果处理不好,不仅会给工程建设带来诸多困难,而且在使用过程中后患无穷,既给养修带来了麻烦,又影响到使用效果、安全及服务年限,有些渗漏水严重的地下工程不得不多次返修,甚至改建。

随着地下工程的增多,特别是大型地下工程越来越多,而且因电气化、自动化程度的提高,对工程质量的要求也在提高。这样对防水的要求也越来越高。这就需要在工程的勘察、设计、施工和维修各个环节都要考虑防水的要求。应根据工作所在地的工程地质、水文地质条件、施工技术水平、工程防水等级、材料来源,经济合理地选择适宜的措施进行防水和治水,使工程达到防水的要求。

为了保证施工的顺利进行,在地下水位以下及富含水层中,以至在水下进行地下工程建设时,对水的处理问题,如井点降水、注浆加固、化学帷幕灌浆等工程处理措施,已在有关章节中加以介绍。本章主要介绍为保证构筑物使用(包括使用环境,卫生条件、使用寿命等)所涉及的对水的防治技术。

建筑物的防水技术按其构造做法分为两大类:一类是结构构件自身防水;另一类是采用不同材料的防水层防水。自身防水指依靠建筑构件(顶、底板、墙体等)材料自身的密实度及构造措施(坡度、伸缩缝等),达到结构构件能自身防水作用的方法;防水层防水是指另外附加由防水材料做成的防水层(如在建筑构件的迎水面、背水面、接缝处等)做防水处理,来达到防水目的的方法。按其做法又可分为刚性材料防水(如防水砂浆,细石混凝土等防水层)和柔性材料防水(如卷材、涂料等防水层)。

结构自防水和刚性防水层均属刚性防水,各种卷材、涂料防水属于柔性防水。

12.2　地下工程的防水原则

地下工程的防水原则,以前的提法很多,各专业的提法也不尽一致。如城建系统提出以排为主,以防为辅,排防结合,综合治理的原则;国防系统提出以排为主,防排结合;人防系统提出:防为基础,防排结合,因地制宜,综合治理;铁路系统提出以排为主,截、堵、排结合;北京地铁提出以防为主,以排为辅。

直到 20 世纪 80 年代中期,根据国家要求,各系统经修改的标准规范,其内容基本趋于相同,如《铁路隧道设计规范》(TBJ 3—85)规定:隧道防排水应采取"防、截、排、堵结合,因地制宜,综合治理"的原则,达到防水可靠,经济合理的目的;《铁路隧道施工规范》(TBJ 204—86)规定,隧道施工防排水工作应以防、截、排结合,因地制宜,综合治理原则进行。《铁路隧道新奥法指南》规定:按新奥法修建隧道,防排水设计的原则应结合支护设计,因地制宜地采取防、截、排、堵综合治理措施,形成完整的防排水系统。《地下铁道设计规范》(GB 50157—92)规定:应遵循以防为主,防排结合,因地制宜,综合治理的原则;《城市轻轨交通工程设计指南(1993年10月)》规定:轻轨交通工程的隧道和地下车站设计,应执行"以防为主,以排为辅,防排结合,因地制宜,综合治理"的防水原则;《地下工程防水规范》(GBJ 108—87)规定:地下工程防水的设计和施工必须做好工程水文地质勘察工作,遵循"防、排、截、堵相结合,因地制宜,综合治理"的原则。

上述防水原则对城市地下工程的防水设计或施工均可作为参考,视其工程性质采纳。实际上,城市地下工程的防水,更应强调"以防为主"的原则,辅以防排结合的措施为妥。这样做,有利于使规模庞大的排水系统得以简化,减少大量因排水而耗用的能源。

地下构筑物的防水质量好坏与设计、材料、施工均有着密切关系,而防水材料的性能和质量是保证工程防水质量的关键。各种不同的防水做法,首先要对材料,就其不同防水功能有不同程度的明确要求,优良的防水材料应具备以下特性:

(1)耐候性:对不同气候、光、热、臭氧等的一定耐受能力;

(2)抗渗透:耐化学腐蚀的性能,如耐酸、碱性能;

(3)对外力、温差变化的适应性,如拉伸强度、延伸性等性能;

(4)整体性:有利形成整体不透水膜、较好的整体抗渗能力。

当然,防水设计与防水施工各环节都不能马虎。因此,一定按设计规范、规程规定的要求,以确保防水工程的质量。

这里必须说明,不是所有工程防水级别越高越好,而应该是因地制宜,具体工程、项目,具体要求,就是不同部位的防水工程也应各有侧重。应做到既保证防水质量,达到满足使用要求的目的,又要经济合理。

12.3 防水材料

地下工程防水材料,按其性质和用途可以分为:防水卷材和结构自防水材料。

1. 防水卷材

防水卷材主要用于做防水层,防腐层,建筑防潮,简易防水及临时性建筑防水等。目前防水卷材主要分为沥青防水卷材、高聚物改性沥青防水卷材、合成高分子防水卷材三大系列。若干品种规格的分类见图12.1。

2. 防水涂料

防水涂料主要用于构筑物内、外墙防水、装饰及工程的防渗、堵漏。防水涂料一般按涂料的类型和成膜物质的主要成分进行分类。按涂料类型区分为溶剂型、水乳型、反应型三类;按成膜物质主要成分可分为五类,如图12.2所示。

我国防水涂料生产量较大,上述各类型均有具体产品。其中,水泥基防水涂料—"确保时"防水涂料,近年来在广州、北京、大连、成都等地的地下工程、水池等防渗、堵漏施工中,收到了良好效果。"确保时"防水涂料是1983年引进美国"COPROX CONCENTRATE"专利,配以白水泥和石英砂等材料制成的,具有无味、无毒、耐久性好等特点,与混凝土、砖、石等材料粘结力强,防渗、堵漏效果明显。"确保时"形成的防水层属刚性,无延伸性,故不能用于有裂缝和发生沉降、错动交界处的基层。

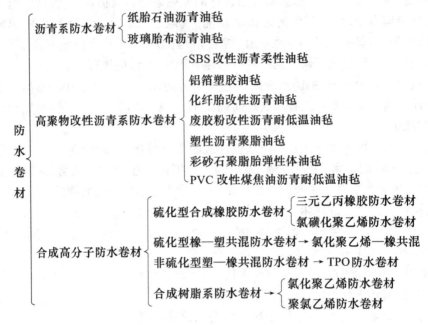

图 12.1　防水卷材分类

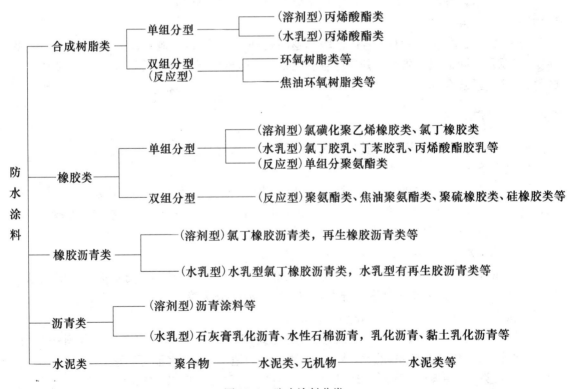

图 12.2　防水涂料分类

3. 嵌缝密封材料

建筑工程用密封材料,主要用于填充构筑物接缝、裂缝、镶嵌部位等,能起到水密、气密性作用。嵌缝材料与密封材料在狭义上有所不同,嵌缝材料只用于缝隙填充。密封材料用于设计上有意安排的接缝,在广义上两者统称嵌缝密封材料,可分为不定型密封材料和定型密封材料。前者指膏糊状材料,后者指按工程要求制成的带、条、垫一类材料。

根据物理力学性能,建筑密封材料的分类如图 12.3 所示。

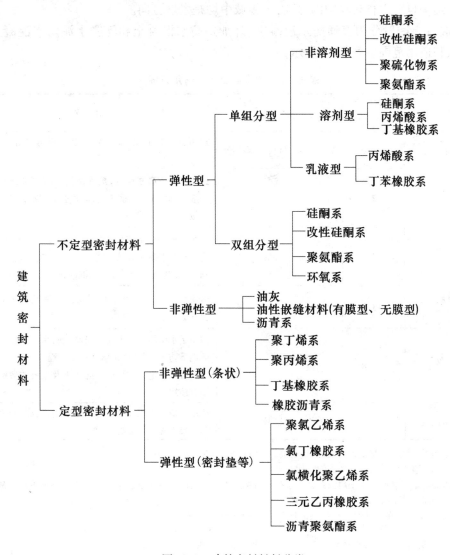

图 12.3　建筑密封材料分类

4. 结构自防水材料

结构自防水材料又称刚性防水材料,是指以水泥、砂石为原料,掺入少量外加剂、高分子聚合物等材料,通过调整配合比,抑制或减少孔隙率,改变孔隙特征,增加材料界面间密实性等方法,形成一种具有一定抗渗透能力的水泥砂浆、混凝土类防水材料,可达到增强混凝土结构自身防水性能的目的。

水泥砂浆类防水材料多作为附加防水层,用于有防水、防潮要求的地下工程结构的迎水面和背水面,弥补工程中出现的蜂窝、麻面等缺陷。

混凝土类防水材料是一种既可防水,也可兼作承重围护结构的材料。可用于地下工程及各种防水、输水、贮水结构工程中。

这种材料具有较高的抗压(抗拉)强度,耐久性、抗冻、抗老化性能较好,一般为无机材料,不燃烧,无毒,无异味,有透气性,材料易得,造价低廉,施工方便,便于修补,综合经济效果较理想。因此,结构自防水材料在国内、外防水领域中均是发展方向。

防水混凝土一般分为普通防水混凝土、外加剂防水混凝土和膨胀水泥防水混凝土等12种,其特点和适用范围如表12.1所示:

表12.1 防水混凝土的适用范围

<table>
<tr><th colspan="2">种 类</th><th>最高抗渗压力(MPa)</th><th>特 点</th><th>适 用 范 围</th></tr>
<tr><td colspan="2">普通防水混凝土</td><td>＞3.0</td><td>施工简便,材料来源广泛</td><td>适用于一般工业、民用建筑及公共建筑的地下防水工程</td></tr>
<tr><td rowspan="4">外加剂防水混凝土</td><td>引气剂防水混凝土</td><td>＞2.2</td><td>抗冻性好</td><td>适用于北方高寒地区,抗冻性要求较高的防水工程及一般防水工程,不适于抗压强度＞20MPa或耐磨性要求较高的防水工程</td></tr>
<tr><td>减水剂防水混凝土</td><td>＞2.2</td><td>拌合物流动性好</td><td>适用于钢筋密集或捣固困难的薄壁型防水构筑物,也适用于对混凝土凝结时间(促凝或缓凝)和流动性有特殊要求的防水工程(如泵送混凝土工程)</td></tr>
<tr><td>三乙醇胺防水混凝土</td><td>＞3.8</td><td>早期强度高,抗渗等级高</td><td>适用于工期紧迫,要求早强及抗渗性较高的防水工程及一般防水工程</td></tr>
<tr><td>氯化铁防水混凝土</td><td>＞3.8</td><td></td><td>适用于水中结构的无筋少筋厚大防水混凝土工程及一般地下防水工程,砂浆修补抹面工程
在接触直流电源或预应力混凝土及重要的薄壁结构上不宜使用</td></tr>
<tr><td colspan="2">膨胀水泥防水混凝土</td><td>3.6</td><td>密实性好、抗裂性好</td><td>适用于地下工程和地上防水构筑物、山洞、非金属油罐和主要工程的后浇缝</td></tr>
</table>

注:1. 不适用于裂缝开展宽度大于现行《钢筋混凝土设计规范》规定的结构;
　2. 不适用于遭受剧烈振动或冲击的结构;
　3. 防水混凝土不能单独用于耐蚀系数小于0.8的受侵蚀防水工程。当在耐蚀系数小于0.8和地下混有酸、碱等腐蚀性介质条件下时,应采取可靠的防腐蚀措施:

$$注:耐蚀系数 = \frac{在侵蚀性水中养护6个月的混凝土试块抗折强度}{在食用水中养护6个月的混凝土试块抗折强度}$$

　4. 用于受热部位时,表面温度＞100℃,则应采取相应隔热措施。

12.4 防水施工

12.4.1 卷材施工要点

1. 沥青系防水卷材施工

(1)石油沥青油毡地下工程防水构造(见图12.4)

（2）基层处理及要求

1）基层必须牢固，无松动现象。

2）基层表面应平整，其平整度为：用 2m 直尺检查，基层与直尺间的最大空隙不得超过 5mm。空隙应平缓变化，每米长度不得多于 1 处。

3）找平层以 1:3（体积比）水泥砂浆抹平压实，使其与基层粘结牢固，不空鼓，不起砂掉灰尘。若基层为整体混凝土时，找平层厚度为 15～20mm。

（3）铺贴油毡

地下工程防水多采用外防外贴（图 12.4）的施工方法，其施工顺序是：首先在抹好水泥砂浆找平层的混凝土垫层四周砌筑永久性保护墙，其高度约为需防水结构厚度加上 500mm，其下部应干铺一层油毡隔离层，其上再用石灰砂浆砌筑临时性保护墙，以便以后拆除。铺贴油毡方法如下：

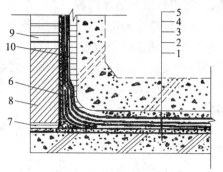

图 12.4　石油沥青油毡地下工程防水构造

1—混凝土垫层；2—水泥砂浆找平层；
3—油毡防水层；4—细石混凝土保护层；
5—需防水结构；6—油毡附加层；
7—隔离油毡；8—永久性保护墙；
9—临时性保护墙；10—单砖保护墙

1）应先铺贴平面，后铺贴立面，平立面处应交叉搭接。接缝应留在底平面上距立面不小于 600mm 处（图 12.5）。在所有转角处，均应铺贴附加层。附加层可用两层同类的油毡或一层抗拉强度较高的卷材。附加层应按加固处的形状仔细粘贴紧密（图 12.5）。

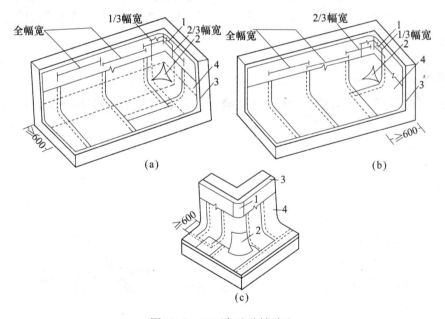

图 12.5　三面角油毡铺贴法

（a）阴角的第一层油毡铺贴法；（b）阴角的第二层油毡铺贴法；（c）阳角的每一层油毡铺贴法
1—转折处油毡加固层；2—角部加固层；3—找平层；4—油毡

2）自平面折向立面的油毡与永久性保护墙接触部位，应用沥青胶结材料粘贴紧密；与临时性保护接缝部位，应临时贴附在墙上，经检查合格后，再进行立堵铺贴施工。

3）铺贴立面油毡前，应先将接搓处的各层油毡揭开，并将其表面清理干净。如油毡有损伤,应先进行修补后才能施工。

立面接缝应采用错搓粘结,上层油毡盖过下层油毡不应小于150mm(图12.6)。

4)粘结油毡的沥青胶结材料的厚度一般为1.5~2.5mm。油毡的搭接长度,长边不应小于100mm,短边不应小于150mm,上下两层和相邻两幅卷材的接缝应错开,上下层卷材不得相互垂直铺贴。

5)油毡防水层铺贴完成经检查合格后,应立即进行保护层施工。

立面:应在涂刷防水层最后一层沥青胶结材料时,趁热粘上干净的热砂或散麻丝。冷却后,随即铺抹一层10~20mm厚的1:3水泥砂浆。

平面:可铺设一层30~50mm厚的1:3水泥砂浆或细石混凝土。

6)为压紧和保护外部防水层,应在防水层抹完保护层后,再砌筑保护墙。完工后按设计要求及时进行基坑的回填土施工。

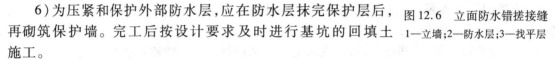

图12.6 立面防水错搓接缝
1—立墙;2—防水层;3—找平层

2. 高聚物改性沥青系防水卷材施工

其施工要点、防水构造与沥青系防水施工基本相同,但铺贴可用汽油喷灯或热空气等进行加热焙接,对改性沥青油毡接缝,也应采用热熔焊接以保证效果。

3. 合成高分子防水卷材施工

(1)地下工程防水构造(图12.7)

(2)施工工艺

应按有关施工规程要求施工,其卷材接缝处应做卷材接缝的附加补强处理,如图12.8所示。

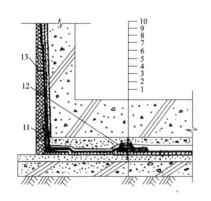

图12.7 地下工程防水构造图
1—素土夯实;2—素混凝土垫层;3—防水砂浆找平层;
4—聚氨脂底胶;5—基层胶结剂;6—卷材搭接缝;
7—卷材附加补强层;8—油毡保护隔离层;9—细石混凝土保护层;
10—需防水结构;11—卷材附加层;12—嵌缝需封膏;
13—5mm厚聚乙烯泡沫塑料保护层

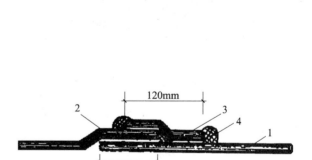

图12.8 卷材接缝的附加补强处理
1—高分子防水卷材;2—卷材搭接缝;
3—卷材附加补强胶条;4—嵌缝密封膏

12.4.2 防水涂料施工要点

现以"确保时"水泥基防水涂料为例介绍有关施工要点：

1. 涂料配制

涂料配制由施工方法确定。无论采用何种配合比，均应在容器中先放好规定数量的清水，然后把粉料(塑料袋包装，净重5kg)徐徐放入水中，边搅拌边放粉料，维持10min，使其成为均匀糊状物。然后，静置35min，使其充分起化合作用(温度较低时，静置时间要适当延长)。施工时仍须搅拌，以防沉淀。

"确保时"防水涂料的配合比(重量比)如下：

(1)采用抹压法施工：第一遍涂料：粉料：水 = 1：0.3~0.4；第二遍涂料：粉料：水 = 1：0.8。

(2)采取涂刷法施工：第一遍涂料：粉料：水 = 1：0.6~0.7；第二遍涂料：粉料：水 = 1：0.9~1.0。

(3)采取填塞法施工：第一遍涂料：粉料：水 = 1：0.6；第二遍填塞料：粉料：细砂：水 = 1：1：适量；第三遍涂料：粉料：水 = 1：0.6。

2. 施工要点

各种防水涂层构造如图12.9所示。

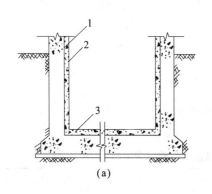
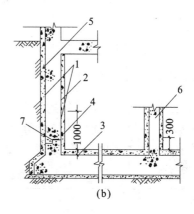

(a)   (b)

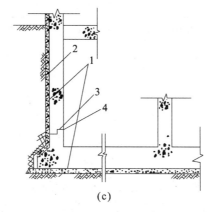

(c)

图 12.9　防水涂层构造图

(a)地下室内防水涂层构造　　　(b)地下室内、外防水涂层构造　　　(c)地下室外防水涂层构造

　　1—防水涂层；　　　　　　　　1—防水涂层；2—砂浆保护层；3—细石混凝　　　1—防水涂层；

　2—砂浆或饰面砖保护层；　　土保护层；4—嵌缝材料；5—砂浆或砖墙保护层；　　2—砂浆或砖保护层；

　3—细石混凝土保护层　　　　　6—内隔墙、柱子；7—施工缝　　　　　　　　　3—施工缝；4—嵌缝材料

(1)抹压法施工

在已充分湿润的基层上,将已配好的第一遍涂料用钢抹子或硬胶板均匀抹压。要按顺序操作,紧密搭接,避免漏抹。刮压后,当涂层开始收水,手指轻压没有印痕时,应即开始喷雾(或轻轻洒水),进行湿润养护。养护时间一般要求6~8h,此段时间的养护是保证防水效果的关键,切勿令其早期失水干燥,否则将出现粉化现象,损害防水效果。

在养护后,即可进行第二遍施工。将调好的涂料用毛刷或毛滚子涂刷在第一层涂层上,待收水后并用手指轻压不出现印痕时,再用水湿润养护24h。

(2)涂刷法施工

用刷子将配好的第一遍涂料均匀涂刷在充分湿润的基面上,然后按上述抹压法的养护要求进行6~8h的湿润养护。待第一遍涂层养护后,即可进行了第二遍涂刷;其养护方法同抹压法。

(3)填塞法施工

在大量漏水的情况下,应先排水,然后堵填缝洞。施工时,先将缝凿宽至20mm、深15~20mm,清除缝内浮灰,用水湿润;然后于裂缝底部及四周,涂刷涂料(配合比按涂刷法第一遍涂料配制)。待干燥1h后,将配好的填塞料搓成条状(或团状),用力压填于裂缝或孔洞内,填塞料要与基层面齐平。养护6h左右,然后将稀涂料(配合比同前)涂刷于表面,并洒水养护。如漏洞不大,可先用木塞打入洞内堵住漏水,然后按上述方法施工。

12.4.3 防水混凝土施工中的问题

1. 防水混凝土抗渗等级的选择

混凝土的抗渗性能可用抗渗等级表示。防水混凝土抗渗等级根据最大计算水头与混凝土厚度之比,即水力梯度选定,见表12.2。

表12.2 防水混凝土抗渗等级选用表

水力梯度 H/b	< 10	10 ~ 25	25 ~ 35
设计抗渗等级	F_6	$F_8 \sim F_{12}$	$F_{16} \sim F_{20}$

注:H——最大水头(如最高地下水位高于地下室底面之距离);b——建筑物最小壁厚。

2. 防水混凝土模板固定

模板固定不得采用螺栓拉杆或铁丝对穿,以免在混凝土构筑物上形成引水通路。如固定用螺栓必须穿过防水混凝土结构时,应采取止水措施,方法如图12.10、图12.11和图12.12所示。止水环必须满焊,环数应符合设计要求,具体作法见图12.11(b)。

防水工程配筋较多,不允许渗漏,其防水要求一般高于水工混凝土,因此抗渗等级最低定为 F_6,重要工程宜定为 $F_8 \sim F_{20}$(即抗渗能力为 0.8~2.0MPa)。

3. 设防高度的确定

应根据地下水情况和建筑物周围土的情况确定(见表12.3)。

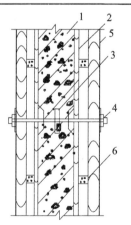

图12.10 螺栓加焊止水环

1—防水结构;2—模板;3—止水环;
4—螺栓;5—大龙骨;6—小龙骨

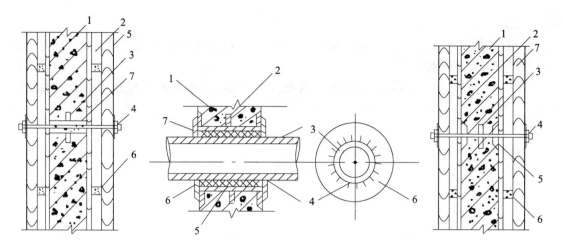

图 12.11　套管加焊止水环作法　　　　　　　　　　　　　　　图 12.12　螺栓加堵头

(a)预埋套管加焊止水环　　　　　(b)套管加焊止水环作法　　　1—防水结构;2—模板;3—止水环;

1—防水构筑物;2—模板;3—止水环;　　1—防水结构;2—止水环;3—管道;　　4—螺栓;5—堵头(拆模后将螺栓沿平

4—螺栓;5—大龙骨;6—小龙骨;　　　4—焊缝;5—预埋套管;6—封口钢板;　　凹坑底割去,再用膨胀水泥砂浆封堵);

7—预埋套管　　　　　　　　　　　　7—防水材料　　　　　　　　　6—小龙骨;7—大龙骨

表 12.3　设防高度的确定

土的性质	地下水情况	设防高度
强透水性地基,渗透系数每昼夜 >1m 及有裂隙的紧硬岩石层	潜水水位较高,建筑物在潜水水位以下	设至毛细管带区,即取潜水水位以上1m
	潜水水位较低,建筑物基础在潜水水位以上	毛细管带区以上放置防潮层
弱透水性地基,渗透系数每昼夜 <0.001m 的黏土、重黏土及密实的块状坚硬岩石	有潜水或滞水	防水高度设至地面
一般透水性地基,渗透系数每昼夜 1~0.001m,如黏土亚砂土及裂隙小的紧硬岩石	有潜水或滞水	防水高度设至地面

4. 混凝土施工缝防水处理

(1)防水混凝土应连续浇筑,尽量不留或少留施工缝,其中顶板、底板不应留施工缝;墙体一般只允许留水平施工缝,位置须躲开剪力和弯矩最大处和底板与侧壁交接处,宜留在高出底板上表面不小于 200mm 的墙身上,水平缝接缝形式见图 12.13。

拱墙结合的水平施工缝,宜留在起拱线以下 150~

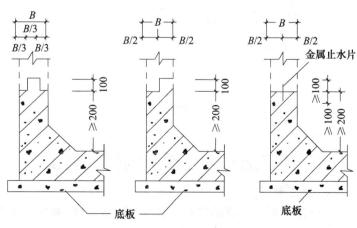

图 12.13　施工缝位置和接缝形式

300mm 处。

(2)如必须留垂直施工缝时,应尽量与变形缝结合,按变形缝进行防水处理,并应避开地下水和裂隙水较多的地段。

(3)在施工缝上续浇混凝土,应将表面凿毛,冲洗干净,与原混凝土配合比相同的水泥砂浆一层。接缝方式如图 12.14 所示。

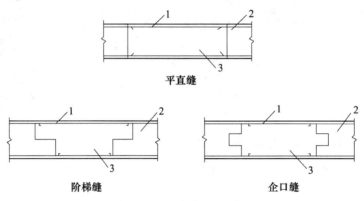

图 12.14　后浇缝形式

1—钢筋;2—先浇混凝土;3—后浇混凝土

5. 防水混凝土结构遇穿管、预埋件施工的处理(图 12.15)

必须留浇筑振捣孔,以利排气、振捣。如必须在混凝土中预留锚孔时,预留孔底部须保留至少 150mm 厚的混凝土。不足 150mm 时,应采取局部加厚措施(图 12.15)。预埋铁件可用加焊止水钢板的办法获得一定防水效果(图 12.16)。

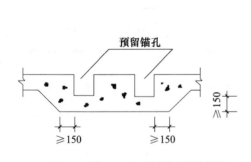

图 12.15　局部加厚示意图

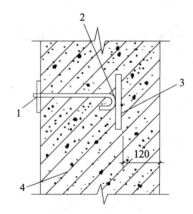

图 12.16　预埋件防水处理

1—预埋螺栓;2—焊缝;3—止水钢板上钉;4—防水混凝土结构

12.5　地下防水工程渗漏的修补施工

1. 施工原因

(1)设计原因。地勘资料不准确,设防不足;忽视了上层滞水和涌水的危害;防水方案不当;

（2）材料原因。材料质量低劣;变形缝选材不当;密封材料适应变形能力差;配套材料不过关等均可造成渗漏的出现;

（3）施工原因。防水混凝土施工质量欠佳,施工缝、变形缝、穿墙管等细部构造留设、处理不当;眼封堵不严,保护层厚度不够,成品保护不善等均会造成渗漏水现象。

2. 渗漏水工程修补原则及方法

（1）渗漏水封堵原则

地下工程渗漏的形式有三种:点的渗漏,缝的渗漏,面的渗漏。按渗水量不同可分为:慢渗、快渗、漏水和涌水。治理则应具体情况具体对待。但应遵循以下主要原则:

1）查找并切断漏水源,尽量使修堵工作在无水状态下进行。

2）在渗漏水状态下进行修堵时,必须尽量减小渗漏水面积,使漏水集中于一点或几点以减少其他部位的渗水压力。为减少渗漏水面积,首先要认真作好引水工作。引水的原则是把大漏变小漏,线漏变点漏,片漏变孔洞。引水目的是给水留出路,以便进行施工操作,并防止水压力将施工的材料冲坏。

3）对症下药,选择适宜的材料与工艺。

（2）渗漏水封堵方法

1）孔眼渗漏水的处理

对于水压较小（水头在 2m 以下）,孔洞不大的情况可采用直接快速堵塞法,用适宜的促凝胶浆修堵材料直接封堵;对于水压较高（水头在 4m 以上）,漏水孔洞不大的情况,可采用木楔堵塞法。先用圆木堵孔,以尽量减少漏水量,再用促凝胶浆封堵;促凝胶浆修堵材料一般有水玻璃水泥胶浆;石膏——水泥迅速堵浆材料;水泥——防水浆堵塞料;水泥——快操作快速堵塞料;膨胀水泥;801 堵塞剂;M131 快速止水剂等。对于水压较大、孔洞较大、漏水量大的渗漏情况,则应考虑用灌浆法封堵。

2）裂缝渗漏水的处理

收缩裂纹和结构变形出现的裂缝渗漏水,均属于裂缝渗漏水,其修堵方法视水压大小采用不同的方法。封堵材料主要采用促凝胶浆（砂浆）或灌浆材料。水压较小的慢、快和急流渗漏水,可采用快速直接堵塞法。操作时,沿裂缝剔八字形槽（图 12.17）,清洗干净,用水泥胶泥条快速封堵。

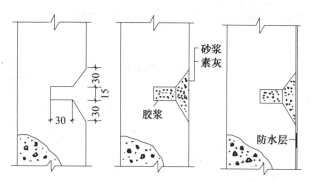

图 12.17　裂缝渗漏水直接堵漏法

对于水压较大的慢、快渗漏水,可以采用下线堵漏法。即沿裂缝剔槽、槽底放线绳,再用胶泥封堵,随即将绳抽出、形成漏水流出孔,对此再按孔眼渗漏水处理（图12.18）。

对于水压较大的急流渗漏水,可采用下半圆铁片,用管引水堵漏法。将半圆铁片连续排放于剔槽槽底(铁片宽与槽等宽),每隔500~1000mm放一带孔半圆铁,供胶管或塑料管插入引水用。待各处封堵后,再按孔眼渗漏水处理管孔(图12.19)。

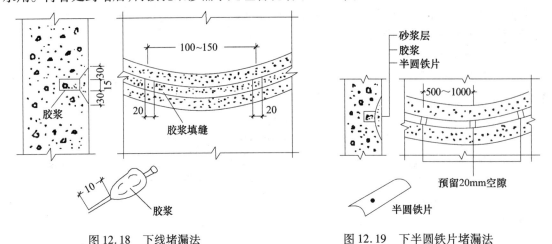

图12.18　下线堵漏法　　　　　　　　图12.19　下半圆铁片堵漏法

3)大面积渗漏水的处理

应先将水位降低,形成无水情况下封堵。如不能降水,应设法引水,使面漏变成线漏,线漏变成点漏,最后逐点处理。最常用的大面积渗漏水修补材料可选择水泥砂浆抹面、膨胀水泥砂浆、氯化铁防水砂浆、环氧煤焦油涂料、环氧贴玻璃布等。

3. 灌浆技术

(1)灌浆材料

灌浆是将一定的材料配制成浆液,用压送设备将其灌入缝陷或孔洞中,使之扩散、胶凝或固化,达到防渗堵塞,确保防水工程的防水功能的一种工艺。

用于防水工程的灌浆材料可分为:颗粒性灌浆材料(即水泥灌浆材料)和无颗粒快凝灌浆材料(即化学灌浆材料)两类。

水泥类浆材强度高、来源广、价格低、工艺简单,但对微小裂隙效果不理想,适宜灌注不存在流动水条件的混凝土裂缝和其他较大缺陷的修补。

化学类浆材可灌性好,胶凝时间调节范围大,适用于有流动水存在的堵塞和防渗。几种化学灌浆材料列于表12.4。

表12.4　用于防水工程的几种化学灌浆材料

类　别	主要成分	起始浆液黏度(Pa·s)	可灌入土层的粒径(mm)	可灌入部位的渗透系数(cm/s)	浆液胶凝时间	聚合体或固砂体的抗压强度(MPa)	聚合体或固砂体的渗透系数(cm/s)	灌浆方式(单、双液)	浆液估算成本(元/m³)
丙烯酰胺类	丙烯酰胺、甲撑双丙烯酰胺	0.0012	0.01	10^{-4}	瞬时~数十分钟	0.3~0.8	10^{-6}~10^{-8}	单、双液	1200~1500
环氧树脂	环氧树脂、胺类、稀释剂	~0.01	0.2(裂缝)		40.0~80.0 1.2~2.0(粘结强度)			单　液	16000

类 别		主要成分	起始浆液黏度 (Pa·s)	可灌入土层的粒径 (mm)	可灌入部位的渗透系数 (cm/s)	浆液胶凝时间	聚合体或固砂体的抗压强度 (MPa)	聚合体或固砂体的渗透系数 (cm/s)	灌浆方式 (单、双液)	浆液估算成本 (元/m³)
甲基丙烯酸酯类		甲基丙烯酸中酯、丁酯	0.0007~0.001	0.05 (裂缝)			60.0~80.0 1.2~2.2 (粘结强度)		单 液	12000
聚氨酯类	非水溶性	异氰酸脂、聚醚树脂	0.01~0.2	0.015	10^{-3}~10^{-4}	数分钟~数十分钟	3.0~25.0	10^{-5}~10^{-7}	单 液	20000
	水溶性	异氰酸脂、聚醚树脂	0.008~0.025	0.015	10^{-3}~10^{-4}	数分钟~数十分钟	0.5~15.0	10^{-6}	单 液	10000
	弹性聚氨酯	异氰酸酯、蓖麻油	0.05~0.2			数分钟~数十分钟			单 液	8000

水泥浆材掺入化学浆材使用,可以解决某些要求强度高,凝固时间快的部位的防治水,可适当节约昂贵的化学材料。

(2)灌浆工艺

灌浆工艺可分双液灌浆及单液灌浆两种,其布置如图12.20所示。灌浆机具比较简单,主要有:

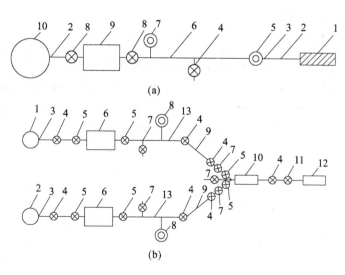

图 12.20 灌浆机具布置简图

(a)双液灌浆机具布置简图

1—甲液配料桶;2—乙液配料桶;3—胶管;4—活接头;5—逆止阀;6—手压泵;7—钢闸板阀门;8—压力表;

9—高压胶管;10—混合器;11—转芯阀门(又名考克);12—注浆嘴;13—连接钢管

(b)单液灌浆机具布置简图

1—注浆嘴;2—胶管;3—连接短管;4—三通转芯泄浆阀;5—转芯阀门;

6—钢管;7—压力表;8—逆止阀;9—手压泵;10—配料桶

207

1)压力泵:①手压泵:最高压力5MPa,流量7~8L/min。②自制手压泵:压力为2~3MPa,流量20~40L/min,如图12.21所示。

2)压浆桶:桶身内径约150mm,高500mm,如图12.22所示。

3)混合器:用手双液灌浆,构造示意如图12.23所示。

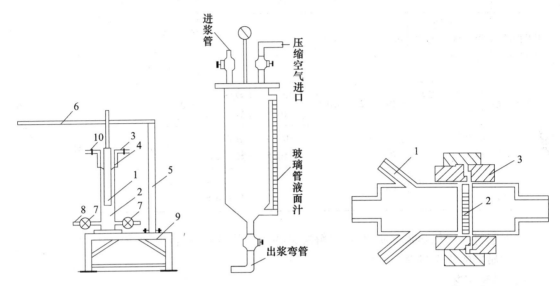

图12.21 自制手压泵示意图
1—内套管;2—外套管;3—压盘;4—石棉绳;
5—立柱;6—手压杆;7—逆止阀;
8—连接钢管;9—支架;10—连接螺丝

图12.22 压浆桶示意图

图12.23 混合器示意图
1—三叉管;2—多孔铜片;3—活接头

(3)灌浆嘴

灌浆嘴是输浆管与工作面的连接部件,一般有三种连接方法:

1)采用墙塞的方法。在漏水部位工作面上先留设一个比灌浆嘴橡皮圈略大一些的孔眼,然后用快凝水泥抹光,墙塞插入孔眼内把螺丝拧紧。此时通过活动套管的传递,迫使橡皮圈膨胀,再将孔眼密闭堵塞。这样就使墙塞与工作面牢固地连接起来(图12.24和图12.25)。

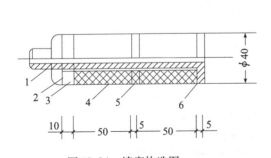

图12.24 墙塞构造图
1—3/8英寸进浆管;2—螺帽;3—压紧垫圈;
4—橡胶圈;5—活动垫圈;6—固定垫圈

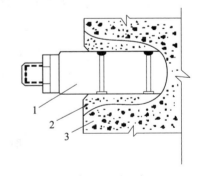

图12.25 墙塞安装图
1—压紧后堵塞;2—水泥抹面;3—渗水构筑物

2)采用钢管直接打入的方法。钢管的直径根据钻眼机钻头的大小决定,钢管的长度按钻孔的深度而定,钢管末端须作成"马牙扣"形,以便易于打入如图 12.26(a)所示。为了与混合器连接方便起见,钢管宜采用 3.175cm,相应钻头直径为 43mm 左右。当灌浆部位钻孔后,即将钢管头打入所需要的深度,然后在孔口四周封浆。为了保护钢管端头丝扣,打入时须用压盖螺帽保护好丝扣,打入后取下压盖螺帽即可和混合器连接。

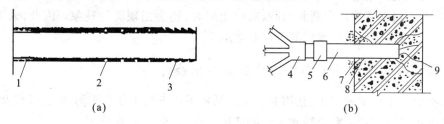

图 12.26　注浆钢管与注浆混合器连接情况

1—丝扣;2—出浆孔;3—马牙扣;4—混合器;5—活接头;6—注浆管;7—快硬砂浆;8—麻丝;9—渗水丝

　　3)粘贴灌浆嘴方法。灌浆嘴有钢嘴和尼龙嘴两种(图 12.27),均可用环氧胶泥粘贴。粘贴时,先在浆嘴的底盘上抹一层环氧胶泥,再将嘴口对准灌浆孔洞粘牢,并用胶泥将底盘外沿与混凝土粘牢,见图 12.28。

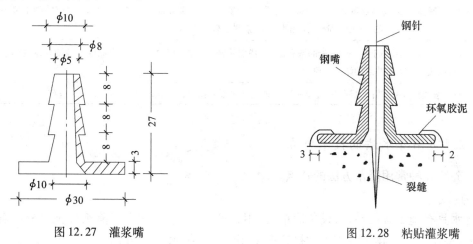

图 12.27　灌浆嘴 　　　　　　　　　　图 12.28　粘贴灌浆嘴

　　灌浆参数的选择对保证灌浆质量和效果起着重要作用。其中,灌浆压力对浆液扩散影响极大,正确选择灌浆压力及合理运用灌浆压力,是灌浆工艺的关键。

　　一般丙凝类灌浆压力不宜过大,常选用 0.3~0.4MPa;环氧树脂灌浆压力一般选用 0.4~0.5MPa;聚氨脂材料灌浆压力根据强度需要选用,欲求强度较大,灌浆压力应适当加大,一般选用 0.4~0.5MPa 或稍大一些。在正常情况下,一般灌浆压力不宜超过试水压力。

　　凝结时间的选择,不仅影响灌浆效果,而且直接影响经济效果。凝结时间与渗水量多少、水的流速、混凝土裂缝大小、深度、混凝土构件厚度等因素有关,一般在无外漏的细小型裂缝中灌浆,凝结时间应大于试水(从进颜色水到最远出水孔)时间,在有外漏、混凝土壁厚较小的情况下,浆液凝结时间应小于试水时间。

　　丙凝类适合快速堵水,凝结时间要短;聚氨脂类凝结时间要大于丙凝类;环氧树脂类凝结时间较长,不宜用于快速堵漏。

　　为了获得良好的堵水效果,必须有足够的浆液量,一般备浆量应大于试(颜色)水量,双液灌浆要考虑等量进浆。

12.6 岩土工程中的降水技术

在开挖基坑或沟槽时,常遇到地下水,如不使地下水降低,不仅影响正常施工,还会造成地基承载力降低或坍塌事故。在遇到细砂、粉砂土层时,还会出现流砂现象。因此,人工降低地下水位,正确地选择降低地下水位的方法非常重要。

12.6.1 人工降低地下水位的方法及适用条件

目前,在地下工程的施工中,常用的人工降低地下水方法主要有明沟排水、轻型井点、喷射井点、电渗井点、管井点等,各种降水方法的适用条件如表 12.5 所示。

表 12.5　各种降水方法的适用条件

降水方法	适用条件
明沟排水	无流砂现象的任何地下水及地表水
轻型井点	降水深 3~7m,渗透系数 0.1~100m/昼夜,渗透系数 2~50m/昼夜效果最佳
喷射井点	基坑开挖较深或降水深度大于 6~7m,一般降水深度可达 8~20m,渗透系数 3~50m/昼夜的砂土最为有效,0.1~2m/昼夜的亚砂土、粉砂、淤泥质土中,效果也较显著
电渗井点	适用于渗透系数小于 0.1m/昼夜的饱和黏土,特别是淤泥和淤泥质黏土。降水深度同轻型井点或喷射井点,取决于电渗与井点的结合对象
管井井点	分一般和深井井点,降水深度一般 5~25m,取决于水泵的扬程,土层渗透系数 10~250m/昼夜

12.6.2 常用降水法的技术特点

下面就介绍几种常用降水方法的特点。

1. 明沟排水

明沟排水具有施工方便易行、设备简单、费用较低的特点,且适合于除细砂土以外的各种土质。因此,中小型建筑物工程施工中被普遍采用。主要技术特点如下:

(1)一般在开挖基坑的两侧或四周开挖排水明沟,明沟一般设置在建筑物基础的外围,两者距离根据土质情况而定,但考虑到架设模板及方便质量检查的要求,一般应不小于 1.0m;

(2)明沟的断面尺寸一般要根据基坑排水量及土质情况而定。对于面积在 500m² 左右的基坑,排水沟一般深 0.5m 左右,宽 0.5m 左右,边坡 1:1.5。排水沟通向集水井的方向应具有 0.3% 左右的纵坡,以利排水;

(3)集水井的设置距离一般为 25m 左右,对于面积不大的基坑,一般在基坑一端或两端设置,集水井面积一般 0.8~1.0m²,深应低于排水沟 1.0m 左右,井周最好能用木桩竹排加固,以防止土坡滑塌。抽水设备根据排水量的大小而定,水泵容量一般为排水量的 1.5 倍即可,水泵类型可选用重量轻,操作方便的潜水电泵。对于面积稍大的基坑仅仅在四周开挖排水沟可能排水效果不甚理想,或为了排走表面临时雨水,而需要在基坑中部开挖排水沟。但考虑建筑物基础安全及防渗问题,在浇筑建筑物基础前一定要做好排水沟的堵填工作。对于基坑较深,地下水位较高的土质,也可以采用分层明沟排水,但这样土坑的开挖方量必须要增大,费用增加,在实际应用中并不多见,此时,可以考虑用井点排水。

2. 管井井点的技术特点

管井井点分一般管井井点和深井管井井点。井点系统由深水井管、吸水管和抽水机械等组成,其井管材料有钢管和无砂混凝土管。一般情况下,主要使用无砂混凝土管,直径280~600mm,孔隙率为20%~25%。这种井点的主要特点是:

(1)在满足降水要求的前提下井的个数较少;

(2)滤水管的长度不受限制,必要时,可使整个井管都为滤水管,特别是对于地质构造不详,无法确定含水层确切位置的情况下,仍能较好地降低地下水;

(3)排水时是由水泵直接抽水,无须考虑是否破坏真空的问题;

(4)降水深度取决于水泵的扬程,可视土方的开挖深度选择合适的水泵;

(5)管井在使用中,由于泥砂的不断沉积,会使管井的深度不断减小,但一般不会淤死;

(6)所需的机电设备较多,不便集中管理;

(7)管井施工时,往往需要专业施工队伍。

3. 轻型井点的技术特点

轻型井点是由直径38~55mm的钢管或塑料管、滤水管、弯联管、总管和抽水系统组成。抽水系统又分真空泵吸水和射流泵吸水两大类。目前这两种抽水方式在施工单位用的较多,这种井点的主要特点是:

(1)降水具有连续性,即在井点系统正常工作情况下,降低的地下水位不发生变化;

(2)由于井点管的间距较小,使得降水曲线比较平缓,降水漏斗的形状较规则,需要排掉的水量较少,故比较节能;

(3)一套抽水设备能带若干根井点管,使得运行经济便于管理;

(4)井点管及抽水设备可以多次重复使用,故对于施工企业来说可能会更经济;

(5)由于轻型井点是靠真空抽水(不是真空降水),故其降水深度受到限制,一般不超过7m;

(6)由于轻型井点是靠真空抽水,故其管路及连接件的密封要求很严格,否则将抽不上水;

(7)由于轻型井点的滤水管较短(一般1~2m),将会抽不上来水(滤水管没有落到含水层上)。

12.6.3 降水工程实例

1. 工程概况

某地区居住小区建成一座塔楼为地上24层,地下2层,钢筋混凝土剪力墙结构,箱形基础。建造的这座塔楼在勘察期间,地下水静止水位标高为-1m左右,基坑开挖深度约6.3m,基坑采用自然放坡。本工程为深基础工程,因地下水位较高,降低地下水位是施工的关键。施工要求地下水位降至-7.3m,降水底面积为46.7m×50.65m=2365.355m²。

2. 降水方案选择

(1)地质条件

-2.60m以上为杂填土,-2.60~-9.3m为黏质粉土、砂质粉土,-9.3m~-11.7m为粉质黏土,-11.75m以下为黏质粉土。地下水位较高,地层渗透性较小。

(2)方案选择

以往降水一般采用单独管井(深井)井点降水,而本工程根据工程地质情况,结合多年的施工经验,采用管井与引渗井组合多种降水方法进行降水。引渗井是一种特殊的井点,其无井管,无抽吸设备,只靠人为形成的过滤柱,将水引到其井点周围,将其与管井井点相间布置,辅助管井井点降水的一种方法。

3. 降低地下水位设计

经计算,管井(深井)的井深为14m,引渗井井孔深为12m,基坑涌水量 $Q=180\text{m}^3/\text{d}$,单井抽水为30m³/d,管井降水剖面见图12.29和图12.30。

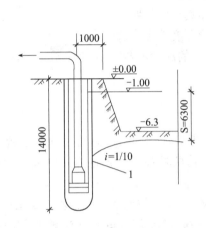

图12.29 深井(管井)降水剖面图

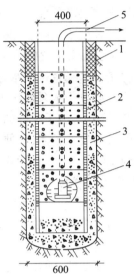

图12.30 混凝土无砂滤管管井剖面图
1—黏土封口;2—过滤管(混凝土无砂滤管);
3—过滤层;4—潜水泵;5—吸水管

4. 降水井布置(图12.31)

(1)井点管应布置在基坑上口边缘外1m,布置过近,不但施工、运输不便,而且可能使井点露出而连通大气,破坏井点真空系统工作;

(2)基坑的西侧及西北侧部位地下水位较高,在西侧及北侧来水方向上,采用一眼管井和一眼引渗井相间布置的方法,井间距为5.0~5.5m;

(3)在基坑其余部位采用一眼管井与两眼引渗井相间布置的方法。引渗井井孔直径为300mm,井深12m,间距5.0~5.5m;管井井孔直径600mm,井深为14m。每隔两个引渗井布置一个管井,管井间距约15m。

(4)在基坑内布置管井观测井4个,深度为11m,在降水初期可作为降水井使用。降水或施工时基坑外侧未下入泵的管井井

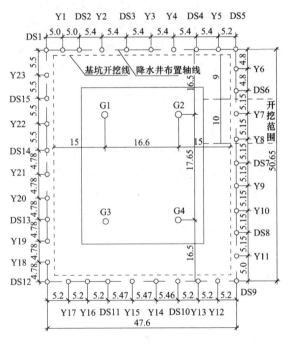

图12.31 塔楼降水面布置图

212

点均可作为观测井点。降水期间,每日均需对观测井进行水位测量,并作记录(记录内容包括各井水位的读数,水泵的运转基坑边坡稳定性),发现水位有异常情况,需及时向负责人提出,可根据水位观测情况对降水井点水泵及水泵个数进行调整。

(5)降水井规格见表12.6。

表 12.6　降水井规格表

井点类型	编号字头	孔径(mm)	井管口径(mm)	井深(m)	数量(眼)	滤料填量(m³/根)
管井深井	DS	600	400	14	15	2.6
观测井	G	600	400	11	4	2.1
引渗井	Y	300	无井管	12	23	1.0

5. 降水工程施工

(1)管井(深井)施工安装

1)成孔采用正循环钻机自行造浆成孔,井孔应垂直,钻进到设计预定孔深后,宜多钻1~1.5m,井口应上下一致,接着洗井,将孔内土块及泥浆冲洗出孔口,使孔内的液体含泥量不大于5%;之后,将井管用起重工具起吊入井孔内,并随即用4~6mm的滤料封底500mm。井管需高出地面0.3~0.5m,以保证施工安全。

2)在井点管周围投放滤料,滤料选用粒径4~6mm中粗砂与碎石屑的混合料,含泥量小于0.15%,滤料投放量应不少于计算值的95%。填料至地面以下1m改用黏土填至地面,并压实封闭孔口,以防地面水的渗漏。井点管口应有保护措施,防止杂物掉入管内。

3)降水井管网及临时排水路直径的选择,每台泵排出的水都是独立的排入临时排水路集水井中,每台泵的排水管采用$D_N 5$的胶管或塑料管。临时排水路总干管按20台潜水泵排水量计算,排出的水由临时排水路排入城市下水管线,选用$D_N H200$钢管作总排水管。

(2)引渗井施工安装

1)引渗井的成孔方法及洗井方法同管井一样。

2)洗井结束后,无需下井管,直接将直径4~6mm中粗砂与碎石屑混合料填入井孔中。

3)填料至地面以下1m改用黏土填至地面,并压实封闭孔口。

工程量及材料消耗,见表12.7,设备选择与数量见表12.8。

表 12.7　工程量及材料消耗

序　号	项目名称	单　位	工程量	备　注
1	成600mm井孔	m	254	管井
2	成300mm井孔	m	276	引渗井
3	下400mm混凝土井点管	m	259.3	
4	填滤料	m³	71.3	
5	开挖泥浆坑	m³	200	
6	安装排水总管	m	60	$D_N 200$ 钢管
7	安装管井抽水管	m	471.2	$D_N 50$ 塑料管或胶管
8	安装主电缆	m	250	
9	安装潜水泵电缆	m	400	

表 12.8　设备选择与数量表

机械名称	规格及型号	单　位	数　量	动力/台	备　注
正循环钻		台	2	15kW	
手推车	双轮	辆	4		
潜水泵	QDX3 - 20 - 0.55	台	20		扬程 20m,抽水量 3m³/h,D_N50
污水泵		台	4		
离心泵	BA 型或 B 型	台	2		抽水 20m³/h,扬程 25m,抽吸真空高程 7m,吸口直径 50mm

地基处理及建筑物结构初期施工过程中,降水工作持续进行,直至建筑物地下结构施工完,沟槽回填完毕,结束降水工作,将井管从井孔内吊出,井孔内填实砂砾。

6. 施工当中应注意的几个问题

(1)为了保证降水系统连续运转,防止因停电造成基坑涌水,影响施工,需配备 1 台发电机组。

(2)在降水过程中,应加强井点降水系统的维护和检查,保证不断抽水。

(3)降水井孔应连续钻进,及时进行洗井,避免搁置时间过长,禁止成孔完成后集中洗井,洗至水清,井点底部不存砂为止。

(4)基坑四周每一侧设置 2 套电闸箱,每个电闸箱控制数台潜水泵,共设置 8 套电闸箱。

参　考　文　献

1　陶龙光,巴肇伦. 城市地下工程. 北京:科学出版社,1996:261~277

2　谷　峡,邢会义,张　波. 几种人工降低地下水位的技术探讨,低温建筑技术,2003(3):60~61

3　张文渊. 工程施工中人工降低地下水的方法,四川林勘设计,2003(4)

4　付兰梅,于　鸣. 降水工程施工技术,包钢科技,2001,27(4)

13 地下工程中的测试与监控技术

13.1 概 述

岩土工程测试与监控技术主要用于地下工程。地下工程是在地下开挖出的空间中修建结构物,即地下结构是处在周围介质(地层)之中,因此,从结构角度、所处环境条件等方面来看,地下工程与地面工程存在本质差异:

1. 地下工程结构体系是由周围地质体和支护结构构成的,它的形成是通过一定施工过程或者说是通过一定的力学过程才得以实现。该体系(系统)的荷载是由支护结构和岩体之间的相互作用给定的,但是根据目前的理论与技术水平,该体系所受荷载不是事先能给定的参数,这不同于地面建筑结构可明确地确定荷载值。

2. 地下工程的一个重要特点是空间效应和时间效应非常突出。地下工程与周围环境密切相关,必将受到周围围岩的物理、力学、构造特性、围岩压力的时间效应影响;支护结构参与工作的时间;采用的施工方法及支护方式、地面建筑物、构筑物、地下各种管线等的影响。在施工过程中,其荷载、变形、以及安全度是动态的,不像地面工程那样,基本上是固定的。

3. 地下工程的一个重要的力学特性是:地下工程是修筑在具有原岩应力的岩体之中。岩石既是承载结构的一个重要组成部分,也是构成承载结构的基本建筑材料,它既是承受一定荷载的结构体,又是造成荷载的主要来源。这种三位(荷载、材料、承载单元)一体的特征与地面工程完全不同,特别是这种"三位一体"特征的岩体应力和变形,因受多种因素影响是非常复杂的。尽管目前的数值计算方法得到迅速发展,但是至今,地下结构的计算理论仍很不完善,计算结果与实际有很大差别。正因为这样,对于地下工程而言,要想如同对地面工程结构物那样,主要通过力学计算来进行设计、组织、指导施工是困难的。长期以来,地下工程在很大程度上是凭经验设计、施工的。而这些大量的,丰富的经验都是从实践基础上得来的,许多是符合科学、有一定理论基础的。比如锚喷支护、新奥法施工、地下工程监测和信息化设计技术等,就是从实践基础上发展起来,已成为国内外学术界及岩土工程界所公认的设计、施工方法。实际上,地下工程已成为一门经验性极强的科学。事实证明,单独地、孤立地使用力学计算方法或经验方法都不能取得较好的效果。地下工程设计的正确途径应该是:一方面使经验方法科学化;另一方面使设计中的力学计算具有实际背景。为了做到这一点,测试与监控技术在地下工程中的作用就显示出了特别重要的意义。随着大型洞室、隧道、地铁等地下工程的兴建,岩体力学及围岩测试技术得到了迅速发展,量测监控已逐步成为地下工程的先导技术,成为安全施工与科学管理不可缺少的重要手段,有些部门已把测试、监控技术工作作为合同文件中所需确定的工程量的一部分。

13.1.1 测试与监控技术工作的主要任务

1. 对具体工程进行观测和试验,对量测数据进行分析,评价围岩的稳定性和地下结构的

性能,为设计、施工提供资料;

2. 通过量测为控制开挖与稳定性提供反馈信息及变形预报;

3. 通过科学监控和信息反馈,优化设计施工,使地下工程设计施工的动态化、信息化管理成为现实;

4. 为验证和发展地下工程的设计理论服务,为新的施工方法、技术提供可取的实践资料和科学依据,促进经济、技术效益的提高。

13.1.2 测试、监控技术的内容

地下结构测试与监控技术主要研究地层与结构之间相互作用的规律。就其试验内容而言,除量测结构的变形、挠度、应力等,还应量测地层给予结构的主动压力(土压力)。由于结构变形而产生的地层被动抗力,结构周围的土中应力,孔隙水压力以及与土的特性有关的指标(如泊松比 μ,压缩模量 E、弹性压缩系数 K 等)。就其工程监测而言,量测内容也十分广泛,比如通常须进行的有边坡位移、地表沉陷、净空收敛、拱顶下沉、围岩内位移、喷层应力、锚杆轴力、围岩压力、基础下沉、房屋竖向倾斜、邻近构筑物沉降变形等。

上述各项主要量测、试验内容及具体监测的实施与测试数据的分析整理与信息反馈、优化设计、施工及管理的全过程则是组成测试、监控技术的主要内容。

地下结构试验与测试,根据其试验目的可分为两类:

一类为生产鉴定性试验,如检验地下结构质量与工程的可靠性,判断实际的承载能力以及处理工程事故等;另一类是科学研究性试验,如为建立或验证某种地下结构的计算理论,为创造或推广新的地下结构型式构造等。

地下结构试验测试又可分为现场量测和模型试验两种类型。模型试验包括:结构模型试验、相似材料模型试验和光弹性试验等。

本章将就现场量测、模型试验、量测系统、数据处理及信息反馈等分别加以介绍。

13.2 现场量测

1. 现场量测的作用

(1)及时掌握围岩变化的动向和支护系统的受力情况,为验证和修改设计提供信息;

(2)根据量测资料,修正施工方案,指导施工作业,例如新奥法就是在施工中进行系统的量测,并将量测结果反馈到设计和施工中,逐步修改初步设计,以适应围岩条件;

(3)预计工程事故和安全报警;

(4)在地下结构运行期间进行长期观测,收集和积累围岩与支护系统长期共同工作的有关资料,并检验建筑物的可靠性。

2. 现场量测的内容

(1)岩土力学性能的现场试验。指在现场进行直剪试验、变形试验和三轴强度试验,以确定岩土的粘结力、内摩擦角、变形、弹性抗力系数。

(2)施工期间洞内状态观测。随着开挖工作面的推进及时测绘岩性、地质构造、水文地质情况的变化,观测支护系统变形和破坏情况。

(3)断面变形量测。量测洞壁的绝对位移和相对位移,如量测拱顶、拱脚、墙底的下沉量和底板隆起量,最大水平跨度的变化和洞壁两测点的间距变化——收敛量测。根据位移量、位

移速度及洞壁变形形态,评价围岩的稳定性及初期设计、施工的合理性,确定二次衬砌结构断面尺寸和施工时间。断面变形量可采用精密的经纬仪或水准仪、收敛计等进行测量。

(4)围岩应变和位移量测。采用量测锚杆,沿量测锚杆附上应变计,在围岩不同深度设置应变测点,量出锚杆各测点的应变、推算锚杆的轴力,并可量测出围岩不同深度的相应应变。若同时在坑道周边围岩埋设多点位移计,可测出洞壁与围岩测点之间和围岩各测点相互间的相对位移。从围岩应变和位移量测,可估计隧道周边的围岩松动范围,并校核锚杆的计算参数。

(5)支护系统和衬砌结构受力情况量测。通过埋设应变计或压力传感器,了解支护系统和衬砌结构的内部应力,以及围岩和支护系统或衬砌界面之间接触应力的大小和分布。此外,还可在隧道施工前或施工初期进行锚杆抗拔试验,以确定锚杆的合理长度和锚固方式。

(6)地表沉陷量测。是浅埋隧道及构筑物施工中必不可少的测试项目。地表沉陷量与覆盖土石的厚度、工程地质条件、地下水位以及周围建筑物等有关。它的测点宜和隧道断面变形量测布置在同一试验段,一般都应超前于开挖工作面布置。同时也可量测地表建筑物的下沉及倾斜量,注意观测建筑物的开裂情况。

(7)地层弹性波速测定。由于岩土中的各种物理因素的改变(如岩土性质、密度、裂缝等)都会引起弹性波传播特性(波速、波幅、频率)的变化。因此,可在岩土中用测定弹性波传播速度的方法推断岩土的动弹性模型、岩土强度、层位和构造,坑道周边围岩松动范围等。

测试方式是在弹性体上施加一个瞬间的力,弹性体内则产生动应力和动应变,使施力点(震源)周围的质点产生位移,并以波的形式向外传播,形成弹性波,其传播速度与介质密度、弹性常数有关。弹性波传播速度公式为:

$$U_p = \sqrt{\frac{E_d(1 - \mu_d)}{\rho(1 + \mu_d)(1 - 2\mu_d)}} \tag{13-1}$$

$$U_s = \sqrt{\frac{E_d}{\rho} \cdot \frac{1}{2(1 + \mu_d)}} \tag{13-2}$$

式中 U_p——纵波波速;

  U_s——横波波速;

  E_d——动弹性模量;

  μ_d——动泊松比;

  ρ——岩土的密度。

通过声波仪测出声波在岩土中由波射探头到接收探头的时间,就可以算出波速。

按激振的频率,弹性波测定可分为地震法(几十到几百赫兹)、声波法(几千到20kHz)和超声波法(超过20kHz)。隧道和地下工程中常用声波法。根据测点的布置,可分为单孔法(也称下孔法)和双孔法(也称跨孔法)。

除上述量测内容以外,必要时还可对其他参数进行测定,比如地温、湿度、洞内风速、空气中粉尘及有害气体含量等环境因素的测试。

3. 现场量测注意事项与要求

(1)首先要按工程需要和地质条件,选定观测部位、断面,确定监测项目,作出监测设计整体方案。在制定现场量测规划时,应考虑到量测计划的经济效益,而绝不能处于盲目状态。

(2)从施工监测和信息化设计角度出发,安排量测项目应注意到:①量测元件及仪器便于布设;②测试方法简单可行;③具有可靠性和一定的量测精度,要有适当的测试额度保证,按要求格式做好记录,整理存档;④数据较易分析,结果易于实现反馈。

（3）仪器布置应考虑方便合理,尽可能减少对施工作业的干扰,又能保证仪器设备的安全。

（4）仪器应有足够的灵敏度和精度,抗干扰性强,能保证在场地狭窄、潮湿、多尘等恶劣环境下,长期可靠地工作。

（5）建立严格的监测管理制度,观测队伍应经过训练,具有较好的素质,了解地下结构物的力学行为,具有一定理论水平和较丰富的实践经验。

在施工期施测时,应根据各项量测值的变化,各量测项目的相互关系,结合开挖后围岩的实际状况进行综合分析,将所得结论和推断及时反馈到设计和施工中去,以确保工程的安全和经济。

4. 地下洞室监测方法

地下洞室监测的主要目的在于了解围岩的稳定性及支护作用状态。施工过程中能监测的主要项目有:围岩表面及内部位移、应力及应变、围岩与支护之间的接触压力、衬砌内部或支护锚杆（索）中的应力等。

通常以位移监测、应力应变监测应用最为广泛。

（1）量测规划

量测技术是测试与监控的先导技术,做好量测规划是测试与监控技术的保证。量测规划应包括根据需要确定测试项目、量测目的、选择量测仪器、确定测点布置、测试额度、测试要求等,一般应以文字和表格方式形成文件,以便操作。某工程的位移量测规划如表13.1所示。

表13.1 某工程位移量测规划表

测试项目	量测仪器	测量目的	测点布置	测试频率（次/天）				应用范围
				1~15 (d)	16~30	31~90	>90	
周边收敛（净空相对位移）	收敛计	分析判断围岩与支护稳定状态	距工作面20~50m 每个剖面1~3条水平和斜基线	1~2	1/2	1~2/7	1~3/30	各种岩层
围岩内位移	位移计	分析判断岩体扰动与松动范围、检验控爆效果	测点与收敛量测尽量位于同一剖面。一般布置在拱脚线以上,浅埋亦可从地面垂直向下埋入位移计量测	1~2	1/2	1~2/7	1~3/30	软弱围岩砂土地层
拱顶下沉	水平仪	分析判断顶部围岩稳定性	位于拱顶中部间距视围岩结构而定	1~2	1/2	1~2/7	1~3/30	浅埋隧道水平岩层软弱围岩

（2）位移量测点的最佳布置

量测目标为预测初始地应力和岩体变形模量时,用隧道净空变化测定计来测定隧道净空在某一基线方向上的变化最为方便。测点的布置直接影响着测试的精度,测试误差对反分析的结果显然会产生影响。因此,如何选择位移测点的最佳布置方案,是保证现场调试数据的精度和进行反推计算结果可靠性的关键。理论上,测点多会提高计算精度,但在实际工程中,测点布置得过多是不现实的。《隧道工程监测和信息化设计原理》一书提出了圆形断面隧道的六种测点布置方案（见图13.1）,并用边界元方法进行模拟计算（如表13.2中所列）。

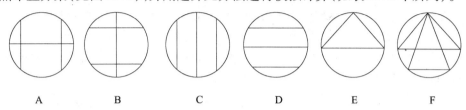

A   B   C   D   E   F

图 13.1　圆形断面隧道可能采用的量测方案

A——一条水平量路基线和两条竖直量测基线;B——两条水平量测基线和一条竖直量测基线;

C—三条竖直量测基线;D—三条水平量测基线;E—一个闭合三角形量测基线网;

F—两个闭合三角形量测簇线网;G—两个闭合三角形量测基线网

表 13.2　测点布置方案

方　案		应力分量			相对误差（%）		
		σ_x	σ_y	τ_{xy}	δ_x	δ_y	δ_{xy}
理论应力值		10	10	10	0	0	0
反分析计算值	A	10.08036	10.09743	9.92969	0.804	0.947	0.503
	B	10.09743	10.08036	10.06250	0.974	0.804	0.625
	C	6.07117	8.93806	1058594	39.288	10.619	5.859
	D	8.93851	6.07277	9.28125	10.615	39.272	7.188
	E	10.08707	10.12109	10.0000	0.871	1.212	0.000
	F	10.08292	10.08903	10.0000	0.829	0.890	0.000

从表13.2中看出,对于方案 A,B,E,F 测点布置,计算结果与原假定原始地应力理论值较接近,为合理布测点。方案 C,D 计算结果不稳定,为不合理布测方案。而 A,E 方案虽合理,但量测不便,F 较麻烦,故推荐 E 方案为位移量测点的最佳布置方案。

（3）位移监测

典型的位移量测断面布置如图13.2所示。

1）收敛量测。收敛量的测量即对洞室临空面各点之间相对位移的量测,图中以点

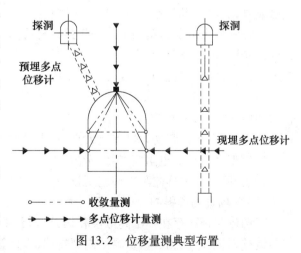

图 13.2　位移量测典型布置

划线表示。收敛量测断面一般布置在距工作面较近的位置。量测仪器由埋入岩体内的收敛标点及收敛计构成。收敛计有钢丝式、卷尺式、测杆式等种类，使用上区别不大。

收敛量测的布置应尽可能考虑垂直和水平的切线，顶板和边墙圈点形成闭合三角形。收敛量测结果可包括：收敛量与时间的关系、收敛速度与时间的关系、收敛量与开挖进尺的关系。

2) 钻孔多点位移计量测。这是一种用来量测洞周围岩不同深度处位移的方法。图 13.2 中以实线表示。它的基本原理是：沿洞壁向围岩深部的不同方位（一般沿洞壁法线方向）钻孔，用多点位移计埋设于钻孔内，形成一系列测点。通过测点引出的钢丝或金属导杆，将测点岩石的位移传递到钻孔孔口，观测由锚固点到孔口的相对位移，从而计算出锚固测点沿钻孔轴线方向的位移分布。可使用电测法或机械表量测法进行观测。多点位移计的埋设方式可分为开挖前的预埋和开挖过程中的现埋。预埋的多点位移计至少要在开挖到观测断面之前相当于两倍洞室断面最大特征尺寸的距离时就已埋设完毕，并开始测取初读数。现埋仪器要尽量靠近开挖面，以减少因开挖已发生位移的漏测。同一钻孔中的锚固测点应多布置在位移梯度较大的范围内。

多点位移计测量的结果可包括各测点位移与时间的关系，各测点位移与开挖进尺之间的关系，钻孔内沿轴线方位的位移变化与分布状况，这种分布形式的实测资料对选择位移反分析模型具有帮助和实际意义。

这种位移量测方法需钻孔，费用较高，对施工有一定干扰。因此，布置断面以少而有典型意义为宜。尽量利用已有的探洞或从地表钻孔预埋仪器，以保证能观测到因施工而引起的围岩不同深度位移变化的全过程。

上述两种量测位移的方法应用均较多，各有特色和优点，相互配合使用效果更好。

(4) 应力应变量测

地下洞室应力应变监测的一般布置形式如图 13.3 所示。这种监测可以给出支护与围岩相互作用的关系、支护（混凝土衬砌或锚固设施）内部的应力应变值，以了解支护的工作状况。所布置的量测仪器有如下几种：

1) 在围岩与衬砌接触面处埋设压力盒，量测接触应力，了解围岩与支护间的相互作用；

2) 在锚杆上或受力钢筋上串联焊接锚杆应力计或钢筋计，量测锚杆或钢筋的受力情况及支护效果。钢筋计的埋设在喷射混凝土中使用较多；

3) 在衬砌内部埋设水银液压应力计，元件沿径向和切向布置，分别量测衬砌内法向正应力和切向剪应力，了解衬砌受力过程及大小，对支护的可靠性进行判断；

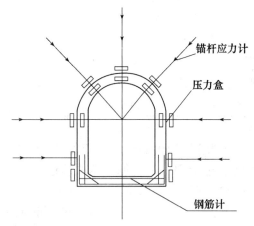

图 13.3　洞室应力应变监测布置

4) 钢架支撑上贴电阻应变片，量测金属支架受力情况（需注意防潮）。

目前，国内在位移监测方面应用较为广泛也比较成功。

(5) 现场量测资料的分析整理

现场量测资料存在一定离散性和误差，对量测（监测）资料必须进行误差分析、回归分析和归纳整理，找出所测数据资料的内部规律，以便提供反馈和应用。仍以位移量测数据处理为例,余项整理类似。

1)收敛——时间曲线。对测试数据采用回归分析,可获得收敛——时间回归拟合函数及拟合曲线,找出位移随时间、空间的变形规律,并在一定范围内推测变形趋势值,为施工提供信息预报。位移——时间曲线可以采用累计变形值和变形速率值两种曲线来分析判断变形趋势及围岩稳定性,如图 13.4 和图 13.5 所示。

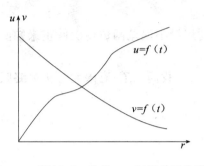

图 13.4　收敛——时间关系曲线
（u 收敛累计值 mm）

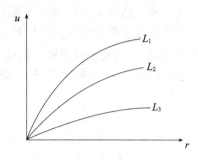

图 13.5　位移——时间关系曲线
（L_1、L_2、L_3 为多点位移计）

2)位移——距离曲线。即收敛、位移与工作面距离关系曲线。它反映了围岩位移的空间效应。其中,对收敛与工作面距离(L)曲线的分析,确定支护时机及措施具有指导意义,如图13.6 所示。围岩内位移与测孔口部基准点距离(L)关系曲线,反映了围岩开挖后的松动范围和稳定性,如图 13.7 所示。

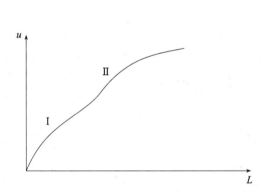

图 13.6　收敛——工作面距离关系曲线
Ⅰ—次支护;Ⅱ—二次支护

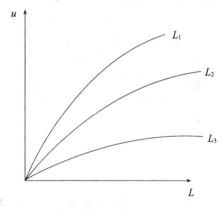

图 13.7　围岩位移——孔口距离关系曲线
（L 侧点距孔口基准点）

(6)反分析法概念

由于岩土具非均质、不连续等特性,并受地应力、岩土结构、施工方法等多种因素的影响,使岩土体变形具有明显的时空性、非线性及突变性,因而难以用确切的数学模型来描述和用理论公式来计算。但大量研究与实践告诉人们,岩土体的变形在初始状态直至失稳前的临界状态,均有一定的变形规律和变形信号,可供观测以及控制,即在一定的时间内具有一定的能测、能控性。借助于在岩土施工过程中所进行的变形现场监测,用这些量测所得到的数据来反推初始地应力和岩体的物性指标,就是近几十年来岩土力学中发展起来的"反分析"技术。用反分析求得的初始地应力和岩性指标作为计算正式工程或下一段工程的插入信息,具有一定的

221

实际背景,计算结果也就有可能与实际较为吻合。为了将反分析技术运用于实际工程,必须对岩土本构关系作必要的简化,通常假定:岩体是均匀、连续的线性弹性介质,这对于从总体着眼探求围岩力学形态和评价围岩稳定性是可行的。这里,变形模量 E,实际上是一个反映岩体变形特性的综合指标,已不再是原来意义上的材料"杨氏模量",《隧道工程监测和信息化设计原理》一书把岩体称为"似线弹介质",那么所求的 E 值称为"似弹性模量"。

反分析方法基本上可以分为两类:直接逼近法和逆过程法。

直接逼近法是建立在迭代的基础之上,通过迭代过程利用最小误差函数逐次修正未知函数的试算值,直至逼近最终解。但计算起来很费时间。

逆过程法则采用同所谓"正分析"相反的计算过程来求解。我们知道:有限元分析最终归结为线性方程组:

$$\{P\} = [K]\{U\} \tag{13-3}$$

式中　$\{P\}$——荷载,取决于原始地应力状态;

　　　$\{U\}$——结点位移;

　　　$[K]$——总刚度矩阵。取决于单元的几何特性、岩体本构关系及物性指标。

对于正分析问题,$\{P\}$,$[K]$ 为已知,是求解位移 $\{U\}$。而在反分析问题中 $\{P\}$,$[K]$ 是作为未知数出现的,而位移 $\{U\}$ 中的部分元素则可通过量测获得,是已知的。

令　　　　　　　　　　　　$\{U\} = \left\{\begin{matrix} U_m \\ U_x \end{matrix}\right\}$

式中　U_m——a 个测得位移数据;

　　　U_x——b 个未知结点位移。

根据式(13-3),并令 $[L] = [K]^{-1}$,有

$$\{U\} = [L]\{P\} \tag{13-4}$$

与 U_m,U_x 相同,将 $[L]$ 分为两个子块,即 $[L] = \left[\begin{matrix} L_m \\ L_x \end{matrix}\right]$,则有

$$\left\{\begin{matrix} U_m \\ U_x \end{matrix}\right\} = \left[\begin{matrix} L_m \\ L_x \end{matrix}\right]\{P\} \tag{13-5}$$

$$\{U_m\} = [L_m]\{P\} \tag{13-6}$$

对于平面问题,方程求解的必要条件(不是充分条件)是所测得的位移数据个数大于或等于欲求未知数的个数,即 $a \geqslant 3 + k$。

式中　k——欲求岩体物性指标的个数。

当 $a > 3 + k$ 时,方程(13-4)若有解,则可用最小二乘法求其最佳解。由于岩体本构关系的复杂性,方程(13-4)的求解也很困难,有时尚须引入补充条件。

反分析方法是将计算理论和工程实际相联系的桥梁,应用范围越来越广,除了采用线性弹性模型,把初始地应力和弹性模量作为目标参数以外,还可以采用非线性模型。有的人已把不连续面的接触特性、岩体流变参数等作为反分析的目标。也有人不仅采用二维模型,而且还成功地进行三维模型的反分析。目前,使反分析技术向着实用、简化的方向发展这一问题正引起了人们高度关注。反分析技术及其应用可参考《隧道工程监调和信息化设计原理》等有关文献,这里仅做此简单介绍。

13.3 工程实例

13.3.1 覆盖表面位移量测

覆盖表面位移测量又称"标高水准面测量",即通过测量覆盖表面观察点在开挖工程前后标高的变化,来确定观察点产生的下沉位移。

覆盖表面的位移量测在一般情况下均需进行,特别当地下工程盖层厚度较小及城市地面建筑物较多时,更需要仔细观测,其量测过程需从隧道开挖前开始,并一直延续到隧道使用阶段,即在一个较长的时间范围内进行。

水准面测量需先在覆盖表面处确定测点,在测点处用混凝土将钢钉桩固定。当覆盖表面处有建筑物时,测桩也可固定在建筑物的某一高度处。测点的布置需根据情况而定,测点太少,则结果的准确度低;测点过多,则观测任务大。例如某隧道覆盖层厚度为 10m,其水准测量点布置如图 13.8 所示,其测量范围为沿隧道墙脚点 50°~55°线方向延伸到覆盖面,其上共布置 11 个测点,间隔约 5m 左右。

图 13.8 中标有字母 N 的点即为观测点,虚线表示开挖上台阶时各测点的下沉位移,点划线表示开挖下部时的各测点的下沉位移,实线则表示初次支护建造完毕时各测点的下沉位移。在隧道横截面上,将各观察点的位移下沉连接起来可发现,覆盖表面的下沉面呈盘状,其最大下沉通常发生在拱顶上方。该例中最大下沉值分别为 24mm 和 25mm。

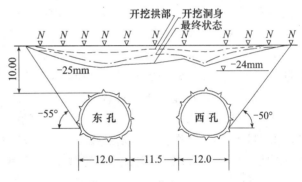

图 13.8 覆盖表面位移测量

对于每一个观测点,需在不同时间内重复观测,并可建立各测点下沉位移随时间而变化的曲线。例如对图 13.8 所示的位移测量实例,其中东孔拱顶上方覆盖面观测点的位移随时间的变化具有如图 13.9 所示的形式,例如 1982 年 1 月中旬开始,到 1982 年 2 月完成上台阶中心部分,即图中标 FS 部分,下沉约为 3mm。在 1982 年 3 月中旬完成剩余部分,即图中的 RK 部分,总下沉约为 14mm。在 1982 年 4 月底完成下部,即图中 ST 部分的开挖,总下沉约 20mm。1982 年 5 月隧道支护结构的外壳建造完工后的下沉达 25mm。

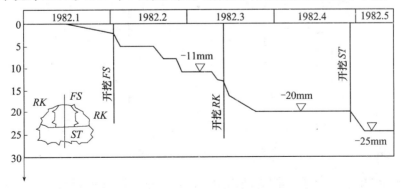

图 13.9 覆盖表面下沉位移随时间变化图

13.3.2　断面相对位移量测

断面相对位移量测也称为"收敛量测",其目的为量测开挖工程断面上某测点的标高,以及某两测点随着时间的变化而发生相对的位移变化情况。

断面位移量测是现代隧道建造中主要采用的量测手段,新奥法中还以相对位移量测结果作为评价及确定支护结构形式的依据。在开挖和喷射混凝土后,沿周边布置测点,打入测点桩,并立即量测此时测点的标高及某两测点的间距,又称"零测量",随后在一定的时间间隔内,反复量测该测点的标高及某两测点的间距,从而可得知某测点标高以及两测点间距随时间的变化的情况。测量间隔时间一般在开挖时较短,随着支护外壳刚度的不断增大,可适当的延长。

测点布置如图 13.10 所示,即在拱顶点 N_F,拱脚点 N_K,仰拱脚点 N_{st} 以及仰拱中心点 N_s 处布置测点。由这些测点组合而成的两点的线段则为 K_1,K_2,K_3,K_4,K_5,K_6。由于倾斜线段的量测通常妨碍施工作业,故图 13.10 中用括号括起来的线段 K_3,K_4,K_5 和 K_6,一般只在特殊情况下才进行量测。标高量测的测点通常定为 K_F 点,图 13.10 中用括号括起来的 N_s 点也只在特殊情况下才设置。

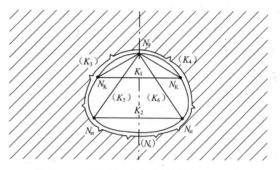

图 13.10　断面相对位移量测的布置方式

根据不同时间测得的测点标高以及两测点的间距,可以绘制相对位移与时间的关系曲线如图 13.11 所示。设测点 F_s 以及测线段 D_1、D_2、H_1 和 H_2 在 8 月 7 日进行零测量时的相对位移为 0,由图 13.11 可以看出,在 8 月中旬时,F_s 点发生的相对下沉位移达约 6.5cm,D_2 和 H_1 线段产生的相对缩短为 1.5cm。在 9 月底时 F_s 发生的相对下沉位移达 10cm,D_2 线段相对缩短为 1.5cm,H_1 线段相对缩短 3cm,D_1 线段则相对缩短了 3.5cm。

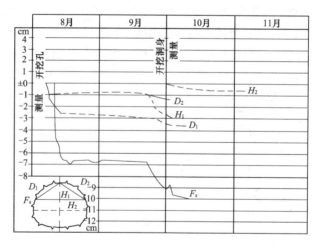

图 13.11　收敛量测结果

在该量测实例中线段 D_2 在不同时间内变化很小,H_1 和 D_1 线的相对位移也在一段时间内保持稳定,当相对位移线沿图 13.11 所示的水平方向接近直线时,则称其相对位移为"收敛"

224

的。在这种情况下,可认为支护结构的形式是适宜的;当相对位移不收敛时,则支护结构有可能偏弱或结构形式不够合理;当相对位移发生较大变化时,有可能会发生支护结构被弯曲、折断而失稳,局部或整体塌方等不利现象。

在相对位移量测中测量某一点的相对位移变化,可采用洞内水准测量的方法。而量测两测点间的相对位移,则需要使用较适合的间距测量仪。例如图 13.12 所示的间距测量仪为瑞士技术大学研制的一种间距测量仪(又称"Iseth"收敛仪)。

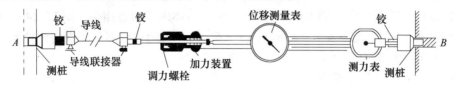

图 13.12　间距测量仪 – Iseth 收敛仪

在量测时将收敛仪放置在两测点 A 及 B 的测桩上,A—B 两测点之间的间距最小可取0.5m,最长可达50m。放置收敛仪时先用加力装置加力,直到测力表上所指示的力保持稳定为止,这时可在位移测量表上读 A、B 两点间距值。

相对位移除了在施工阶段需对支护结构外壳和内壳进行测量外,在隧道运营阶段,还需对内壳进行测量,以便了解承重结构的工作状态。运营时的相对位移量测一般只在选定的测量截面上进行,即沿隧道的长度方向选择几个较有代表的观察断面,定期检查隧道结构的运营状态。

13.3.3　围岩位移量测

围岩位移量测又称"伸长量测",其目的为测量沿隧道孔洞周围岩体内的位移。在隧道施工阶段,除了需要了解隧道覆盖表面的位移以及隧道周边的位移状态外,还需要了解隧道孔洞周围的岩体位移情况。根据水准量测、收敛量测及伸长量测的综合结果,可较系统的了解岩体的受力状态,从而为评价隧道结构的安全性提供系统的依据。

伸长量测的测量方法如图 13.13 所示。当隧道的覆盖层较厚时,可在隧道周边的某点将伸长测量仪插进围岩中去,如图 13.13(a)所示,或者当隧道覆盖层厚度较小时,在覆盖表面处,将伸长测量仪插进隧道的围岩内,如图 13.13(b)所示。伸长测量仪的构造与安装方式与钢筋锚杆很类似,其主要部分如图 13.13 所示,即由测头固定点①、测量杆②和固定及测量装置③三个部分构成。在测量时,先在测点处用钻机钻测量眼,测量眼的直径根据测头

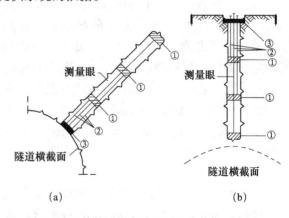

图 13.13　伸长测量方法及测量表构造示意图

的大小在 25～100mm 之间变化,长度及方向则视测量杆的长度以及预定的需要量测点的位置而定。在钻好测量眼后,将伸长测量仪插入钻眼内,然后将测头固定点①用水泥或其他粘结材料固定在岩面上。测量杆②的外表通常为人工材料制成的壳,杆的内部有传感导线,杆的端部

则装有接触键。测量杆②则用固定装置③固定在测量眼内点,岩体发生位移时,测量杆的长度则随着测头固定点①的变化而变化,在测量装置③上则可读到位移的变化值。

伸长测量仪可为单点测量仪,即测量仪只有一个测头固定点和测量杆,也可为多点测量仪。多点伸长测量仪有多个测量头。如图13.13所示的测量仪有三个测头固定点,可在一个测量眼内同时测量沿测量眼不同深度的岩体变形情况。例如,图13.14所示的某隧道在横截面上共布置了5个测量眼E_1、E_2、E_3、E_4和E_5。在每一个总长度为12m的测量眼内,分别布置四个测头,即在距隧道壁面分别为0.3m、6m、12m的岩体内部布置测头。图13.14中虚线则为开挖上台阶56天后,实线则表示开挖仰拱10天后,由伸长测量仪测得的围岩的位移。

在图13.14中,标有箭头的坐标方向表示岩体沿测量眼轴向的位移值,其数值+10mm表示所用的相对长度单位。如图13.14所示,对于测量眼E_1来说,在开挖仰供10天后,在距隧道壁面分别为0m、3m、6m、12m深度处的岩石沿测量眼轴向位移则分别约为18mm、21mm、15mm和0mm。对于E_2点来说,相应深度处的岩石变形分别约为32mm、8mm、6mm和0mm。

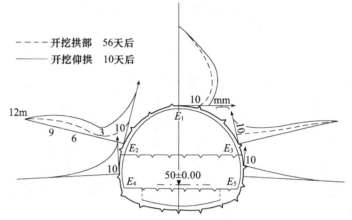

图13.14　某隧道伸长测量结果

由于伸长测量只可测得沿测量眼轴向变形,因此在布置测量眼时,需注意岩石的层系状态,测量眼的方向应尽可能与层系的方向平行或垂直,以了解岩石各向异性的位移情况。在确定测头深度时,可参考在钻测量眼时获得的岩石状态的情况,调整测头的深度。

为了了解岩石垂直于测眼方向的位移情况还可进行"倾斜测量"。倾斜测量的测量方法及测量仪的构造形式,如图13.15所示,其工作原理为将固定端①粘在测量眼的顶端,将具有调整金属导线压力及读表的表头端②固定在测量眼靠隧道壁面处,在金属丝④的某一位置上,如图13.15所示,在岩石具有扰动层的两侧安装上电测片,可测得测量眼内金属丝④在沿垂直于测量眼方向的测点的位移。

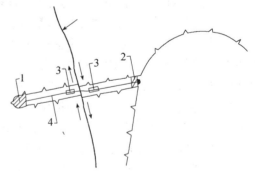

图13.15　倾斜测量原理及构造示意图
1—固定端;2—调整＆滨表装置;
3—电测片;4—金属丝导线

与伸长测量类似,倾斜测量的测量仪也可在隧道覆盖表面处插入岩石内部,以测量覆盖层水平位移的情况。

伸长及倾斜测量通常只在隧道施工阶段进行。另外由于伸长测量及倾斜测量的测量仪插入岩石内部,且当测量头及测量杆固定后,以及当将测量眼填封后,无法检查测量头是否完好地固定在岩石上,因此,其测量结果的正确性受测量仪是否正确工作的影响很大。

伸长测量仪和倾斜测量仪无论其测头多少,都只能测量岩石内某些点处的位移情况,即其测量结果为不连续的。为了得到岩石测量眼各点处连续位移情况,可进行所谓的"平滑测量"。平滑测量使用精度较高的"平滑显微测量仪",其测量方法对测量仪器的要求较高。

13.3.4 钢锚杆受力量测

对于预应力机械钢锚杆来说,受力量测可了解钢锚杆在初始受力阶段,预应力的大小及外力随时间的变化情况。而对于粘结锚杆来说,受力量测则可得到作用于钢锚杆上的粘结力随时间的变化情况。

用于测量钢锚杆受力的仪器有多种形式,或根据机械弹簧原理、电测应变原理以及液压原理而制成。例如,某坑道采用机械预应力锚杆,如图 13.16 所示。锚杆Ⅰ、Ⅱ、Ⅲ分别锚在开挖面 1、2、3 点上,预应力均为 30kN。锚杆Ⅰ在开挖面 1 开挖 2d 后,作用于上面的外力上升到约90kN,随后下降至约 53kN。同样,锚杆Ⅱ和Ⅲ也有外力先上升然后下降的趋势。当作用在锚杆上的外力较大时,相应作用在锚杆头及岩石上的应力也很大。当应力大于岩石强度时,则全发生岩石破碎,锚头松弛,此时锚头上的外力则下降为零,锚头失去了承载能力。

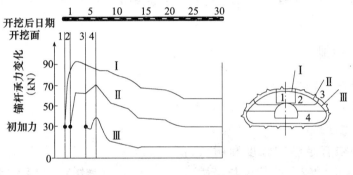

图 13.16 机械式锚杆承力量测结果

参 考 文 献

1 陶龙光,巴肇伦. 城市地下工程. 北京:科学出版社,1996:237～260
2 易萍丽. 现代隧道设计与施工. 北京:中国铁道出版社,1997:355～371
3 高允彦. 正交及回归试验设计方法. 北京:冶金工业出版社,1988
4 吴世明,唐有职,陈龙珠 编著. 岩土工程波动勘测技术. 北京:水利电力出版社,1992

14 地基工程中的压力与位移观测

在地基处理(填土碾压、堆载预压、排水固结等)、基础施工及建筑物运营期间,地基土压力和空隙水压力测试、地基的沉降和水平位移观测,是地基基础工程质量控制的主要依据之一。

在荷载作用下,土层的固结过程就是空隙水压力消散和有效应力增加的过程,土中总应力 σ 与有效应力 σ',空隙水压力 u 三者的关系为: $\sigma' = \sigma - u$。因此,测定土体在受力的情况下土压力和空隙水压力值及其消长速度和程度,对于计算地基土在不同排水条件及不同荷载作用下的固结度、推算土体强度随时间变化、控制施工速度等极为重要。地基沉降变形、水平位移观测,也是地基基础工程质量控制的主要依据之一。

14.1 土压力测试

1. 土体总压力的测试

(1)测试设备

土压力计和测量部分。

土压力计必须有足够的强度和耐久性,它能承受上覆土层较大的静压与轻微动压。按使用要求分为土中土压力计和接触压力计两种。按原理结构分为电气式(差动电阻式、电阻应变式、电感式)、钢弦式、液压式、气压式等。图14.1为常用的差动电阻式土压力计结构示意图。

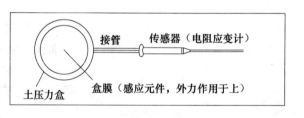

图 14.1 差动电阻式土压力计结构示意图

(2)试验步骤

按图14.2所示方法埋设土压力计。回填土性状应与地基土一致,否则会引起土压力重新分布。土压力计引出电缆线一定注意不要在施工中被破坏,将各个土压力计的埋设位置、时间、土性等一一记录。

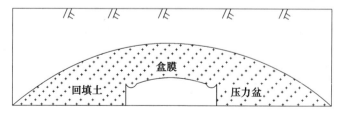

图 14.2 土压力计埋设

1）测　量

调节比例电桥平衡,将各个土压力计读数 P_m(kPa)一一记录。如果检流计指针有反常现象,或与前次观测值相差很大时,应进行检查。(注意埋设前的土压力计电阻比只能作参考,土压力计埋设后,应重新测基准值。)

2）资料整理

根据土压力计读数 P_m,查标定曲线获得土压力 P_0(kPa)。以土压力 P_0 为纵坐标,以时间 t 为横坐标绘制土压力变化过程曲线(可以将埋设在同一处的孔隙水压力计所测出的孔隙水压力随时间变化曲线绘在同一张图上)。

2. 孔隙水压力的测试

(1)测试设备

同土压力计一样也有电气式、钢弦式、液压式、气压式等型式。图14.3为常用的液压式孔隙水压力计结构示意图。

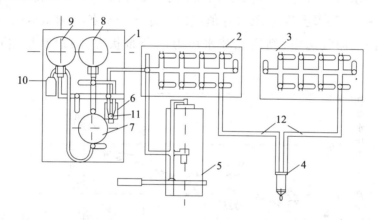

图14.3　液压式孔隙水压力计示意图

1—测量部分;2—进水联接器;3—出水联接器;4—测头;5—手压水泵;6—零位指示器;
7—活塞调压筒;8—压力表;9—真空表;10—塑料瓶;11—指示器螺钉;12—导管(塑料管)

液压式孔隙水压力计常用的为封闭双管式(图14.3),由测头、传压导管及测量系统组成。当测头埋入土中,孔隙水压力通过透水石及传导管至零位指示器,使水银面发生变化,用活塞调压筒调节压力使水银面回到起始位置,则压力表上所示的压力值就是测读的孔隙水压力值(需经位置校正),经计算可得地基中的孔隙水压力值。

为了使一个测量系统带几个测头,可采用联接器。整个系统应保证密封,测量系统一般在正压 800～900kPa 作用下不漏气;在负压一个大气压下不进气。测量范围为 $-4.0 \sim 60\text{m}$ 水柱高,估计误差为 $\pm 20\text{cm}$ 水柱高。气泡的存在是影响该种仪器的主要因素,须注意排除。

(2)试验步骤

1）埋设测头

埋设方式有钻孔埋设、压入和填土前埋设三种方式。前两种埋设过程,都要改变土中孔隙水压力,因此最好在施工前埋设测头。

2）观测读数

观测前先用无气水充水排气,充水压力不宜过大,否则,测头附近将产生冲刷作用。观测中不应有气泡产生,必须参考上次的读数,按估计预测的压力进行预调,并给以一定的平衡时间,才能得出准确的压力表读数 P。

3)资料整理

①测点处孔隙水压力计算公式

$$u = P + \rho_\omega \times h \tag{14-1}$$

式中　u——土体中的孔隙水压力(kPa);

　　　P——压力表读数(kPa);

　　　ρ_ω——水的重度(kN/m³);

　　　h——测点处至压力表基准面高(m)。

②绘制孔隙水压力与荷载(或填土高度)关系曲线(图 14.4)、孔隙水压力与时间变化关系曲线(图 14.5)及孔隙水压力等值线图。综合分析各项测试数据,可以有效的控制施工荷载强度、加载速率,判别孔隙水压力的分布状态,为地基稳定评价提供科学依据。

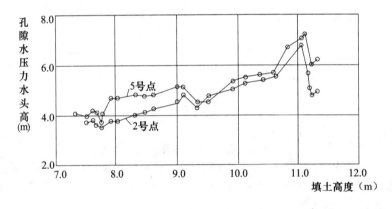

图 14.4　杜湖水库孔隙水压力与坝体填土高度关系曲线

3. 工程实例

(1)浙江杜湖水库填土基础

根据孔隙水压力与土坝填土高度关系曲线(图 14.4),当坝体填土高度达 10.6m 时(相当于土柱压力为 175kN/m²),孔隙水压力显著增加,表明测点附近地基土已开始发生局部剪切破坏。此时应控制施工进度,待孔隙水压力消散(u 下降、效正应力 σ' 增加)后继续施工。

(2)上海金山石油化工总厂一万立方米油罐软黏土基础

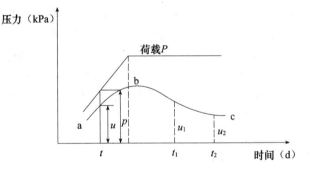

图 14.5　孔隙水压力—时间曲线

软黏土地基在各级预压载荷下,孔隙水压力随时间的变化(图14.6)与荷载正相关,加荷停歇期孔隙水压力有所下降。据此,可以有效的控制加荷速率,避免地基土因剪应力增加过快而发生破坏。

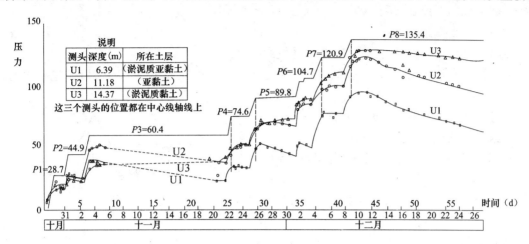

图 14.6　金山石油化工总厂大型油罐软黏土地基孔隙水压力 u 与时间 t 关系曲线

14.2　地基与基础的沉降变形和水平位移观测

1. 地基沉降变形观测

(1)深标点水准仪观测

深标点沉降观测包括以下几个方面:

基坑回弹观测:观测深埋大型基础在基坑开挖后,因基坑土自重卸载而产生的基底隆起变形。回弹标有测杆式和磁锤式两种(图14.7)。

地基土分层观测:掌握地基土的有效压缩层厚度及各层土的变形特征。分层标结构见图14.8。

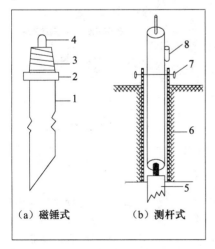

图 14.7　回弹标结构示意图

1—标志头;2—连接圆盘;3—反丝扣;4—标志顶;
5—回弹标志;6—钻孔套管;7—固定螺丝;8—水准泡

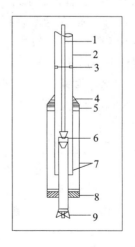

图 14.8　分层标结构示意图

1—芯管;2—套管;3—导轮;4—上线帽;5—油配根;
6—变径束节;7—套管;8—下线帽;9—测头

231

地基土变形对周边影响观测:针对毗邻高层建筑物、深基坑开挖、施工中的井点降水、大面积桩基施工等情况,所引起的相邻地段应力重新分布和地基变形而进行的观测。

1)回弹标的埋设和观测

①测杆式回弹标

a.用钻机在预定位置上钻孔,直至预计坑底标高。

b.将标志头放入孔内,压入孔底,一般应使其低于基坑底面10~20cm,以防挖基坑时被铲坏。

c.将测杆放入孔内,并使其底面与标志头顶部紧密接触,上部的水准气泡居中。

d.用三个定位螺丝将测杆固定在套管上。

e.在测杆上竖立钢尺,用水准仪观测高程。

②磁锤式回弹标

a.b.同测杆式。

c.将水准仪置于水准点和回弹标中间,视距最大为30m,后视点用钢水准尺,前视用经鉴定的毫米刻度专用钢尺,由磁铁吸住坑底标志,如图14.9所示。

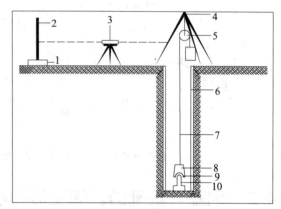

图14.9 磁锤式回弹标观测示意图

1—水准基点;2—水准尺;3—水准仪;4—三角架;
5—滑轮;6—套管;7—钢尺;8—重锤;9—磁铁;10—标顶

基坑回弹观测对于一个工程不应少于三次。第一次在开挖基坑之前;第二次在开挖基坑之后;第三次在浇筑基础之前。对于分阶段开挖的深基坑,可在中间增加观测次数。

2)分层标的埋设和观测

分层标一般是用内管和保护管组成的双金属管型。钻孔时除考虑口径大小符合管径要求外,还必须保证孔壁垂直。为了避免套管下沉影响内标,在管套将标头压入预定深度后,需将套管拔离标头30~50cm。在套管内灌砂填实,待基础底板浇灌后再固定。分层标埋设后,一般要求5天之后才可进行观测。观测周期、观测方法和各项要求,类同回弹标观测。

(2)磁环式沉降仪观测

1)仪器与工作原理

磁环式沉降仪包括磁铁环、导管及探测头三部分(图14.10),其工作原理系将磁铁环固定到所需测定深度的土层中,在导管中放入探测头,当探测头接近磁环处,由于电磁感应发出信号,就可以从标尺上测出磁环的位置。测量精度可达1~2mm。

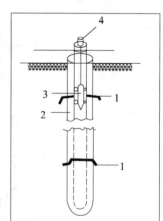

图14.10 分层沉降观测
装置示意图

1—磁铁环;2—导管;
3—探测头;4—标尺

2)仪器埋设与观测要点

观测沉降的可靠性,主要取决于埋设技术,因此埋设时要特别仔细。

①首先在观测部位钻掘成孔(土质松软的地层应下套管或用泥浆护壁);

②成孔后将导管放入,然后稍许拔起套管,在导管与孔壁间用膨胀黏土球充填并捣实;

③用专用工具将磁环套在导管外送至填充的黏土面上,用力压磁环,迫使磁环上的三角爪插入土层中。然后将套管向上拔至另一需预埋磁环的深度,并用膨胀黏土球充填钻孔,按上述的方法埋设第二个磁环。如此,在整个钻孔中完成磁环的埋设。

④磁环埋好后应按时测量,待基本稳定后,取初始读数。用水准仪测出导管口高程,并用探头自上而下依次逐点测定导管内各磁环至导管顶距离,换算出相应各点高程。

⑤在施工和使用期间,按规定时间进行观测。

2. 地基水平位移观测

(1)测试设备

测量地基深层水平位移的仪器,通常采用测斜仪。测斜仪分固定式和活动式两种。目前,普遍采用活动式测斜仪。该仪器可以消除零点漂移的误差,只使用一个测头,即可在土层中连续测量,测点数量可以任选。

测斜仪主要由测头、接收指示器、连接电缆和测斜导管等四部分组成。

测头有滑线电阻式、钢弦式、差动变压器式、伺服加速度计式以及电阻应变式等。伺服加速度计式是在测头内的感应轴上互成 90° 安装两个加速度计。这种测头可测的最大倾角为 ±53°,在 ±7° 范围内精度较高。电阻应变计式是在测头内装有一用重锤悬吊的弹簧片,片上贴有组成电桥的电阻应变片,并充硅油以增加阻尼,额定量程为 ±10°,每度的微应变为 115μ。

接收指示器:伺服加速度计式用数字显示仪表,读数为 $2.5 \times \sin\theta$,θ 为导管倾角。对于 30° 的倾角 $\sin\theta = 0.5$,则读数为 $2.5 \times 0.5 = 1.25$,此即为仪器的基准因素。由于轮距为 0.5m,所以,读数除以 5 即为以米计的位移量。电阻应变计式用静态电阻应变仪作接收指示器。

电缆采用有距离标记的电缆线。用时在测头重力作用下不应有伸长现象。

测斜管有铝合金管和塑料管两种,四个纵向导槽均布于管内。测斜管的性能是影响精度的主要因素,除导管的模量既要与土体的模量接近、又要不因土压力变形外,导槽的成型精度极为关键。

(2)测量的基本原理

活动式测斜仪用接收指示器读数,读数代表导管的倾斜度,如图 14.11 所示。

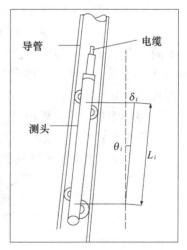

图 14.11 倾斜角与区间变位

将导管划分成几段,每个区间的变位为 δ_i,倾角为 θ_i,则:

$$\delta_i = l_i \times \sin\theta_i \tag{14-2}$$

整个导管的水平位移值即为

$$\delta_n = \sum_{i=1}^{n} l_i \times \sin\theta_i \tag{14-3}$$

(3)埋设与观测要点

1)导管的埋设

①首先用钻探工具钻成合适口径的孔,然后将导管放入孔内。导管连接部分应防止污泥进入,导管与钻孔壁之间用砂填充。

②在连接导管时,应将槽对准,使纵向的扭曲减小到最小程度。放入导管时,应注意十字形槽口对准所测的水平位移方向。

③为了消除土的变形对导管产生负摩擦的影响,除使导管接头处可相对移动外,还可在管外涂润滑剂等。

④在可能的情况下,应尽量将导管底埋入硬层,作为固定端。否则导管顶端应校正。

⑤导管埋好后,需停留一段时间,使钻孔中的填土密实,贴紧导管。

2)测定方法

①将测头的感应方向对准水平位移方向的导槽,放至导管的最底部。

②将电缆线与接收指示器连接,打开开关。

③指示器读数稳定后,提升电缆线至欲测位置。每次应保证在同一位置处进行测读。

④将测头提升至管口处,旋转180°,再按上述步骤进行测量,这样可以消除测斜仪本身的固有误差。

(4)资料整理

根据指示器反映的倾斜角进行计算,得出每个区段的位移量 δ_i,以底部固定端或管口校正值为基点,将各区段的位移量 δ_i 累积起来,得出水平位移曲线(图 14.12)。

为了解水平位移随地面荷载变化的情况,应将相应的观测值绘于同一图上,以便分析水平位移的趋势。图 14.12 是实测大面积加荷引起水平位移沿深度分布线。以 10 月 16 日为基准线,11 月 2 日地面荷载为 100kPa,11 月 12 日地面荷载为 140kPa。

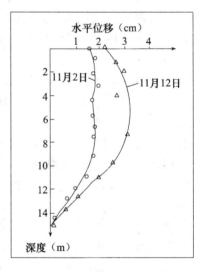

图 14.12 土体水平位移图

3. 地基表层水平位移观测

地基表层水平位移观测,是监视基础剪切滑移稳定性,堤坝和挡土墙以及大面积堆载稳定性的重要手段。一般布设位移桩作为观测点,采用视准线、小角度法、放射性观测网法、前方交会法等,用经纬仪测角、电磁波测距仪或激光测距仪等测量位移变形。视准线法观测水平位移观测点布置如图 14.13 所示。

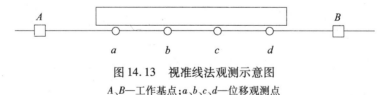

图 14.13 视准线法观测示意图

A、*B*—工作基点;*a*、*b*、*c*、*d*—位移观测点

视准线法校测工作基点和位移观测点时,容许误差应不大于 2mm(取 2 倍中误差)。用于土工建筑物上的位移观测时,容许误差不应大于 4mm(取 2 倍中误差)。

观测时,在工作基点 *A*(或 *B*)上架设经纬仪,后视工作基点 *B*(或 *A*),设置准直线,测量观测点相对于准直线的垂直偏移量,记入记录表内;正倒镜各测一次为一测回。所取测回数根据距离和精度要求而定。符合精度要求后,方可施测另一观测点。如需要观测纵横向水平位移时,可用钢尺丈量各观测点之间距离的方法求得平行于轴线方向的水平位移量。

参 考 文 献

1 工程地质手册编写委员会. 工程地质手册(第三版). 北京:中国建筑工业出版社,1992
2 林宗元 主编. 岩土工程试验监测手册. 沈阳:辽宁科学技术出版社,1994
3 夏才初,李永盛. 地下工程测试理论与监测技术. 上海:同济大学出版社,1999